新理想空间 VI
NEW IDEAL SPACE

理想空间设计年鉴

夏南凯　王耀武　编

同济大学出版社
TONGJI UNIVERSITY PRESS

图书在版编目（CIP）数据

新理想空间．VI／夏南凯，王耀武主编．－－ 上海：同济大学出版社，2017.7
ISBN 978-7-5608-7222-3

Ⅰ．①新… Ⅱ．①夏… ②王… Ⅲ．①城市规划－建筑设计－作品集－中国
Ⅳ．① TU984.2

中国版本图书馆 CIP 数据核字（2017）第 183027 号

新理想空间 VI
理想空间设计年鉴

编委会主任　　夏南凯　王耀武
编委会成员（成员名单按拼音排列）
　　　　　　　陈　波　陈　超　谷　丽　顾毓涵　管　娟　郭玖玖　胡　玎
　　　　　　　黄　勇　姜　涛　蒋新颜　金松儒　李　峰　李　霞　刘　杰
　　　　　　　刘　宇　刘　悦　刘云胜　鲁　赛　孙旭阳　汤宇卿　汤学虎
　　　　　　　王宝宇　王　涛　汪　洋　温晓诣　杨　安　杨焕军　叶贵勋
　　　　　　　张海鹏　朱　雯
主　　　编　　夏南凯　王耀武
执行主编　　　王耀武　管　娟
责任编辑　　　由爱华
责任校对　　　徐春莲
编　　　辑　　管　娟　姜　涛　陈　波　顾毓涵　汪　洋　张海鹏　刘　杰
　　　　　　　金松儒　刘　悦
平面设计　　　顾毓涵
主办单位　　　上海同济城市规划设计研究院
地　　　址　　上海市杨浦区中山北二路 1111 号同济规划大厦 1107 室
征订电话　　　021-65988891
传　　　真　　021-65988891
邮　　　箱　　idealspace2008@163.com
网站地址　　　http://idspace.com.cn
广告代理　　　上海旁其文化传播有限公司

出版发行　　　同济大学出版社
策划制作　　　《理想空间》编辑部
印　　　刷　　上海锦佳印刷有限公司
开　　　本　　635mm x 1000mm　1/8
印　　　张　　39
字　　　数　　780 000
印　　　数　　1-5 000
版　　　次　　2018 年 1 月第 1 版　2018 年 1 月第 1 次印刷
书　　　号　　ISBN 978-7-5608-7222-3
定　　　价　　228.00 元

公司简介
INTRODUCTION

理想空间（上海）创意设计有限公司创立于2012年，是一家以创意为核心，以科研教育与文化内涵为发展战略，业务涵盖规划、景观、建筑等为核心的专业设计和咨询机构的综合性设计院，现拥有城市规划甲级、建筑行业（建筑工程）乙级及风景园林工程设计专项乙级资质。

公司背靠同济大学，"产、学、研"相结合，充分利用资源，整合优势，集聚了众多设计经验丰富的规划界精英人士，坚持以专业的态度，创新的技术，合作共赢，提供全方位、高水平的服务，不论是企业管理还是项目策划与规划设计，结合国际视野和本地智慧，追求卓越品质，以专业化、国际化为标准，坚持将企业塑造成业内的先锋力量。

在设计方面，公司迄今为止参与了1 000余个投标项目，并签约了600余份合同。项目来源的70%为招标项目，其中包括总体规划、控制性详细规划、城市设计、修建性详细规划、建筑设计、景观设计等。特别是在智慧城市、乡村民宿、城市微改造、养老地产等新兴特色的领域，获得了客户的一致好评。

在教育方面，《理想空间》已先后出版了77辑系列丛书和13辑策划丛书。通过多年的努力，《理想空间》系列丛书和策划丛书发行遍布全国及海内外，拥有专业的发行渠道，在全国范围内已有一定的地位与知名度，也得到业内人士的肯定与好评。同时，公司开通了企业公众微信号，扩大公司宣传，更加方便专业人士的交流。

目前，理想空间（上海）创意设计有限公司以良好的企业信誉成功地与多个城市政府建立长期合作关系，项目足迹遍及全国。公司具有规划设计领域从策划到实施的全程服务方面的成功案例。

在不久的将来，公司将借助《理想空间》系列丛书，完善强大组织架构，不断构建起理想空间项目运营、教育培训机构、虚拟城市互联网的公司形象，打造"互联网+文化创意+行业"的多产业发展模式，为公司未来的发展奠定坚实的基础。

目录
CONTENTS

概念规划 Conceptual Plan

专项规划 Special Plan

景观规划 Landscape Plan

建筑设计 Architectural Design

业务范围
BUSINESS

目前，理想空间（上海）创意设计有限公司以良好的企业信誉成功地与多个城市政府建立长期合作关系，项目足迹遍及国内外。公司具有从策划到实施、规划设计领域的全程服务方面的成功案例——从一个城市的发展规划、总体规划到总体城市设计、近期建设规划、片区规划、分区规划、开发区规划、控制性详细规划，再到城市设计、修建性详细规划、建筑、景观等。

公司的业务范围包括城市规划、建筑设计、景观设计、设计资讯和人员培训。

城市规划　　　　　建筑设计　　　　　景观设计　　　　　设计咨询　　　　　人员培训

实力展示
STRENGTH

公司的设计队伍实力强大，不断汇聚规划、建筑、景观等行业精英、海归学者，现包含10个设计所，拥有全职专业技术人员200余人，其中包括高级规划师8人，其他类高级规划师12人，中级规划类工程师14人，其他类中级工程师23人，国家注册规划师32人，并聘请多名在业界有着资深地位的权威专家为公司顾问。公司的人才队伍专业涵盖城市规划、建筑学、风景园林、交通规划、给排水、环境工程、电力电讯、经济学、人文地理等。

《理想空间》系列丛书2003年问世以来，已先后出版了78辑系列丛书和13辑策划丛书。通过多年的努力，《理想空间》系列丛书和策划丛书发行遍布全国及海内外，得到业内人士的广泛好评与肯定。

"理想空间"培训学校面向全国城市管理和建设领域的领导干部、技术人员进行培训的教育机构，致力于打造专业城市规划设计培训品牌，成为高校、企业、政府、设计师最好的联系纽带。

城乡规划编制资质证书

证书编号 [建]城规编（141086）   证书等级 甲级

单位名称 理想空间（上海）创意设计有限公司

承担业务范围 业务范围不受限制

发证机关

2014年 6 月 10 日

（有效期限：自 2014 年 6 月 10 日至 2019 年 6 月 30 日）

NO. 0000290   中华人民共和国住房和城乡建设部印制

企 业 名 称 理想空间（上海）创意设计有限公司

经 济 性 质 私营企业

资 质 等 级 ：建筑行业（建筑工程）乙级；风景园林工程设计专项乙级。
可承担建筑装饰工程设计、建筑幕墙工程设计、轻型钢结构工程设计、建筑智能化系统设计、照明工程设计和消防设施工程设计相应范围的乙级专项工程设计业务。
可从事资质证书许可范围内相应的建设工程总承包业务以及项目管理和相关的技术与管理服务。******

工 程 设 计
资 质 证 书

证书编号：A231019574

有 效 期：至2019年02月20日

发证机关

中华人民共和国住房和城乡建设部制   2014 年02 月21 日

No.AZ 0045294

企 业 名 称 ：理想空间（上海）创意设计有限公司

经 济 性 质 ：私营企业

资 质 等 级 ：风景园林工程设计专项乙级。
可从事资质证书许可范围内相应的建设工程总承包业务以及项目管理和相关的技术与管理服务。******

工 程 设 计
资 质 证 书

证书编号：A231019574

有 效 期：至2019年02月20日

发证机关

中华人民共和国住房和城乡建设部制   2014 年 02 月 21 日

No.AZ 0034121

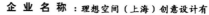

城乡规划编制甲级资质
建筑行业（建筑工程）乙级资质
风景园林工程设计专项乙级资质

项目业绩
ACHIEVEMENT

烟台市城镇化发展规划

鄂尔多斯市伊金霍洛旗马奶湖生态资源恢复治理与综合产业转型总体规划

烟台市莱山区分区规划

维新镇总体规划

溆浦县城总体规划

泗洪县双沟新城总体规划

苏州工业园区国际商务区控规

郑州市惠济区商业空间规划

定州市老城片区控制性详细规划

枣强县城新区控制性详细规划

章丘市经十东路沿线、圣井新城控制性详细规划及城市设计

泗洪县王集控制性详细规划

泗洪县双沟新城中心城区控制性详细规划

黄冈市浠水县北城新区西北片区控制性详细规划项目资料

岳西经济开发区控制性详细规划

长白山宝马城修建性详细规划

海口南北蔬菜市场地块修建性详细规划

阜南欧陆翡翠湾小区修建性详细规划

卡森回迁地块修建性详细规划

长白山池北区回迁小区修建性详细规划

苍南县湿地公园修建性详细规划

海南中商农产品中心市场修建性详细规划

沈阳棋盘山地块修建性详细规划

长白山池北区上轩地块修建性详细规划

北屯蓝岸丽舍修建性详细规划

北屯市产业孵化园项目策划

吉安君山湖片区城市设计

海门市滨江科教城总体城市设计

南通先锋都市绿谷设计

雄县总体城市设计

湖口县洋港片区城市设计

长沙高新区黄桥大道以西区域城乡融合规划

长白山池南区中心地块城市设计

长白山保护开发区池西东岗镇城市设计

郑州市惠济区特色商业区城市设计

凤鸣湖滨湖新城城市设计

郑州市白沙园区郑开南片区城市设计

进贤县青岚新区重点区域城市设计

淮安市淮海东路城市设计

澧州新城南部核心区城市设计

五大连池市滨水新城规划设计

焦作市民主路特色商业街空间规划

长白山池北区二道白河镇站前广场及周边地块城市设计

赊店镇入口区城市设计

三亚半领二期森林公园概念规划

郑州振兴南曹新城概念规划

高邑新区总体概念规划及城市设计

丝绸之路奥特莱斯概念规划

沈本新城张其寨片区概念规划及重点区域城市设计

滨河集团高原生态科技文化创意园区概念性规划及万吨白酒厂详细规划

眉山市彭山区长寿水乡概念性规划

南京润地生态农业园概念规划

巢湖颐养健康文化村概念规划

康桥霸州温泉度假小镇概念规划

社旗古航道沿岸概念规划

金坛新农科技植物园规划方案设计

华夏淀边水乡风情组团概念规划

长白山保护开发区池南区漫江镇总体策划、空间提升及风貌规划

吉安吉州窑考古遗址文化公园规划

海口永兴低碳生态系统规划

余姚市泗门镇绿地系统规划

贵阳市观山湖区环百花湖美丽乡村带总体策划与规划

洛阳市户外广告设置总体规划

诸暨市应店街镇紫阆片区旅游规划与策划

西峡县市政专项规划

澧县中心城区道路专项规划

泰兴市城市规划区村民集中居住点布局规划

澧县大坪乡文化旅游小镇街景和道路风貌引导

繁峙县砂河镇北山森林公园方案设计

长寿湖公园景观规划

眉山市大东坡湿地策划与规划

镇海新城绿轴体育公园景观设计

湖口县洋港新区核心区景观设计

阜南县界南河绿带景观方案设计

平山县县城迎宾路景观大道设计

澧县复兴厂镇 G207 道路景观要素设计引导规划

繁昌窑遗迹展示馆建筑方案

天沐温泉酒店二期建筑方案设计

池南游客中心和池南长途客运站建筑方案设计

繁昌县范马院士工作站概念规划及景观建筑方案设计

吉安吉州窑博物馆建筑设计

阜南县商贸城建筑方案设计

阜南县妇幼保健医院建筑方案设计

繁昌县茅王家庭农场概念规划及景观建筑方案设计

总体规划

Master Plan

烟台市城镇化发展规划

[项目地点]　　　山东省烟台市

[项目规模]　　　用地面积 3175 km²，现状人口 195.2 万人

[编制时间]　　　2013 年

一、项目背景

2009年山东省委省政府召开全省新型城镇化工作会议，出台了《关于大力推进新型城镇化的意见》，确定从2010年开展为期3年的和谐城乡建设行动作为推进新型城镇化的具体措施。烟台市提出以"提质加速、城乡一体"为目标，以"人的城镇化"为核心，以提升产业支撑力和城镇承载力为重点，以体制和机制创新为动力的城镇化发展方向，走一条功能区带动性的城乡一体化发展道路。烟台处于发展机遇和周边城市挑战并存的时期，虽然经济总量较高，但经济质量和产业能级还需要进一步提升以形成比较优势。

二、区位条件

规划区包括芝罘区、莱山区、福山区、高新区、牟平区、经开区及潮水镇、大柳行镇和桃村镇等六区三镇，位于市域的北部，用地面积3 175km²，现状人口195.2万人（2011年统计局数据）。芝罘区是烟台市老城区，东、北部濒临黄海，与大连对峙。福山区东与芝罘区接壤，东南与牟平区相连，南、西南与栖霞市为邻，西、西北与蓬莱市毗连。牟平区位于烟台市区东部，境内大部分为低山丘陵，地形中部高，南北低。莱山区为原牟平县的莱山镇、解甲庄镇和芝罘区的初家镇划出组建。烟台经济技术开发区位于烟台市城区西部黄海之滨采取环带式组团结构。

三、经济与产业发展

烟台的经济总量较高，但需要进一步加快新兴产业和服务业的发展；规划区各区镇的产业发展不够均衡，开发区的产业总量一枝独秀，但未能对其他区镇起到带动作用，各区镇的产业发展不均衡且经济效率不高，制造业、电子等传统产业仍然是市区发展的主导产业。

四、人口及城镇化评价

人口在中心城区特别是芝罘区高度密集，新兴产业的就业人员不足；主城区人口的机械增长呈下降趋势；市内迁出农村劳动力多就地就近转移就业，70%的在本县市区内工作。规划区2012年的城镇化率已经达到64.67%，但大部分小城镇的城镇化率不超过50%，小城镇成为城镇化发展的短板，近年来烟台市的城镇化增长速度变缓。各街道和镇的人口规模偏小，但镇区的用地规模偏大，用地不够集约。

烟台整体的城镇化质量与沿海先进城市有一定差距，在经济、社会的发展数量和质量方面均需要较大空间的提升，空间发展与生态环境质量方面还需要进一步优化。

五、城镇化发展的动力机制

1. 外部动力

烟台的城镇化一直呈稳步增长的趋势，发展主要靠区域性的投资驱动和劳动力转移。大部分优秀的公共设施集中在主城区，成为吸引农民和外地人城镇化的动力。

2. 内部动力

通过对村民的访谈，发现村民迁居至镇区主要是看重居住环境和子女上学方便，尤其是80后年轻人对子女的教育问题比较重视。从这个角度看，新型社区有一定的积极意义。另一方面，希望继续往县城或县级市区搬迁的原因除了公共设施外，对居住环境的要求大幅提高。因此除公共服务设施外，小城镇的

人居环境建设也很重要。

六、城镇化预测

新型城镇化已经上升为国家战略，综合以上分析，采取中等增长率且略积极的增长方式，预测2015年规划区城镇化率为68％，2020年规划区城镇化率为73％。

七、城镇化发展目标

实施蓝色经济区发展战略，构筑山东半岛东部经济发展的重要增长极。统筹城乡，合理布局，将烟台建设成为经济繁荣、功能完善、生态宜居的区域性中心城市。

八、城镇化发展战略

1. **核心战略一：以做优做美为目标的主城区人居环境优化战略**
   （1）以城镇市政设施、绿地广场建设为核心的美丽城镇策略；
   （2）城镇集约节约发展与市域生态格局保护共举的可持续发展策略。

2. **核心战略二：以完善公共服务和基础设施为主的小城镇发展战略**
   （1）能级提升策略；
   （2）公共服务集中策略；
   （3）行政体系优化策略。

3. **核心战略三：以新社区建设和环境美化为主的新农村发展战略**
   （1）战略举措一：新型农村社区的建设工作将是城镇化推进的抓手和突破口之一；
   （2）战略举措二：以教育、文化、医疗等为核心的基础公共服务均等化策略。

1.规划区空间管制图

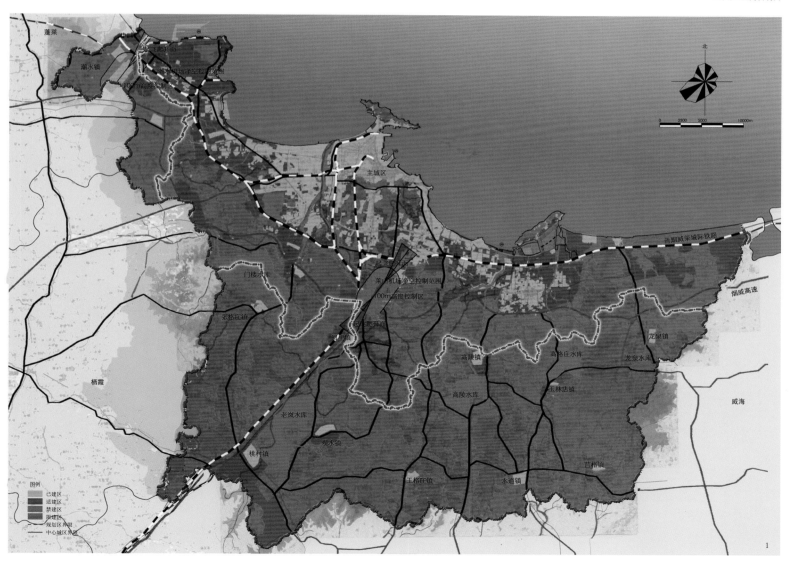

鄂尔多斯市伊金霍洛旗马奶湖生态资源恢复治理与综合产业转型总体规划

[项目地点]　　　内蒙古自治区鄂尔多斯市伊金霍洛旗

[项目规模]　　　500 km²

[编制时间]　　　2016 年

1.马奶湖总平面图
2.总体鸟瞰图
3.鸟瞰效果图

　　规划基地位于内蒙古自治区鄂尔多斯市伊金霍洛旗，鄂尔多斯高原东南部、毛乌素沙地东北边缘，地处呼和浩特、包头、鄂尔多斯"金三角"腹地，是鄂尔多斯市"一市三区"城镇框架的核心区之一。规划范围内拥有五个湖泊及若干条水系构成的基地湿地和水环境系统。

　　规划针对现实问题进行深入剖析，形成规划的三大重点内容，包括：生态资源恢复治理（水资源、草原、沙漠），探索生态脆弱地区经济发展与生态保护协同机制，促进生态治理和修复，实现绿色发展；产业转型，厚植发展优势，促进区域产业升级和城镇全面转型，实现创新发展；旅游产业转型，精准定位，通过项目策划丰富产品内涵，整合区域旅游资源，实现协调发展。

　　规划以生态治理和产业转型为导向，在五湖四谷范围内，以马奶湖为中心，以全域旅游为引擎，培植形成绿色、新型、高效的八大产业集群，形成"一核三镇，三园五区"的空间格局。

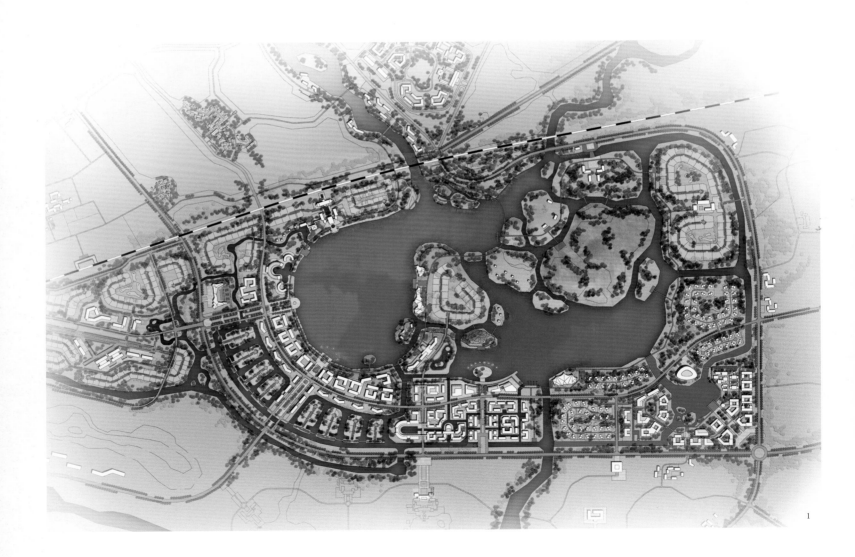

1

14

7

8

烟台市莱山区分区规划

[项目地点]　　　山东省烟台市
[项目规模]　　　285 km²
[编制时间]　　　2014 年

一、规划范围

烟台市莱山区分区规划（2013—2020）的范围即莱山区行政辖区，包括6个街道办（莱山街道、解甲庄街道、黄海路街道、初家街道、滨海路街道和院格庄街道），行政村124个，总规划用地面积285km²。

二、规划期限

近期规划：2013—2015年。
远期规划：2016—2020年。
远景规划：2020年以后。

三、基地概况

莱山区位于山东半岛北部，东、南与牟平区接壤，西连芝罘区、福山区，北临黄海；东与日本、韩国隔海相望。莱山区环境优美，依山环海，海岸线长21km，最高海拔401m，集山、海、岸线于浑然一体。

莱山区面积约为285km²，莱山区下辖6个街道办，行政村124个（村委会86个、居委会38个），截至2013年末，户籍人口19.67万人，加上大专院校学生8.15万人及暂住人口，共约37.25万人。

四、发展战略

以现代服务业和先进制造业为核心的产业升级战略；
以土地高效利用为中心的精明增长战略；
以山海资源和人文风貌为主的特色彰显战略。

五、功能定位

（1）国际滨海休闲度假旅游目的地；

（2）面向东北亚和环渤海的现代服务业中心和生态科技智慧城；

（3）烟台市知识经济策源地与新兴产业引领区、创新创业集聚地与服务经济先行区、科教文化汇聚区与品质生活示范区。

六、空间发展策略

1. 中部空间融合

大力建设中部未用地，发展生活居住等功能，强化与周边的空间与功能融合。

优化强化经济开发区作为莱山区产业发展空间，对盛泉工业园、凤凰山工业园、轸格庄现状工业、莱山镇工业园、解甲庄工业园等产业空间进行控制及用地置换。

2. 北部优化提升

进一步优化提升北部空间及功能，优化强化城市中心地位及形象。

3. 南部南向拓展

经济开发区南部再向南拓展，与原莱山镇有序对接，空间有序向南拓展；积极协调城市建设与生态环境的关系。

七、空间布局结构

1. 三核

（1）烟台市级中心

（2）烟台市行政中心和体育中心

（3）莱山区主中心

围绕迎春大街与双河路交叉口，布局莱山区主中心，形成莱山区行政、商业、文化、娱乐休闲、办公于一体的综合服务中心。带动中部空间融合，促进土地置换。

（4）莱山区副中心

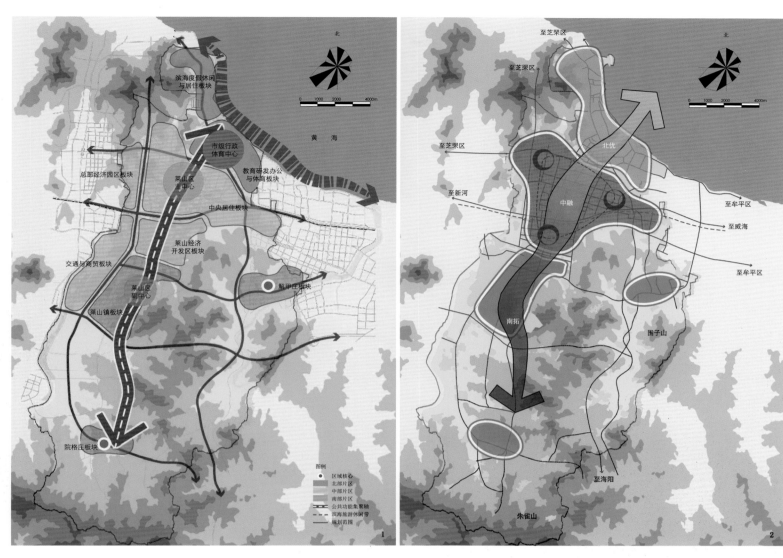

1.空间布局结构图
2.空间发展策略图

围绕澳柯玛大街与政府大道布局莱山区副中心，形成集行政、商业、文化、娱乐休闲、办公于一体的城市综合服务中心，服务于南部莱山镇，带动南部莱山镇空间拓展和整合。

贯穿城市滨海空间，沿线布置休闲度假设施等，形成莱山区的特色滨海景观带。

2. 一轴：城市中心功能聚集轴

沿迎春大街形成贯通莱山区南北的城市公共功能聚集轴和城市向南空间拓展轴，同时也是连续的城市中部景观带。逐步调整其两侧城市用地功能，聚集行政、商业、文化娱乐等设施，打造莱山区的核心轴线。

3. 一带：沿海滨路打造滨海旅游休闲带

4. 三片九板块

北部片区：荣乌快速路以北，包含两大板块，滨海度假休闲与居住板块、教育研发办公与体育板块。

中部片区：荣乌快速路以南，包含四大板块，中央居住板块、总部经济园区板块、交通与商贸板块、莱山经济开发区板块。

南部片区：经济开发区板块以南，包含三大板块，莱山镇板块、解甲庄板块、院格庄板块。

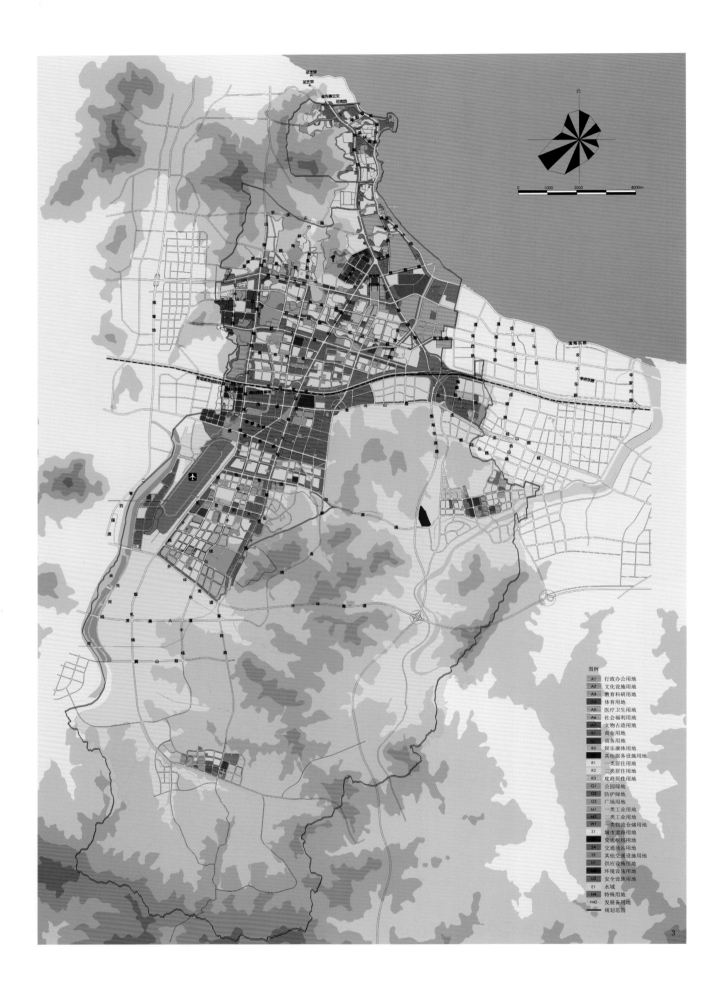

图例

A1	行政办公用地
A2	文化设施用地
A3	教育科研用地
A4	体育用地
A5	医疗卫生用地
A6	社会福利用地
A7	文物古迹用地
B1	商业用地
B2	商务用地
B3	娱乐康体用地
	其他服务设施用地
R1	一类居住用地
R2	二类居住用地
R3	商商居住用地
G1	公园绿地
G2	防护绿地
G3	广场用地
M1	一类工业用地
M2	二类工业用地
W1	二类物流仓储用地
S1	城市道路用地
	交通枢纽用地
S4	交通场站用地
S9	其他交通设施用地
U1	供应设施用地
	环境设施用地
U3	安全设施用地
E1	水域
H4	特殊用地
H42	发展备用地
	规划范围

3.土地使用规划图（2020年）
4.土地使用规划图（2030年）

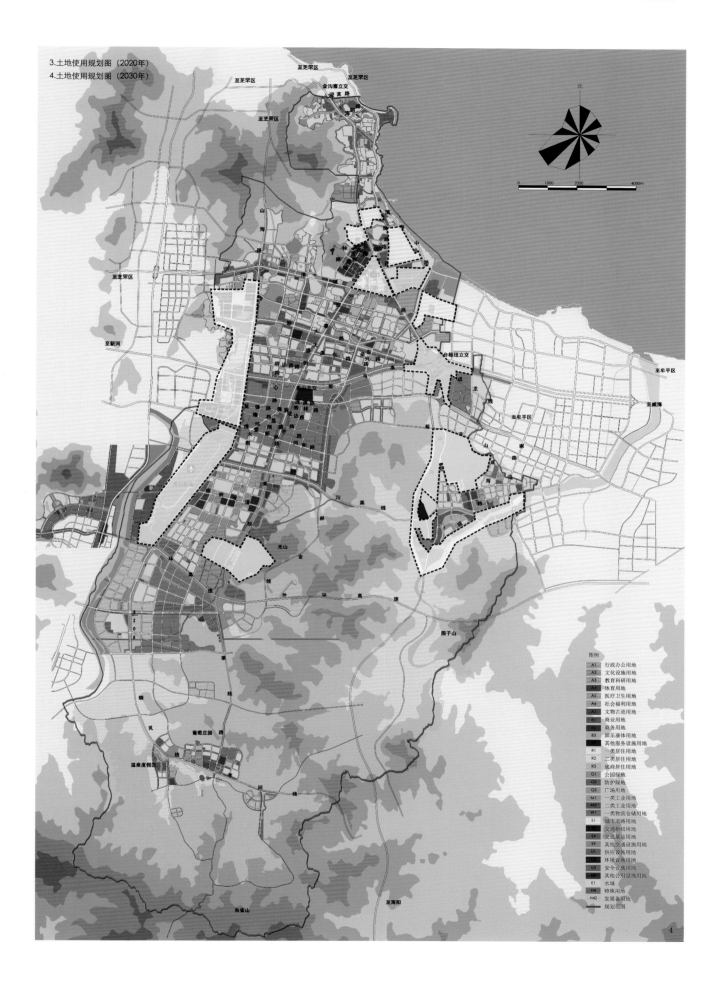

图例	
A1	行政办公用地
A2	文化设施用地
A3	教育科研用地
A4	体育用地
A5	医疗卫生用地
A6	社会福利用地
A7	文物古迹用地
B1	商业用地
B2	商务用地
B3	娱乐康体用地
	其他服务设施用地
R1	一类居住用地
R2	二类居住用地
R3	底商居住用地
G1	公园绿地
G2	防护绿地
G3	广场用地
M1	一类工业用地
M2	二类工业用地
W1	一类物流仓储用地
S1	城市道路用地
S2	交通枢纽用地
S4	交通场站用地
S9	其他交通设施用地
U1	供应设施用地
U2	环境设施用地
U3	安全设施用地
U9	其他公用设施用地
E1	水域
H4	特殊用地
H42	发展备用地
	规划范围

4

维新镇总体规划

[项目地点]　湖南省石门县

[项目规模]　镇域 239 km²，规划区 4.05 km²

[编制时间]　2014 年

一、规划背景

维新镇位于湖南省常德市石门县中部，镇域239km²，人口主要为土家族，自然生态环境优越，地形变化起伏，景观资源丰富。

1. 皂市水库规划建设

随着下游皂市水库大坝，2004年9月开工和2008年12月的竣工，维新镇有了新的发展条件及机遇。维新镇原有人口4.66万人，移民截至2011年底结束，共计移民2.60万人。由于原镇区处于淹没区，2008年规划建设了新镇区，镇区统一规划、统一建设，建设风貌良好。

2. 宜张高速规划

周边有长株潭城市群、武汉城市群、成渝城市群，和张家界、常德、宜昌等大城市及其机场。规划的宜昌至张家界高速经石门，其中东线方案经维新镇，其将可能给维新镇带来新的发展机遇。

3. 旅游区位

维新镇地处大湘西旅游圈、大三峡旅游圈、洞庭湖旅游圈多重交汇点，应积极主动融入区域旅游大格局。维新镇旅游资源与周边相比，温泉资源、土家文化资源与慈利县和五峰县有类似，但大面积水域资源最为独特。维新镇应充分发挥自身大面积水域资源、温泉资源等优势，强化自身特色，并整合资源，发挥综合优势。

二、现状发展条件

1. 地形及用地条件

镇域地形起伏，镇区周边用地条件紧张。

2. 经济状况

2012年全镇总收入3.68亿元，全镇实际人均纯收入0.74万元，一二三产比例为14.3：51.43：17.57，第一产业主要有脐橙、茶叶、烟叶、畜牧养殖业，第二产业主要为建材产业，第三产业主要为旅游业。

3. 旅游资源条件

大坝的建设，形成了仙阳湖、皂市水库等大面积水域，水面54km²，有100多个岛屿和半岛；为湘西北最大的人工湖泊，是可与洞庭媲美的湖南第二大水域，有"小三峡"的美誉；且已开展国家湿地公园申报与评估等工作。

镇域旅游资源丰富，除大面积水域外，镇域还有"中南第一汤"的热水溪温泉、八佛山、战国古城遗址、峡峪河、万亩野生腊梅群、土家村寨；特色农业有脐橙基地、有机茶基地等。镇域周边还有龙王洞、溇水峡谷等旅游景观资源。

三、发展战略及目标

1. 发展战略

（1）区域协同战略；

（2）生态优先战略；

（3）人文战略。

2. 发展定位

湖南休闲旅游名镇，石门县生态农业强镇。

3. 发展愿景

衣青山，卧仙阳，自在维新。

4. 发展目标

打造立足湘西，辐射区域的休闲养生度假天堂，石门县旅游服务基地。建设以生态农业为基础的特色产业区。

四、人口及城镇化水平

镇域常住人口为2.3万，其中户籍人口为1.8万，外来人口0.5万。镇域城镇人口0.76万人，城镇化水平33%。年接待游客人次规模为18万人/年，高峰日游客量1 800人/天。旅游就业人口2 016人，其中直接就业1 260人，间接就业756人。

五、镇域统筹规划

2030年镇域常住人口2.31万人，镇区常住人口0.76万人，其他各居民的人口共计1.55万人。居民点分为三类，其中中心居民点（>1 000人）8个，重要居民点（601~1 000人）7个，控制发展居民点（201~600人）13个。其中部分相邻中心居民点可进一步加强统筹，加强设施配置和基础设施建设的协调。

六、镇区规划

（1）方案构思："向东跨越，两岸一体"。
镇区跨河向东发展，东西两岸融为一体。

（2）功能结构："三心、两轴、四片区"。

三心：西部公共服务中心、东部生活服务中心、南部旅游服务中心；

两轴：城镇发展轴、两岸联系轴；

四片区：西部生活片区、东部休闲片区、公共服务片区、旅游服务片区。

（3）建设用地规模：镇区现状建设用地13.41hm²，规划建设用地规模36.21hm²。

（4）优缺点：优点，充分利用仙阳湖景观资源，东西两岸融为一体，发展更为紧凑；缺点，需向东修建大桥，山体开挖土方量较大。

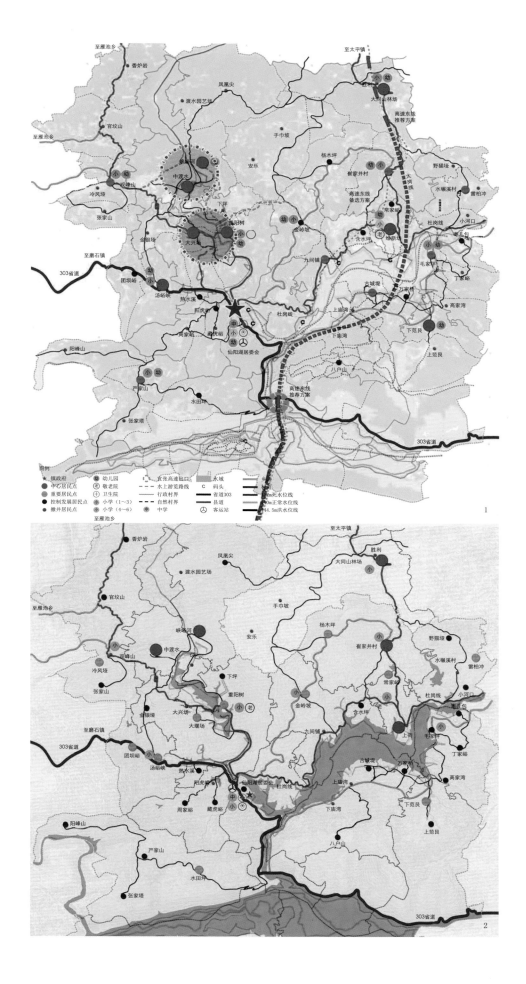

1.镇域规划图
2.镇域现状图

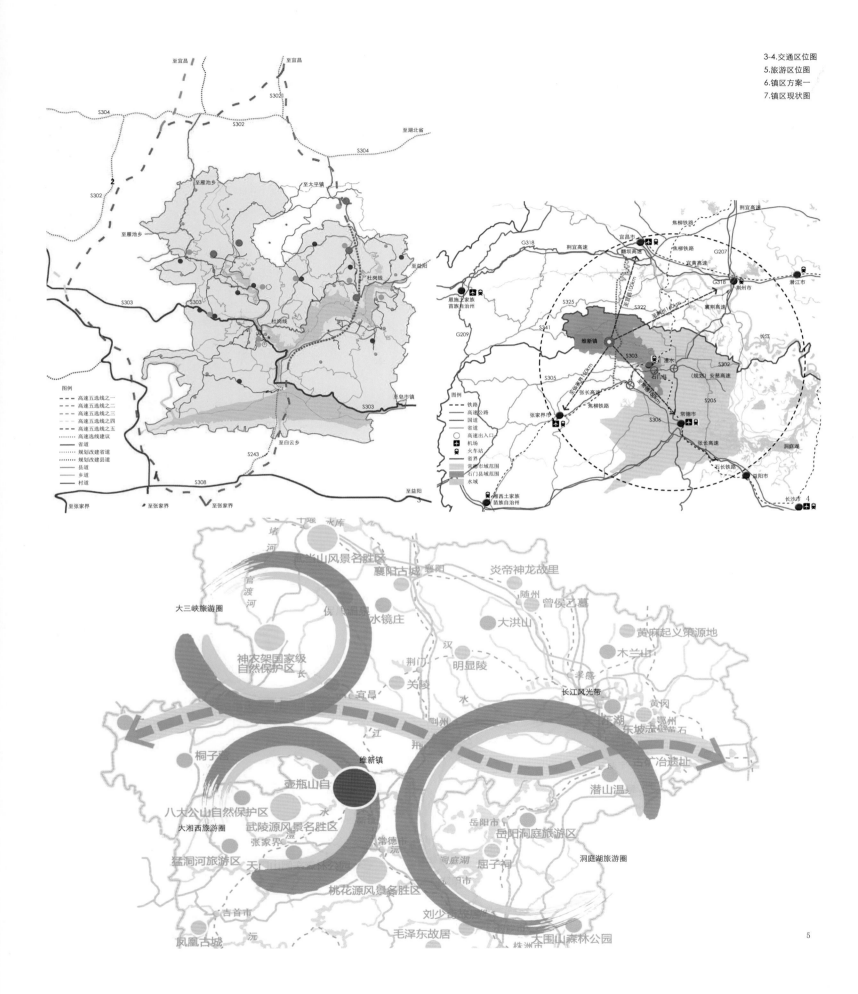

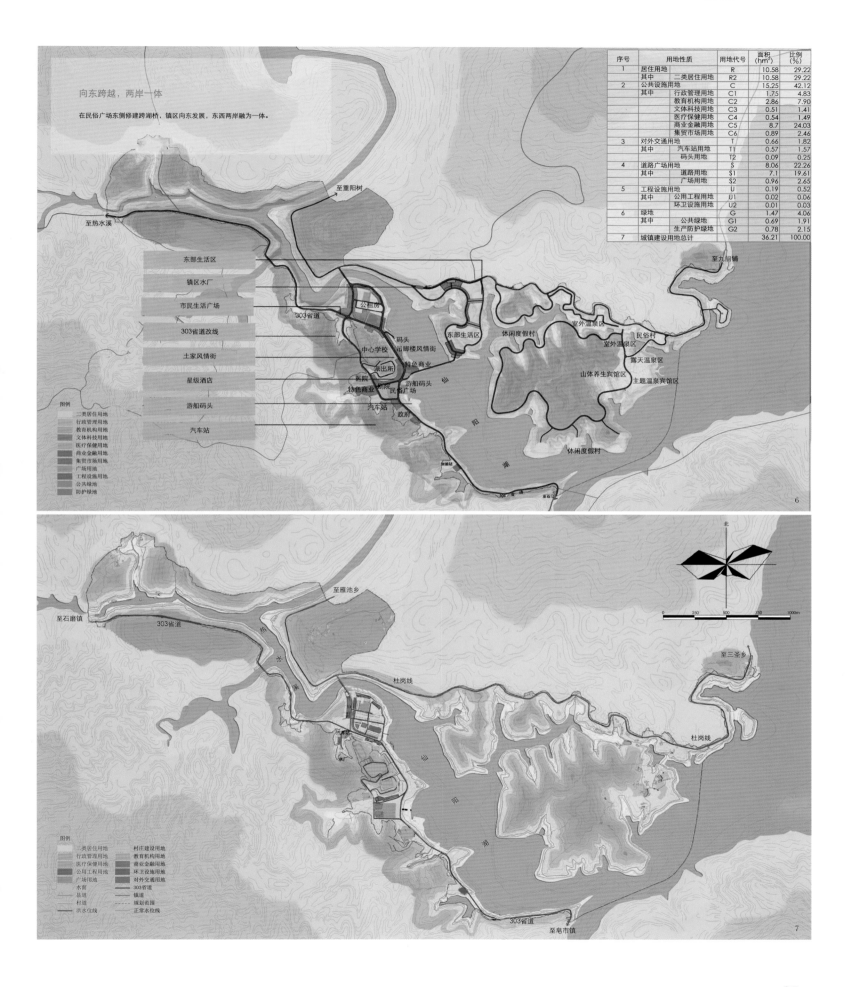

向东跨越，两岸一体

在民俗广场东侧修建跨湖桥，镇区向东发展，东西两岸融为一体。

序号	用地性质		用地代号	面积 (hm²)	比例 (%)
1	居住用地		R	10.58	29.22
	其中	二类居住用地	R2	10.58	29.22
2	公共设施用地		C	15.25	42.12
	其中	行政管理用地	C1	1.75	4.83
		教育机构用地	C2	2.86	7.90
		文体科技用地	C3	0.51	1.41
		医疗保健用地	C4	0.54	1.49
		商业金融用地	C5	8.7	24.03
		集贸市场用地	C6	0.89	2.46
3	对外交通用地		T	0.66	1.82
	其中	汽车站用地	T1	0.57	1.57
		码头用地	T2	0.09	0.25
4	道路广场用地		S	8.06	22.26
		道路用地	S1	7.1	19.61
		广场用地	S2	0.96	2.65
5	工程设施用地		U	0.19	0.52
	其中	公用工程用地	U1	0.02	0.06
		环卫设施用地	U2	0.01	0.03
6	绿地		G	1.47	4.06
	其中	公共绿地	G1	0.69	1.91
		生产防护绿地	G2	0.78	2.15
7	城镇建设用地总计			36.21	100.00

溆浦县城总体规划

[项目地点]　　湖南省溆浦县
[项目规模]　　近期至 2015 年，城市人口规模为 17 万人，城市建设用地为 17 km²
　　　　　　　远期至 2020 年，城市人口规模为 20 万人，城市建设用地为 20 km²
[编制时间]　　2013 年

一、规划背景

国家政策层面：国家经济增长方式转变、新型城镇化；

经济战略层面：沿长江经济带：以上海为龙头，带动起沿线的长株潭经济圈和成渝经济圈的发展，是中国发展较为成熟的经济板块。陇海—兰新经济带，沿陇海—兰新铁路，拉动中原地区、关中地区、西北兰新区域的经济发展。这是一条国际性的经济动脉，它串联着多个能源城市，东连日韩，西接中亚。

区域层面：与城镇群的对接，加快产业转型升级，溆浦环位于长株潭城镇群向西辐射的轴线上，应通过加强与环长株潭城镇群的对接，加快产业转型升级的步伐。

市域层面：怀化市的城镇体系规划（2010—2030）、怀化市"十二五"规划。溆浦县应紧抓周边地区深度融合发展的历史机遇，加强与武陵山区、泛珠三角、北部湾经济区、环长株潭城市群和周边市州的合作，加快向周边开放，主动融入全国区域发展大格局，实现快速崛起。

溆浦县域层面：上版总体规划与县城经济社会发展不相适应，区域重大基础设施的建设对城市发展提出更高的要求，城市建设与环境保护之间的和谐共处。

二、构思及主要内容

1. 构思

一城三岸五峰七水。

2. 主要内容

中心城区的布局结构可概括为："一主两副，五区四轴"。

（1）一主：城南行政文化主中心。

（2）二副：长乐坊商务办公副中心、城北文化商业副中心。

（3）五区：城南新城区、城北老城区、长乐坊商务金融区、城北新区、城西工业区。

（4）四轴：城市东西向发展轴、城市南北向发展轴、城市内外交通发展轴、溆水滨水景观。

中心城区各组团都是功能较为综合，设施比较完善的功能区，在各自较为完善的功能基础之上，每个组团还有其较为特别的功能特质，成为每个组团自身区别于其他组团的特征，这里所指的功能布局主要是指各组团的功能特色。

城南新城区：规划以行政办公、文化休闲、商业购物和居住配套等功能为主的新城区，主要由行政办公中心、屈原文化城、商业中心、学校和生活居住区等构成。城南新城区是溆浦县城未来的主核心，是中心城区的行政和文化中心。规划城南新城片区的主体商业，一部分设置在行政文化中心周边，结合水绿整体打造城南新城区的商业片区；一部分设置在溆水沿岸，打造城南的滨水商业发展带，主要由大型商业体、滨水商业街和商业市场等用地组成。

长乐坊商务金融区：是县城的高端商务金融办公集中区，位于中心城区的东部、三都河和一都河交汇地带。长乐商务片区主要由商务、金融办公和商业服务用地为主体，周边设置一定规模的商住用地和居住用地，是城市高层建筑的集中区，结合周边水体和景观打造城市视觉中心和景观中心。

城北老城区：老城区由城北商业综合体、德山商业广场、步步高商业广场、服饰箱包商业街、临水文化景观商业街、三角坪地下空间、城中农贸市场等商业设施组成。结合历史文化、溆水景观风貌和商业设施要素，打造老城片区的传统商业文化中心。在空间关系上，城北的文化景观商业街和城南的沿河商业带，以溆水为界，以警予南路和警予北路为空间联系轴，结合打造中心城区沿溆水的商业文化景观轴。

城北新区：规划以火车站商业综合体为核心，设置一定量的商业商务服务设施，形成火车站商业服务中心，带动组团发展，并且为周边生活片区居民服务。

城西工业区：规划依托娄怀高速的交通优势，沿线打造城西工业区，内部设置一类工业和物流仓储用地，完善产业配套和生活服务设施配套，发展成为现代化产业集中区。

三、特色

"反规划"是应对快速城镇化的一个创新思想，重新审察人与自然的关系，对"天人合一"的回归和诠释。反规划不是通常的"人口—性质—布局"的规划方法，而是优先进行不建设区域的控制，将山水绿等自然基础视作规划的主体来进行城市空间规划，道法自然。

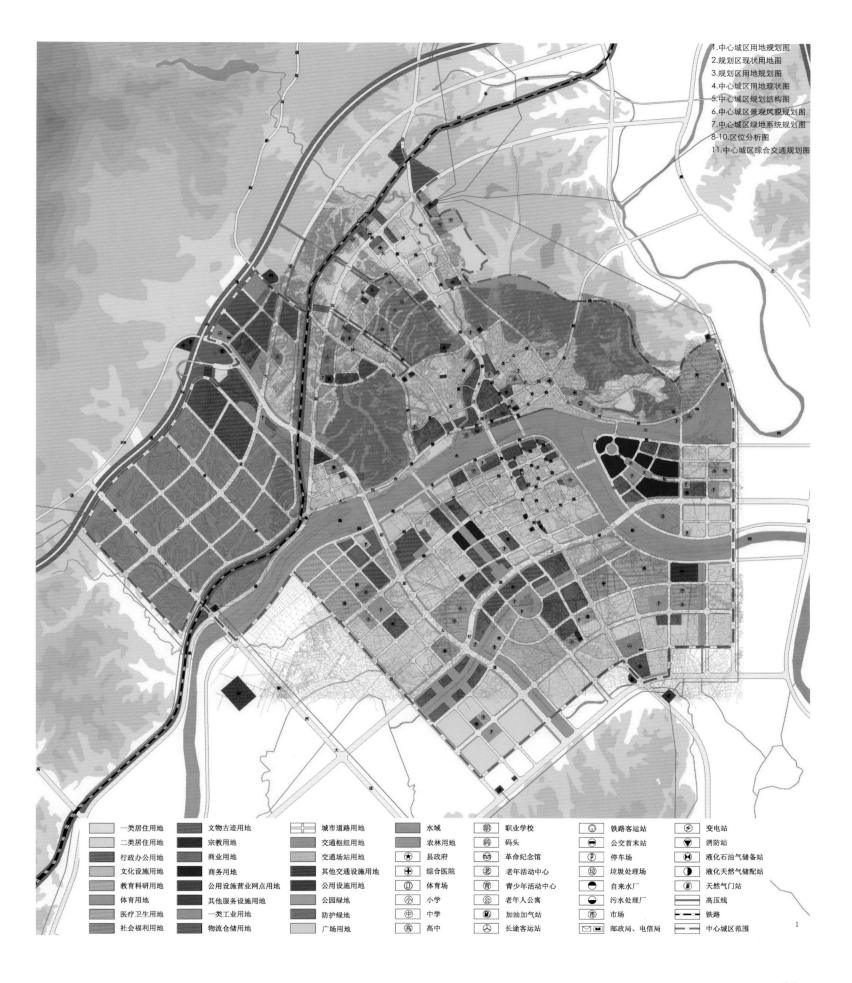

一类居住用地	文物古迹用地	城市道路用地	水域	职业学校	铁路客运站	变电站
二类居住用地	宗教用地	交通枢纽用地	农林用地	码头	公交首末站	消防站
行政办公用地	商业用地	交通场站用地	县政府	革命纪念馆	停车场	液化石油气储备站
文化设施用地	商务用地	其他交通设施用地	综合医院	老年活动中心	垃圾处理场	液化天然气储配站
教育科研用地	公用设施营业网点用地	公用设施用地	体育场	青少年活动中心	自来水厂	天然气门站
体育用地	其他服务设施用地	公园绿地	小学	老年人公寓	污水处理厂	高压线
医疗卫生用地	一类工业用地	防护绿地	中学	加油加气站	市场	铁路
社会福利用地	物流仓储用地	广场用地	高中	长途客运站	邮政局、电信局	中心城区范围

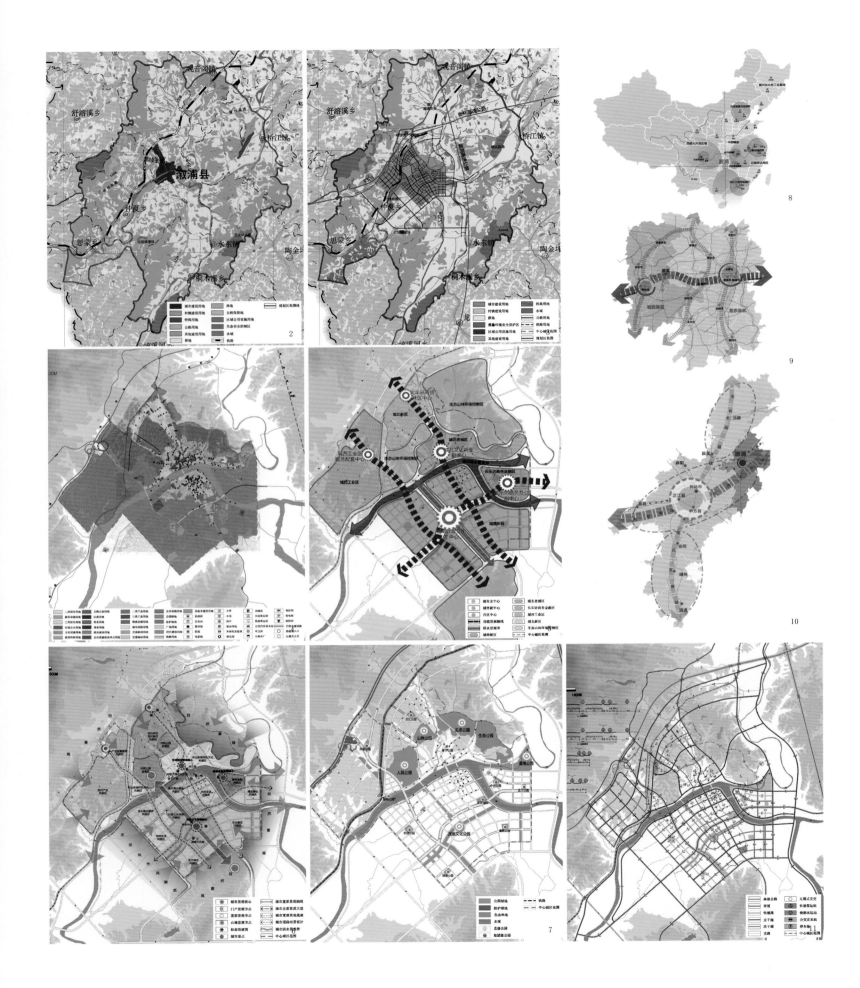

泗洪县双沟新城总体规划

[项目地点]　　江苏省泗洪县
[项目规模]　　193.49 km²
[编制时间]　　2013 年

1.城区土地使用规划图
2.城区功能结构规划图
3.城区景观风貌规划图

一、规划背景

（1）高科技引擎中小城镇跃迁式发展；

（2）十八届三中全会开启新型城镇化；

（3）率先全面建成小康社会，率先基本实现现代化；

（4）九城会议确定全新城镇体系格局。

二、城市性质与规模

宁宿徐经济带新兴小城市，宿迁市南部门户，泗洪县西南片区中心，白酒与绿色食品特色工贸重城，滨水旅游名城。

近期2015年：城区人口规模约为5万人，城区建设用地规模7.82km²，人均建设用地面积156m²；

远期2030年：城区人口规模约为8万人，城区建设用地规模17.29km²，人均建设用地面积123m²。

三、发展方向

泗洪县双沟新城总体规划（2013—2030）确定以向北为城区发展的主导方向，并且适当向西发展。

四、空间布局结构

城区空间结构布局形成"两轴四心、三大板块"的发展格局。

1.两轴四心

两轴：城市发展轴和产业发展轴。城市发展轴是指城市沿中大街和宿迁大道向北发展的城市发展轴；产业发展轴是指城区东部工业区沿121省道带状发展的产业发展轴线。

四心：在城区北部形成新的新城中心，承担行政和商业等综合职能；东部构建产业中心，承担主要的产业功能；城区南部老城逐步转型为以文化休闲和旅游为主导的老城中心；西南部结合自然资源条件形成生态中心。

2.三大板块功能组团

双沟城区总体形成旧城片区、新城片区、产业集聚区三大功能板块。三大板块组团布局，集约紧凑，有机构成了双沟城区功能空间布局。

五、产业发展与定位

1.产业发展定位

以白酒产业及相关配套、绿色食品生产及加工及生态农业为主导产业，以机械电子、旅游产业为辅助，打造区域工贸、旅游城市。

2.产业发展重点及方向

第一产业：重点发展蔬菜种植、林果种植、有机稻米及水产养殖，加快建设现代农业。

第二产业：重点发展白酒产业及其配套、绿色食品生产加工业，机械、电子、纺织等产业为补充。

第三产业：重点发展商贸物流业、旅游业、中端研发及新兴服务业。

3.产业发展战略

（1）区域产业发展策略：区域协同，错位发展

①中心城区产业以酿酒及酒类配套，绿色食品加工为主，以旅游产业、机械电子产业为辅。

②峰山社区产业以高效种植、林果种植、水产养殖、机械轴承为主。

③四河社区产业以蔬菜种植、水产养殖、有机稻米、酒业配套为主。

（2）城区产业发展策略：品牌优势，产业提升

①历史基础+链状延伸——白酒产业及其配套；

②区位要素+农业资源——绿色食品生产；

③区位要素+生态文化资源——旅游产业；

④区位要素+地方资源——物流产业；

⑤创新要素+宏观机遇——中端研发+机械电子。

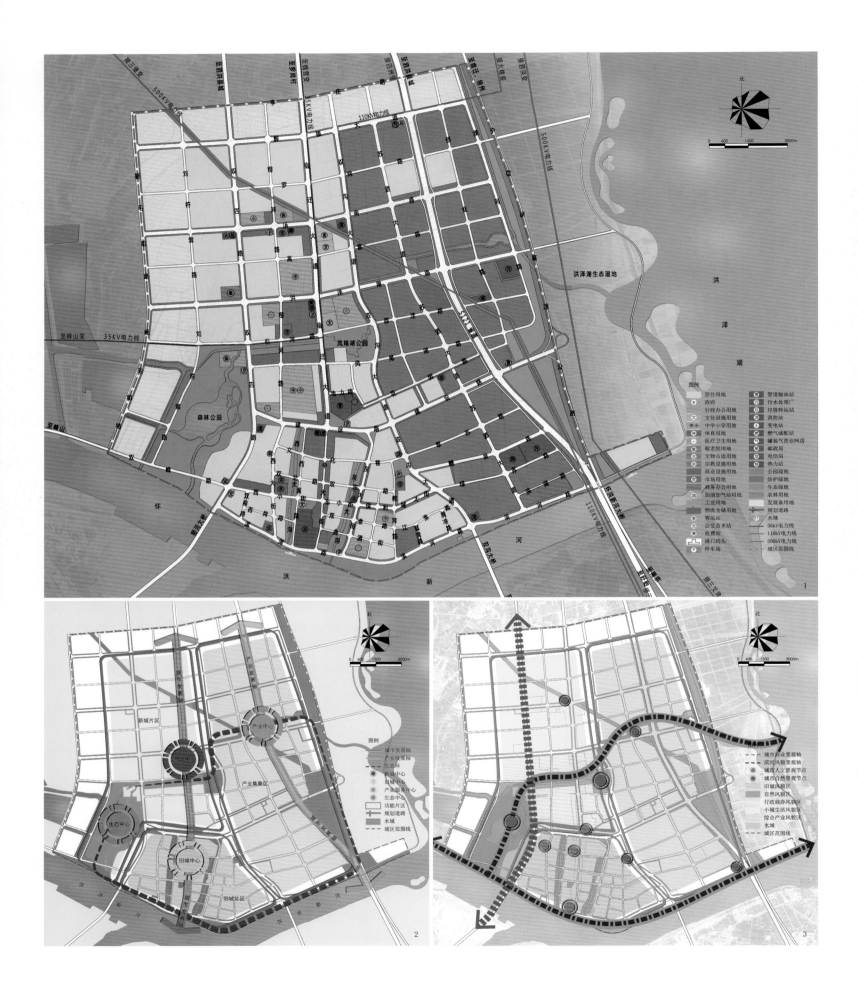

4.区域土地使用规划图
5.区域产业布局规划图

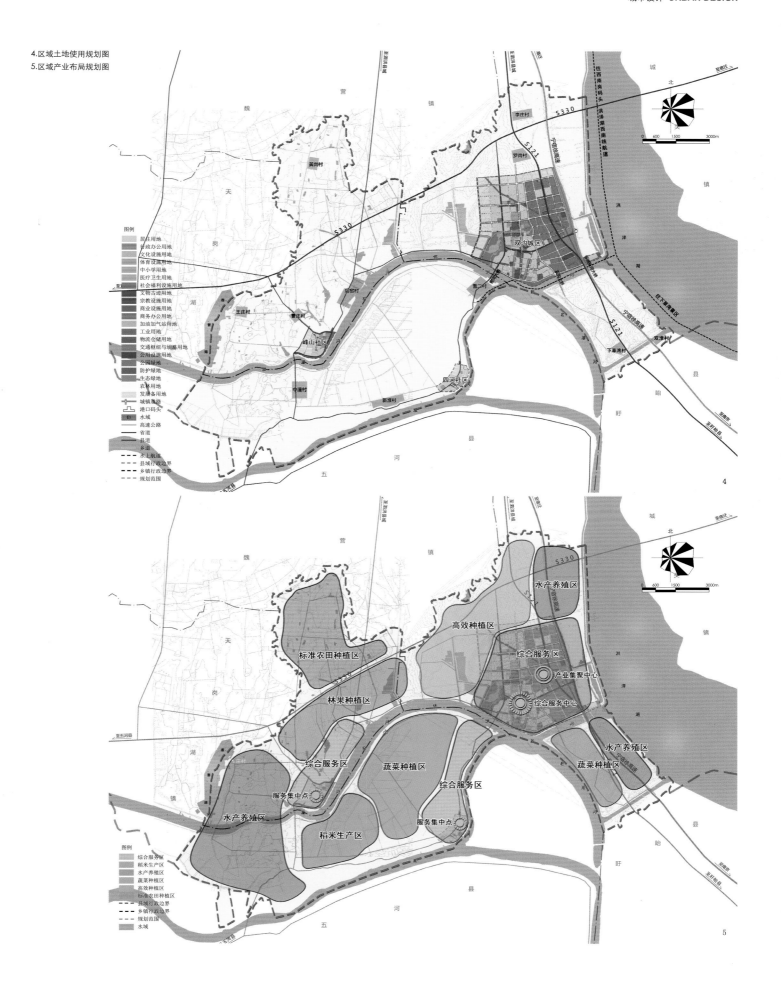

31

N

0 250 500   1000 (M)

控制性详细规划

Regulatory Plan

苏州工业园区国际商务区控制性详细规划
郑州市惠济区商业空间规划
定州市老城片区控制性详细规划
枣强县城新区控制性详细规划
章丘市经十东路沿线、圣井新城控制性详细规划及城市设计
泗洪县王集控制性详细规划
泗洪县双沟新城中心城区控制性详细规划
黄冈市浠水县北城新区西北片区控制性详细规划
岳西经济开发区控制性详细规划

苏州工业园区国际商务区控制性详细规划

[项目地点]　江苏省苏州市
[项目规模]　7.66 km²
[编制时间]　2015 年

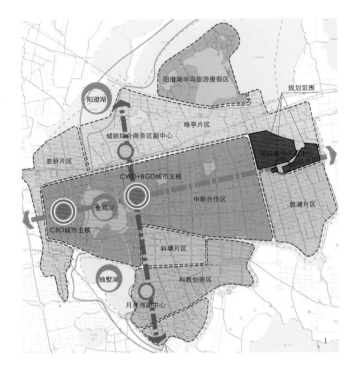

一、项目背景

苏州工业园区国际商务区是按照苏州工业园区东部综合商务城的新定位，以打造国际性的贸易和物流中心为目标，以保税和非保税的有机结合促进内外贸一体发展的现代化商务物流功能区，国际商务区的建立将充分衔接国内国外两个市场，更高层次地参与国际分工，将为江苏省和苏州市国际商务的发展做出积极贡献。

苏州工业园区国际商务区成立之后，随着贸易多元化试点与跨境电子商务的发展，国际商务区在具体项目推进的过程中，遇到了土地资源不足、发展空间受限、基础设施亟待升级等问题。为了加强对苏州工业园国际商务区（以下简称商务区）开发建设活动的控制与管理，落实和细化"苏州工业园区总体规划（2012—2030）"的有关规划要求，提高控制性详细规划的法律效力，特编制《苏州工业园区国际商务区控制性详细规划》。

二、规划重点

此次规划的国际商务区历经几轮规划设计，整个园区的开发建设基本按照原有规划逐步实施建设，路网框架和功能布局基本成型，大部分用地和开发项目已经明确，此次控制性详细规划的编制尊重国际商务区实际开发建设情况，延续原有规划实施和园区建设，在局部方面进行必要的优化调整，主要规划任务包括：

（1）进一步落实和细化上位总体规划（"苏州工业园区总体规划（2012—2030）"）的相关内容，并对上位规划部分内容提出优化建议。

（2）根据国际商务区"以加工贸易为主的单一模式向以多元贸易为主的新型业务形态转变"的发展定位，从控制性详细规划角度提出适应园区创新业态的规划措施。

（3）针对国际商务区在开发建设中出现的土地开发和基础设施建设的问题，做出针对性的规划安排。

三、规划结构

此次规划将现代大道以北的部分工业用地置换为物流仓储用地，对规划区用地进行梳理，提高土地利用效益，将整个规划区分为物流仓储—商务商贸—保税加工三个分工明确的功能片区，在此基础上，结合保税作业的相关流程，国际商务区从整体上又可以细分为八个功能组团，并通过三条功能发展轴将8个组团有机联系在一起，一条滨水防护绿带沿唯亭路南侧东西向贯穿规划区。

三片：即规划区从北往南依次划分为物流仓储、商务商贸、保税加工3个分工明确的功能片区。

一带：即唯南路以南，沿河道北侧的高压防护走廊，东西向贯穿规划区，是国际商务区重要的滨水景观绿化带。

三轴：规划将形成沿双圩路两侧发展的金融贸易轴线，沿尖浦街围绕保税业务拓展为核心的物流发展轴，以及沿兴浦街以金融贸易为核心的物流发展轴，三条功能发展轴线有机联系各个功能组团。

八区：即八个功能组团，规划形成国际金融商贸区、贸易功能区、国际商贸物流区、保税仓储区、口岸作业区、普通仓储物流区、保税加工区和北部生活配套区八个功能组团。

1.区位分析图
2.土地使用规划图
3.公共设施规划图
4.建筑高度分区图

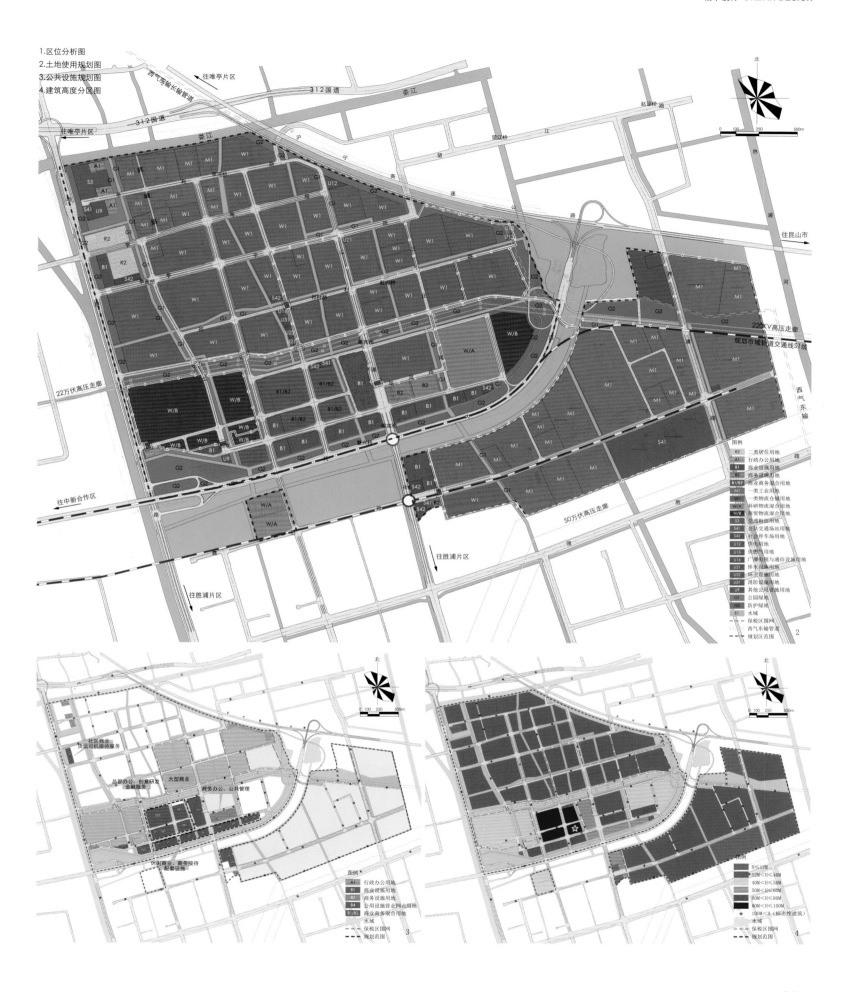

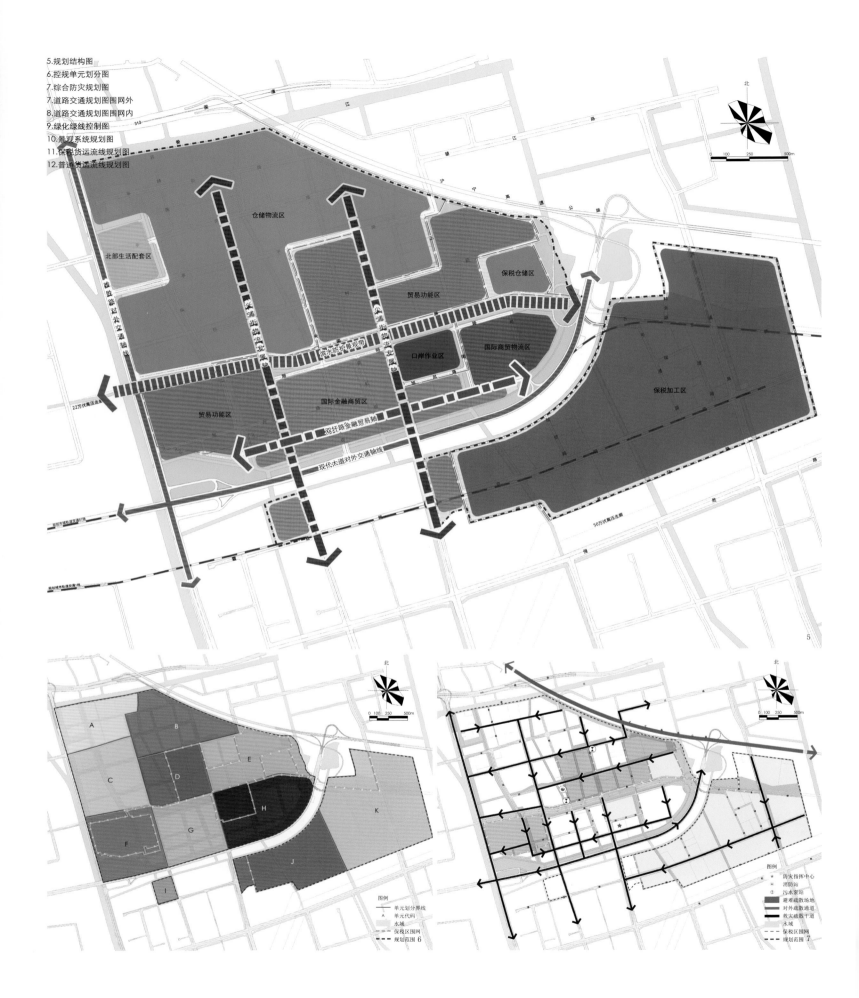

5. 规划结构图
6. 控规单元划分图
7. 综合防灾规划
7. 道路交通规划图围网外
8. 道路交通规划图围网内
9. 绿化绿线控制图
10. 景观系统规划图
11. 保税货运流线规划图
12. 普通货运流线规划图

仓储物流区

北部生活配套区

保税仓储区

贸易功能区

滨水防护景观带

国际商贸物流区

口岸作业区

保税加工区

国际金融商贸区

贸易功能区

双纤路金融贸易轴

现代大道对外交通轴线

50万伏高压走廊

北

0 100 250 500m

A

B

C

D

E

F

G

H

I

J

K

北

0 100 250 500m

图例
单元划分界线
A 单元代码
水域
保税区围网
规划范围 6

北

0 100 250 500m

图例
防灾指挥中心
消防站
污水泵站
避难疏散场地
对外疏散通道
救灾疏散干道
水域
保税区围网
规划范围 7

郑州市惠济区特色商业空间规划

[项目地点]　河南省郑州市
[项目规模]　168 hm²
[编制时间]　2013 年

一、项目背景

基地位于惠济区中部，惠济区北临黄河风景名胜区，南面与中心城区的联系被滨河绿化带阻隔，区域缺乏大型商业娱乐中心。基地东临黄河迎宾馆，西靠惠济区政府，南连轻轨出入口，北近黄河风貌带，区位优势明显，交通条件便利。

二、项目定位

生态引领、中国领先、家庭为主的中原文化旅游商业区暨都市休闲娱乐目的地。

三、规划结构

规划结构概括为"一心、一环、两廊、三带"。

1. "一心"

位于规划区中心地带，融合室内、室外等体验式娱乐活动及特色商业于一体的休闲娱乐核心区。

2. "两廊"

东西廊道——核心区东侧步行入口向西延伸至东风渠，串联入口商业、娱乐、休闲健身、滨水商业，打开东西向空间通廊。

南北廊道——通过广场强化规划区南侧商业区与规划区北侧商业区的步行空间，串联中心绿地，形成南北向空间廊道。

3. "三带"

沿假日西路、假日东路、滨河路形成的三条绿地景观带。

四、功能分区

地块分为五个大片区，分别为：

(1) 休闲娱乐核；

(2) 娱乐商业区；

(3) 文化商业区；

(4) 文化创意区；

(5) 配套生活区（包括生活居住组团、安置居住组团、医疗服务片区）。

五、土地使用

土地使用空间布局：

(1) 南部产业研发用地及医疗配套用地布局不变；

(2) 商业及办公用地依托轨交条件布置于东部及南部门户；

(3) 绿化景观用地总量、比例高于发展规划；

(4) 考虑到村庄安置用地条件（开发面积约44.5万m²），适当增加居住用地比例。

六、重点项目

五大功能片区：

(1) 休闲娱乐核心区：月湖欢乐岛、渔人码头酒吧街、哈利波特魔法城堡、月湖湾水岸商业、月湖纵贯线、市民文化艺术中心；

(2) 娱乐商业区：红线美凯龙、派拉蒙主题酒店、BBC恐龙世界"运河"世界名品廊、派拉蒙室内外影视乐园；

(3) 文化商业区：月湖豫街、月湖双子SOHO、5A写字楼、月湖商务中心、月湖购物长廊、快时尚购物中心；

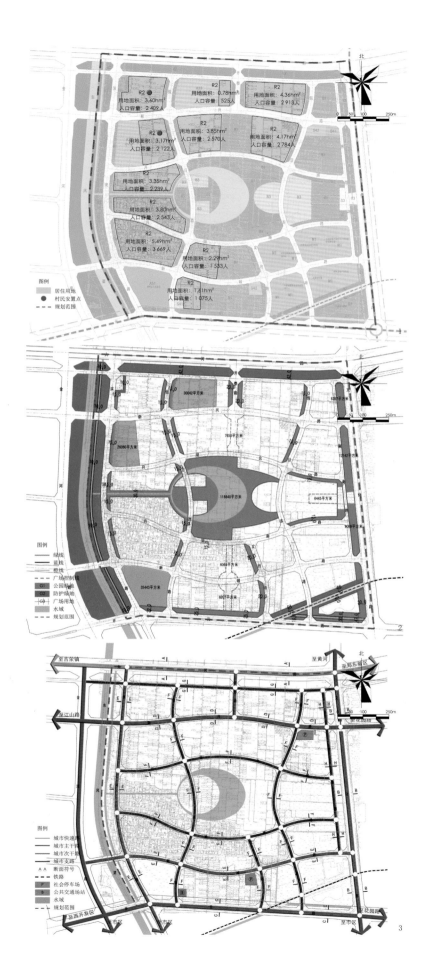

（4）文化创意区：企事业基地、招商大厦；

（5）配套生活区：现代住宅、滨湖生态住区、配套设施（医院、学校）。

七、地下空间规划

1. 规划区的地下空间开发分成极少开发区、单一功能区、复合功能区、综合功能区

极少开发区主要包括水域与交通防护绿地；

单一功能区主要包括生态住宅片区与文化创意区；

混合功能区主要包括大河路与文化路交叉口西南家居广场片区；

综合功能区主要包括一园两岛核心区、娱乐商业区和南部文化商业区。

2. 地下空间规模预测主要采用分类用地需求法进行预测

（1）商业服务业设施用地，估算地下开发量总计56万m²，商业24万m²，地下停车及地下通道、公共服务设施32万m²。

（2）居住用地，预测地下空间规模约为34.7万m²。

（3）绿地与广场用地，按开发地下空间20%~30%计，城市广场与公园绿地地下空间开发需求量约为6万~9万m²。

（4）道路交通用地，测算地下空间面积约为1.5万m²。

合计规模：惠济区特色商业区地下空间需求量合计约100万m²。

1.居住人口分布及村民安置图
2.控制规划图
3.道路系统规划图

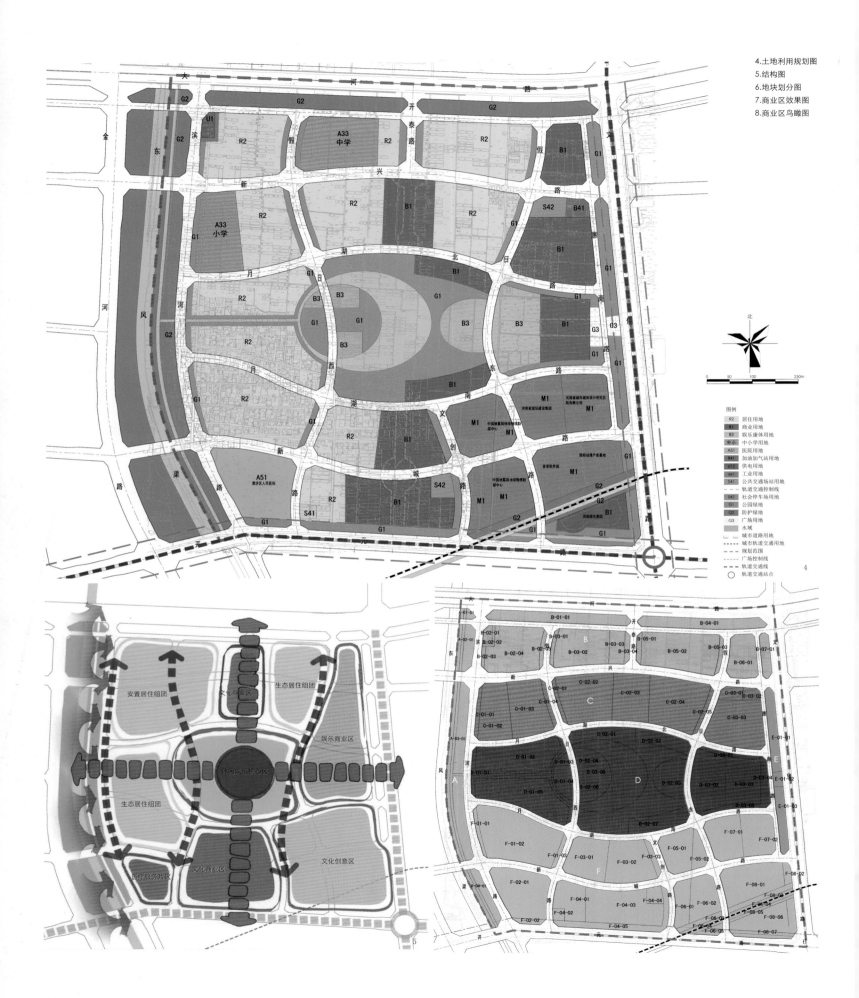

4.土地利用规划图
5.结构图
6.地块划分图
7.商业区效果图
8.商业区鸟瞰图

北

0 50 100 250m

图例

R2   居住用地
B1   商业用地
B3   娱乐康体用地
中小   中小学用地
A51   医院用地
B41   加油加气站用地
U12   供电用地
M1   工业用地
S41   公共交通场站用地
      轨道交通控制线
S42   社会停车场用地
G1   公园绿地
G2   防护绿地
G3   广场用地
      水域
      城市道路用地
      城市轨道交通用地
      规划范围
      广场控制线
      轨道交通线
○   轨道交通站点

定州市老城片区控制性详细规划

[项目地点]　　河北省定州市

[项目规模]　　27.21 km²

[编制时间]　　2015 年

一、项目背景

2014年河北省政府批准了"定州市城乡总体规划（2013—2030）"（以下简称总体规划），为深化落实总体规划，科学合理指导城市旧区的更新、改造及开发建设活动，为城市建设提供规划设计条件，实现城市规划管理科学化、规范化，根据《城乡规划法》和《河北省控制性详细规划编制导则（试行）》编制定州市老城区控制性详细规划。

二、规划重点

（1）落实"定州市城乡总体规划（2013—2030年）"，综合协调相关专项规划，保证城市科学合理、有序发展。

（2）突出城市基础设施、公共服务设施和公共安全设施的布局，体现公共政策属性，维护社会公共利益。

（3）合理控制城市各种开发建设活动，有效运用市场机制，集约、节约利用土地，提高土地利用率。

（4）加强历史街区及历史文化遗产保护，保障城市特色和环境品质，提高城市景观艺术水平。

（5）严格落实规划的刚性要求，充分考虑规划弹性和可操作性，积极探索新思路、运用新理念、采用新方法，提高控制性详细规划的科学性和可操作性。

三、规划结构

根据规划区发展特点和现有道路骨架网络，规划形成"二轴、五心、六大片区"的整体用地布局空间结构。

（1）二轴：即沿清风街和中山路的两条城市发展轴。清风街城市发展轴是定州中心城区重要的南北向交通主轴线，连接老城区和北部新区；中山路城市发展轴是定州老城区重要的公共服务设施发展轴，公共服务设施沿中山路集中

布置，引领老城区整体发展。

（2）五心：规划在老城区内形成五个功能中心，即老城商业中心、古城文化中心、城南商贸中心、文体中心、站前商贸中心，带动老城的商业、文化、体育以及商贸等功能发展。

（3）六大片区：结合规划区用地布局，将规划区划分为站前商贸市场区、城南生活居住区、城东生态居住区、老城综合服务区、文体休闲区和城北生活居住区六个功能组团。

四、单元控制体系

根据《河北省城市控制性详细规划编制导则（试行）》的有关要求，此次规划对各个控制单元编制了控制单元现状图则、规划图则和"五线"控制图则，作为法定图则。

1. 控制单元规划图则的控制内容

根据《河北省城市控制性详细规划编制导则（试行）》，控制单元的控制内容主要包括单元的主导功能、用地规模、交通设施、市政设施、公共服务设施、公共安全设施、开发用地和强度控制等项内容。各单元具体控制内容见规划图则和文本。

2. "五线"控制图则的控制内容

本规划主要对城市红线、城市绿线、城市黄线、城市蓝线、城市紫线进行控制。其中城市红线是指城市道路控制线；城市绿线是指城市各类绿地范围的控制线，主要包括公园绿地和防护绿地；城市黄线是指对城市发展全局有影响的、城市规划中确定的、必须控制的城市基础设施用地控制线；城市蓝线是城市河流水系的控制线；城市紫线是指经县级以上人民政府公布保护的历史建筑的保护范围界线。

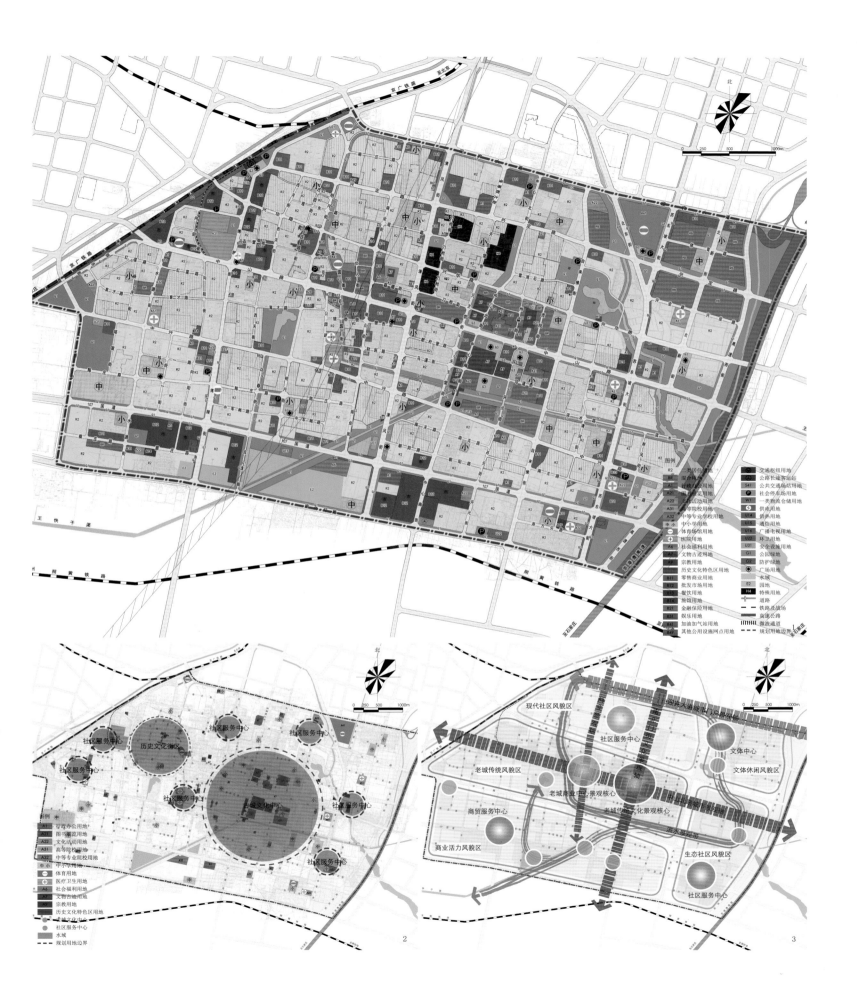

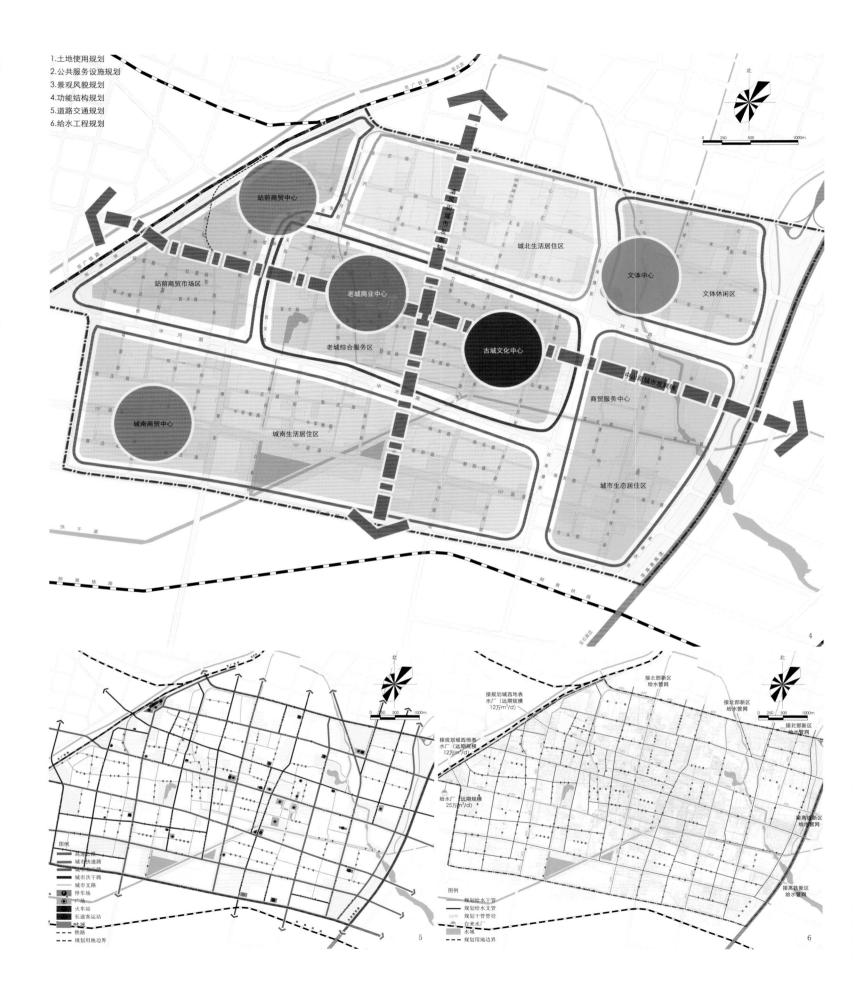

1.土地使用规划
2.公共服务设施规划
3.景观风貌规划
4.功能结构规划
5.道路交通规划
6.给水工程规划

站前商贸中心

站前商贸市场区

老城商业中心

老城综合服务区

城南商贸中心

城南生活居住区

城北生活居住区

文体中心

文体休闲区

古城文化中心

中山路城市发展轴

商贸服务中心

城市生态居住区

图例

高速公路
城市快速路
城市主干路
城市次干路
城市支路
停车场
广场
火车站
长途客运站
铁路

铁路
规划用地边界

接规划城西地表
水厂（远期规模
12万m³/d）

接规划城西备
水厂（远期规模
12万m³/d）

给水厂远期规模
25万m³/d

接北部新区
给水管网

接北部新区
给水管网

接高铁新区
给水管网

接高铁新区
给水管网

图例

规划给水干管
规划给水支管
规划干管管径
自来水厂
水域

铁路
规划用地边界

枣强县城新区控制性详细规划

[项目地点]　河北省衡水市枣强县
[项目规模]　11.42 km²
[编制时间]　2015 年

　　枣强县隶属于河北省衡水市，地处河北省东南部，衡水市南端。东隔清凉江与景县、故城相望，西临冀州市，南靠邢台地区南宫市，北接衡水市桃城区、武邑县。县城北距首都北京272km，西距省会石家庄124km。枣强县是"全国皮草商品示范市场"，"中国玻璃钢工业基地县"和"玻璃钢材料产业化基地"。皮毛产业和玻璃钢产业是枣强县的支柱产业。

　　地为枣强县新区，位于县城西部，以索泸河为界与老城区隔河相望，基地西侧为大广高速，基地范围11km²左右。基地内处城市建设较少，零星分布若干自然村庄。城市功能缺乏，缺少城市公共和基础设施。

一、功能定位

　　本次规划确定规划区定位为："承载城市产业发展、生活休闲、公共服务等基本功能的城市生态空间，以企业孵化、科技研发、现代商务办公、展览展示、商业商贸为主，形成种类丰富、门类齐全、互补发展的现代服务体系的产业新城"。

二、规划结构

　　总体结构为"双核双环一轴五区"。双核：位于北湖西侧的滨江商务核心和位于新华街的城市商业核心。

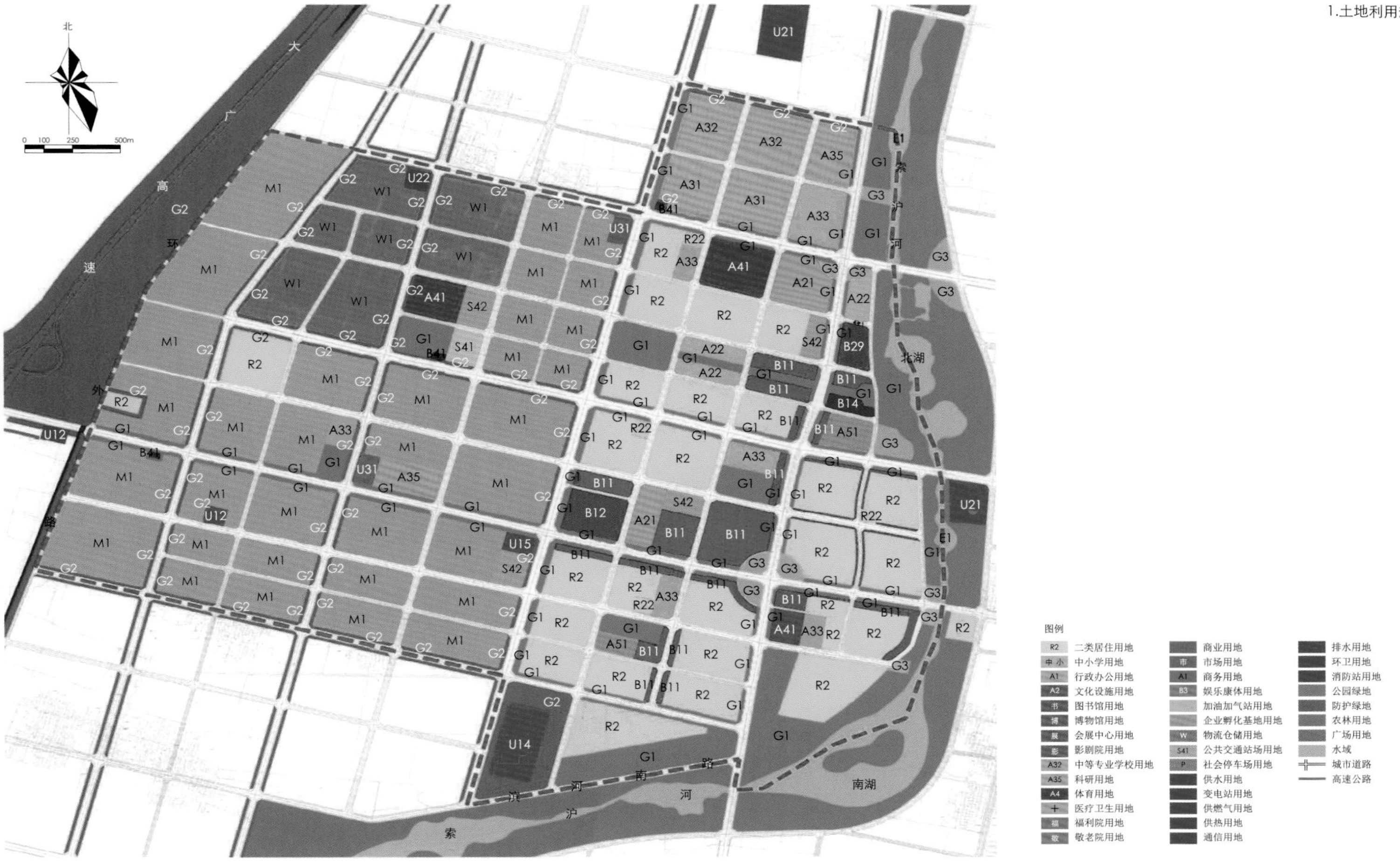

1.土地利用规划图

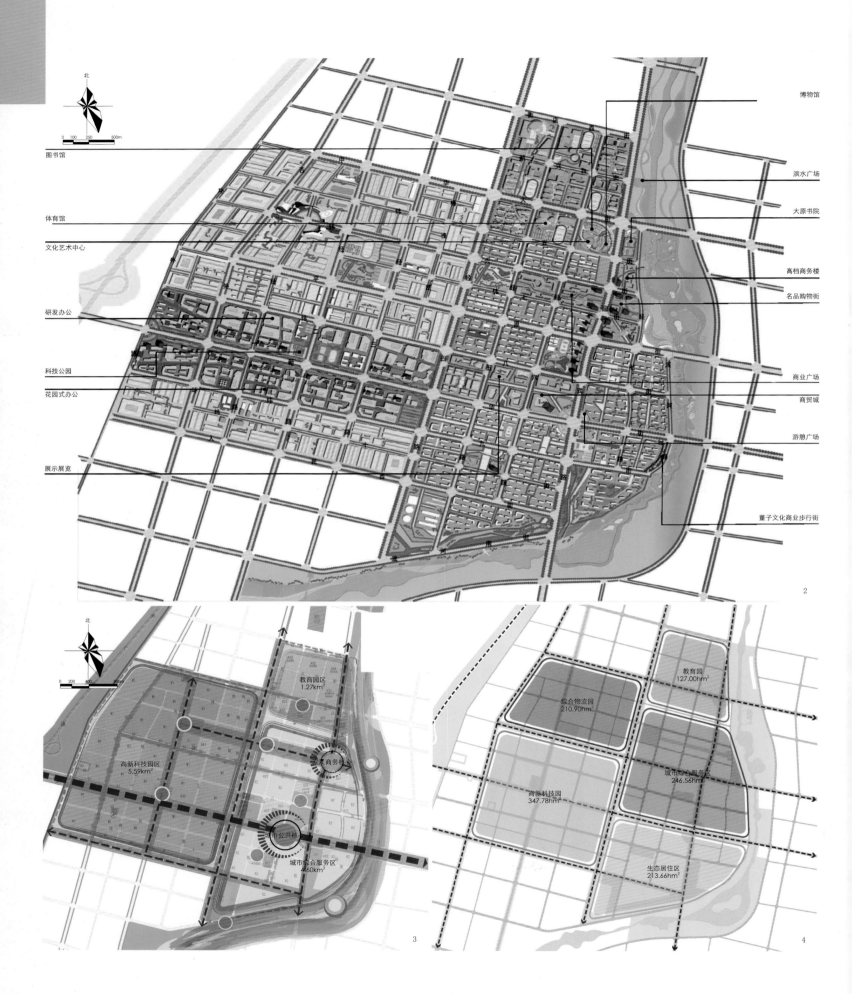

北

图书馆

体育馆

文化艺术中心

研发办公

科技公园

花园式办公

展示展览

博物馆

滨水广场

大原书院

高档商务楼

名品购物街

商业广场

商贸城

游憩广场

董子文化商业步行街

2

北

教育园区
1.27km²

高新科技园区
5.59km²

滨江商务核心

城市公共核

城市综合服务区
4.60km²

3

教育园
127.00hm²

综合物流园
210.90hm²

城市综合服务区
246.56hm²

高新科技园
347.78hm²

生态居住区
213.66hm²

4

5

6

章丘市经十东路沿线、圣井新城控制性详细规划及城市设计

[项目地点]   山东省章丘市

[项目规模]   20 km²

[编制时间]   2013 年

一、规划背景

区域层面：胶济铁路发展轴的重要一环，与青岛、威海、烟台等门户城市连接，是面向日韩跨国城市走廊的一部分。有效承接济南部分功能、人口和产业转移。

市域层面："一河两城"发展战略的重要组成部分，"西进、东优、南控、北抑"的城市空间发展战略，依托现有主城区，大力发展以产业发展为基础的西部城区，有效实现双城互动，整体提升。

二、构思及主要内容

1. 构思

规划将倾力挖掘圣井片区的自然环境特色，并尊重历史文脉特征，合理安排城市生活和产业发展，通过不断地努力实现章丘"一河两城"战略的跨越式发展，逐步将圣井新城建设成为河西片区的产业之城、服务之城、宜居之城、生态之城。

2. 主要内容

打造集行政办公、金融商业、总部经济、休闲旅游、宜居生活于一体的综合功能现代新城区，实现面向西部城区的公共服务中心，引领章丘的城市副中心，对接济南的创新引擎。

标书给定规划范围南起经十东路以南500m，北至世纪大道，东起零九路，西至章历边界，经十东路以南控制协调范围约1km，规划总面积约28.58km²。其中城市建设用地为25.65km²，水域和其他用地为2.93km²。总体规划确定规划期末（2020年）中心城区总人口规模约75万，人均建设用地面积为120m²/人，圣井片区人口规模在规划期末（2020年）约为12万~15万人。本规划区用地布局包括居住用地、工业用地、公共设施用地、商住综合用地、道路用地以及公园绿地等城市建设用地。

规划结构为：三轴贯通、双核引领、三区联动。

三轴：沿经十东路的主要轴线、功能景观轴线、综合服务轴线；

双核：中央服务核、创新研发核；

三区：中央商务区、企业总部经济及产业区、经十东路以南居住片区。

三、特色

区域协同，一河两城，双核联动；

蓝环绿网，构建网状绿道，兴建绿色城市；

产城一体，利用生态廊道和城市干路，巧妙构建各功能组团；

双核互动，连轴发展，核心集聚，功能轴向展开；

点轴带动，塑造经十东路沿线，开放有序、优美宜人的城市形象界面；

功能复合，打造功能混合的多元活力街区；

小街道、密路网，小街坊、连续界面、优美建筑群体；

"SET开发导向模式"，突出新城开发模式的创新。

时尚居住社区
Fashion community

企业会展中心
The Convention and
exhibition centers

企业贸易中心
The Business
trade center

精品居住社区
The Boutique community

奥特莱斯
The outlet

混合高档公寓
The Hybrid luxury
apartments

行政中心
The administrative centre

精品商业街
High-quality goods
shopping street

小学
The Primary school

金融中心
The Financial center

影剧院
The theater

科技馆
The Science Museum

文化展览馆
The Cultural exhibition hall

青少年活动中心
The Youth
activity center

综合医院
The general hospital

生态岛
Ecological green Island

国际会议及
旅游接待中心
The International
conference
and Tourism center

水上休闲
The water
leisure island

时尚旅游服务
The Fashion
tourism services

滨湖酒店
The Lakeside hotel

保留行政办公
Retain the
administrative office

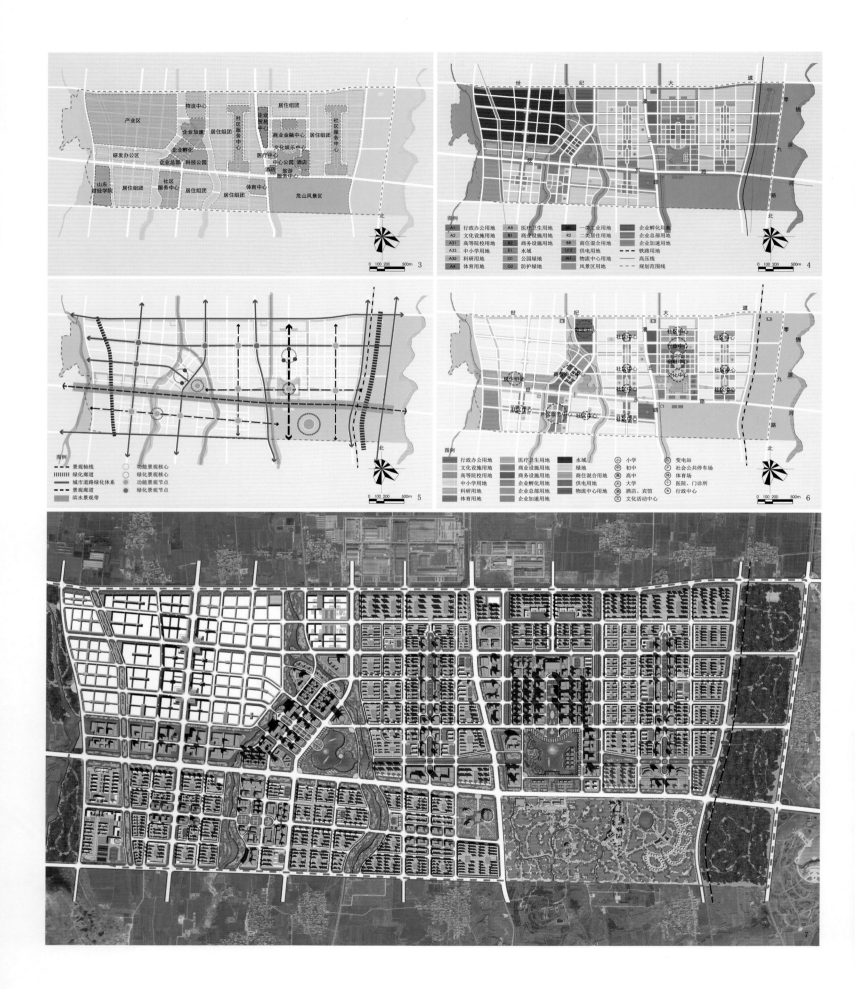

3.功能分区
4.土地使用规划图
5.景观系统规划
6.公共服务设施规划图
7.规划总平面
8-9.鸟瞰效果图

泗阳县王集新城控制性详细规划

[项目地点]　　江苏省泗阳县王集新城

[项目规模]　　478.66 hm²

[编制时间]　　2014 年

一、规划背景

宿迁市构建"一轴、两副、九市、多点"的城镇体系空间结构，泗阳县推进王集、爱园、新袁、裴圩等4个重点乡镇工业集中区建设，以良好的载体建设和资源特色招商引资。王集新城位于宿迁中心城市发展轴的北侧，被授予江苏省"轻工（木制玩具）特色产业基地"，未来开发区的发展优势明显。规划按照省级工业园区的标准规划建设小城市工业园区，重点提升基础设施配套水平和产业层次，加强与中心城市发展轴的产业及交通联系。

二、规划结构

（1）规划形成"一心引领、四轴串联、六大片区、和谐共生"的规划结构。

（2）一心：指产业服务中心，完善其功能，集聚发展，为开发区，南部产业聚集区。

（3）四轴：指综合服务轴、产业发展轴、2个滨河休闲景观轴。

综合服务轴指沿王集大街形成的发展轴，结合用地布置商业设施、专业市场等，形成综合服务轴。东西产业发展轴沿青岛路，南北两个区域分别打造传统产业区及新兴产业区，结合南北两个片区分别设置商业配套设施。休闲景观轴即沿南京路、南京河，与新城城区景观轴相衔接，打造城市休闲景观轴。

（4）六大片区：指服饰产业区、综合产业区、绿色食品产业区、木艺加工产业区和新兴产业区。

三、产业发展战略

（1）集聚联动战略

（2）生态循环战略

（3）承接转移战略

（4）错位发展战略

四、产业定位与布局

江苏省特色木质工艺品制造基地，宿迁市重要的新兴产业基地。

规划分为五大片区：服饰产业区、木艺加工产业区、绿色食品加工区、综合产业区及新兴产业区。加强木材加工的产业链延伸，形成以木质工艺品加工为主体的特色产业，侧重发展高新技术产业，逐步成为泗阳县北部的新兴产业基地；积极融入泗阳城区产业链发展，提升产业发展的对外吸引力和辐射带动力；承接长三角地区战略产业梯度转移。

五、土地使用规划

规划以工业用地为主，配以相应的服务配套设施及公用设施等用地的布局。其中工业用地总面积302.71hm²，占总建设用地比例为64.40%；仓储用地面积22.67hm²，占规划区总建设用地的4.82%；商业服务业设施用地面积为22.55hm²，占总城市建设用地面积的4.80%。

六、标识系统规划

1. 品牌形象

选用朱砂红为主色调，选黑色、朱红色为辅色调，取"王集"两个字为创意元素，进行变形和重新设计，从而得到王集产业园的品牌logo。

2. 导视系统

一级导向标识：在工业区域主要入口处设置，提供园区的地理方位信息。

二级导向标识：在园区出入口处和园区重要抵达区域设置。提供全面的区域综合信息，区域内企业名录及分布情况。

三级导向标识：设置在园区内主、次干道的十字路口及丁字路口处（设置在丁字路口交叉处）。

导视系统设计了两套方案，设计理念分别为简洁明快的现代工业园风格与植入小镇鲜明主题—童话玩具、打造文化特色浓郁的小镇风貌的导视风格。

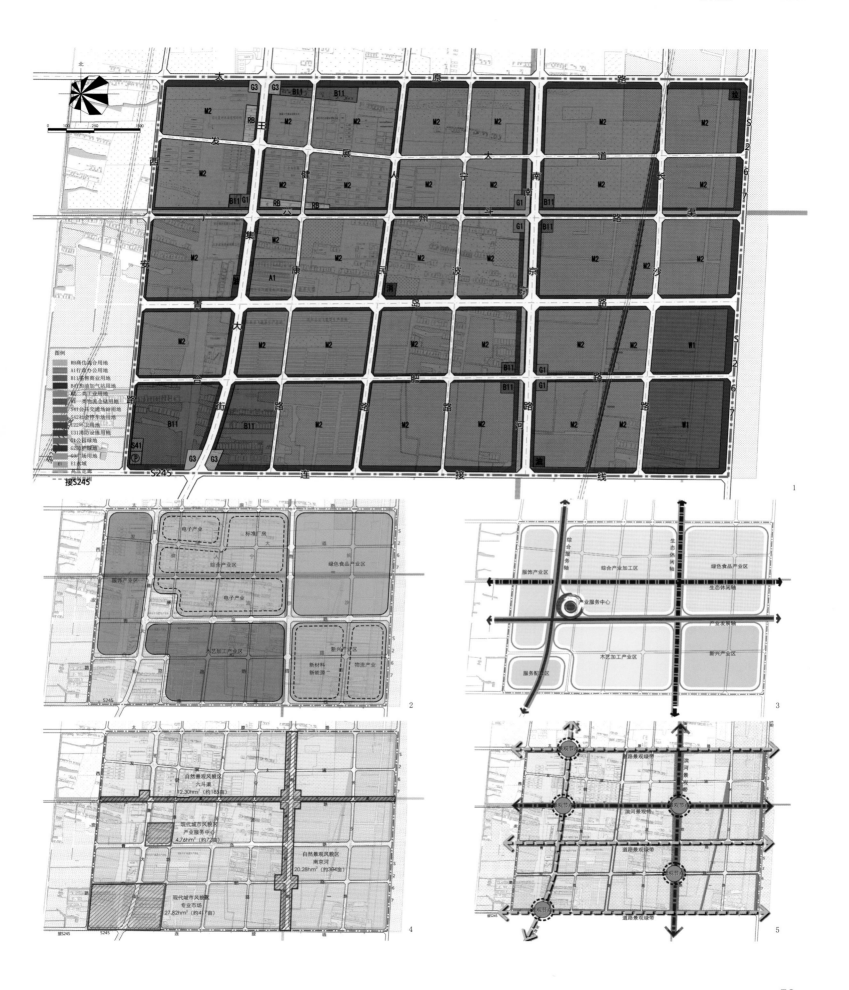

泗洪县双沟新城中心城区控制性详细规划

[项目地点]　　江苏省泗洪县

[项目规模]　　规划总用地 454.64 hm²，其中城市建设用地约 439.63 hm²，约占规划总用地的 96.7%

[编制时间]　　2014 年

1.土地使用规划图
2-3.区位分析图

一、规划背景

1. 政策引领，展翅待飞

2013年7月，宿迁市完成新一轮城镇体系空间结构优化调整工作，提出了"一轴、两副、九市、多点"的城镇体系空间结构发展策略。双沟新城是宿迁市九个小城市之一，在规划建设中要求按小城市的定位，高标准做好新城总体规划。与此同时，泗洪县城市总体规划中提出"一主两副六片区"城镇空间结构发展策略，双沟新城是泗洪县域副中心之一，希望借助双沟新城的快速发展带动泗洪县西南片区的发展。

2. 城市发展加速，规划编制在急

双沟新城城区近年来发展迅速，2014年5月，双沟新城编制完成"双沟新城城市总体规划（2013—2030）"，近期2015年发展为5万人口的城市，远期2030年将发展为15万人口的城市。本次规划区范围是城区建设重点区域，也是新城总体规划中近期要建设的区域，以新城总体规划为上位依据编制本次规划以便更好地指导规划区范围各项建设。

二、功能定位与人口规模

本规划将双沟新城中心城区定位为：融合白酒文化、生态景观、现代居住功能的文化旅游胜地和双沟新城综合城市中心。

人口规模：规划本规划区内居住人口为4.5万人。

三、规划目标

打造双沟新城服务中心、凝聚白酒文化、水文化、历史文化的文化聚集地与构建双沟现代宜居生活方式的标志地。

四、规划结构

规划形成"一心、两区、两轴"的规划结构。

（1）"一心"：指文化广场与地标建筑形成的双沟城区中心；

（2）"两区"：指白酒文化、特色滨水的双沟旧城区与现代居住、优质环境双沟新城区；

（3）"两轴"：指南北向的宿迁大道城市发展轴与东西向的建设路城市发展轴。

（4）其中旧城区形成"一体、两翼、凤凰展翅"的规划结构。

"一体"：指以中大街为核心、双沟东西绿道为界线的区域。

"两翼"：指东西生活服务区形成的两翼。

"凤凰展翅"：

"凤头"——地标性塔楼；

"凤身"——中大街特色历史风貌区；

"两翼"——东西生活片区；

"凤尾"——凤尾湖公园。

五、规划特色

规划打造文化商业中心与中大街特色商业街，文化商业中心位于城区中心位置、建设路与中大街交叉口南侧用地，以购物、餐饮、旅游等功能为主；中大街特色商业街沿城市中轴线中大街规划设置特色商业街，延伸至怀洪新河沿岸，以购物、休闲等功能为主，为老城区的重要商业步行街。

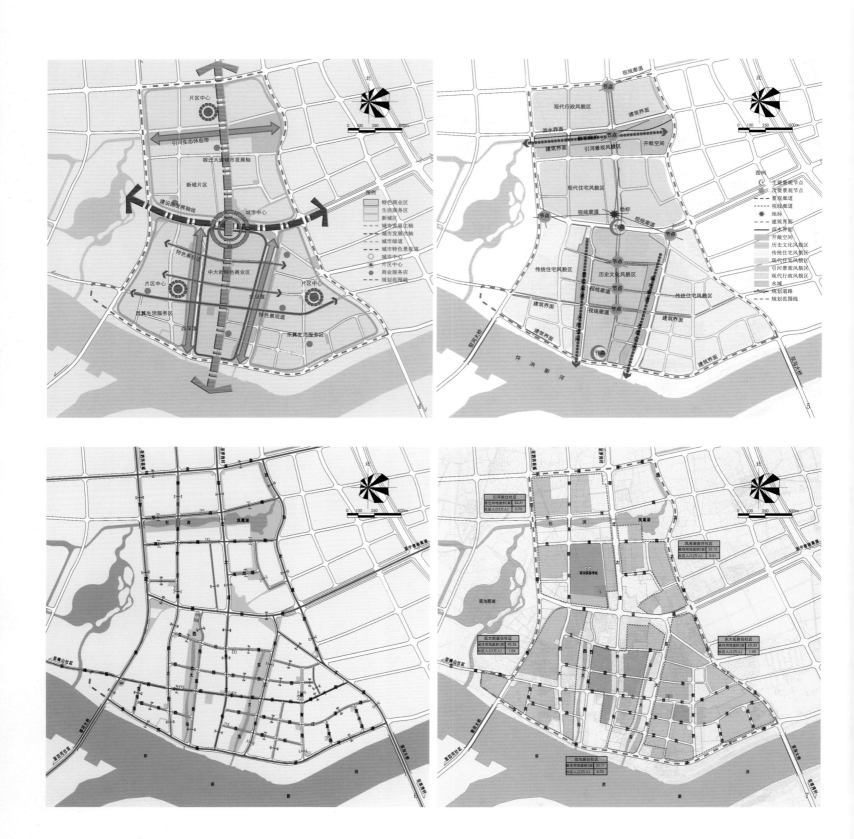

黄冈市浠水县北城新区西北片区控制性详细规划

[项目地点]　湖北省黄冈市浠水县

[项目规模]　6.45 km²

[编制时间]　2013 年

1.规划构思
2.土地使用规划图

一、规划背景

项目位于湖北省浠水县北城新区西北部，紧贴新城的行政中心和商业中心，区位条件优越，现已成为武汉、黄冈等重要城市进入浠水县城的第一印象区域，但上位总体规划将其定位为以工业为主导功能的城市组团，无法助力浠水县城新一轮的发展。

二、规划定位

本区将建设成为以生态居住、环山休闲、商贸服务为主导，产业配套为辅助，体现浠水"山、城、水"交相融合的浠水新城的门户区、生态宜居区、行政中心公共服务的延伸区。

三、规划构思

1. 方案构思："轴向生长，十字连心"

规划依据城市总体规划路网结构的框架下，完善各类配套服务设施，形成两条"十字形"的功能服务轴，串联各个功能组团，形成"两主两次"的空间格局。

2. 空间结构

（1）环山筑城，生态引领

充分发挥月山森林公园的生态资源优势，形成以月山公园为核心多条生态廊道为链接的生态网络。

（2）节点提升，门户形象

着重打造重要门户地段的城市节点形象；提升北部新城的城市形象。

（3）一轴串联，三区协同

丁麻路作为区域南北向主要城市发展轴，串联北部门户区、中部商贸区、南部综合区三个特色功能区块，形成区域协同发展格局。

四、控制体系

依据控规编制街坊划分原则，本次规划地块共划分为4个规划编制单元，针对不同功能区块和不同特性的地块提出刚性与弹性相结合控规指标体系，更便于规划实施管理，在提高行政效率的同时，也可达到规划控制的目的。

1. 编制单元层面——"保持三个不变"

土地控制管理：保持编制单元的土地控制中主导功能、人口规模、总建设容量、公园绿地面积、居住用地规模等不变；

设施控制管理：公共设施配置和基础设施的各个数量、面积、服务标准和六线控制的内容不变；

城市设计管理：影响总体城市设计的要求不变。

2. 地块层面——弹性调整

本次规划控制的一个核心原则就是弹性控制原则，即在地块层面，用地性质、容积率、建筑高度、配套设施等可在一定范围内进行调整，但是要在本地块所在的编制单元层面进行平衡，即地块调整的内容要在所在街坊其他地块进行相应的补充或删减，保证编制单元层面的平衡。

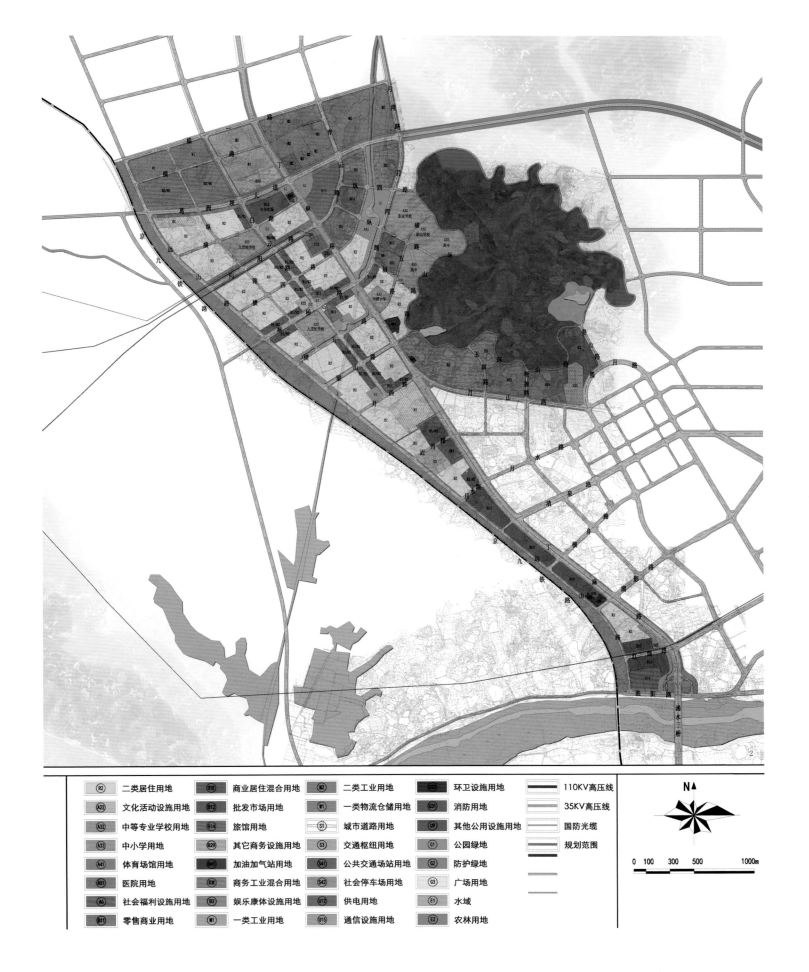

R2 二类居住用地	F/R 商业居住混合用地	M2 二类工业用地	U22 环卫设施用地	110KV高压线
A22 文化活动设施用地	B12 批发市场用地	W1 一类物流仓储用地	U31 消防用地	35KV高压线
A32 中等专业学校用地	B14 旅馆用地	S1 城市道路用地	U9 其他公用设施用地	国防光缆
A33 中小学用地	B29 其它商务设施用地	S3 交通枢纽用地	G1 公园绿地	规划范围
A41 体育场馆用地	B41 加油加气站用地	S41 公共交通场站用地	G2 防护绿地	
A51 医院用地	EM 商务工业混合用地	S42 社会停车场用地	G3 广场用地	
A6 社会福利设施用地	B3 娱乐康体设施用地	U12 供电用地	E1 水域	
B11 零售商业用地	M1 一类工业用地	U15 通信设施用地	E2 农林用地	

N

0 100 300 500 1000m

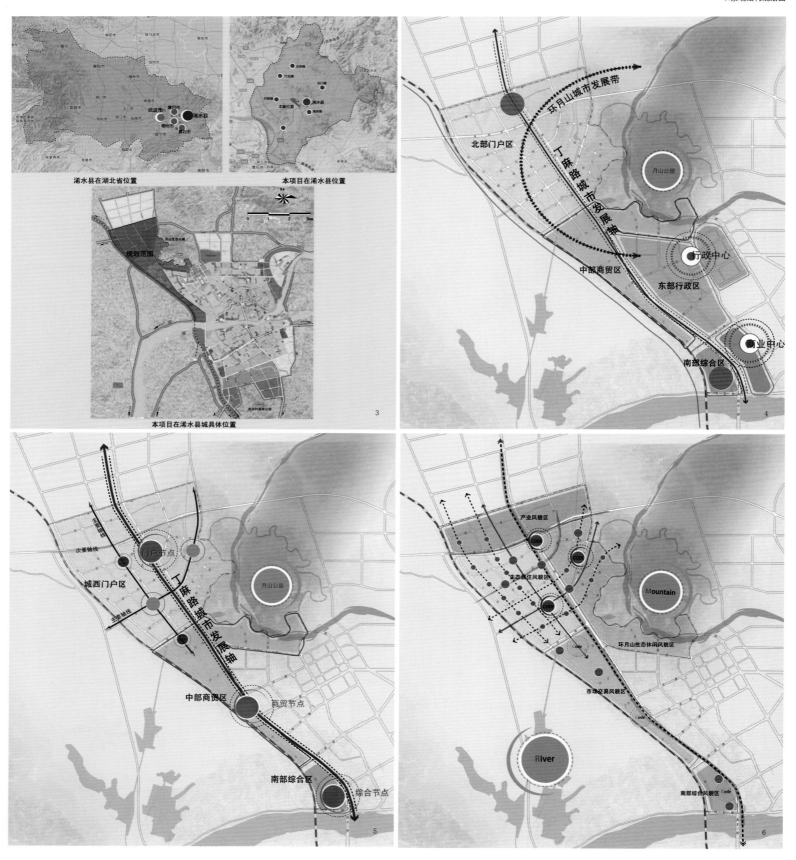

3. 浠水县在湖北省位置
本项目在浠水县位置
本项目在浠水县城具体位置
规划范围

4. 环月山城市发展带
丁麻路城市发展带
北部门户区
月山公园
中部商贸区
行政中心
东部行政区
商业中心
南部综合区

5. 城西门户区
门户节点
丁麻路城市发展带
月山公园
中部商贸区
商贸节点
南部综合区
综合节点

6. 产业风貌区
CODE
生态居住风貌区
Mountain
环月山生态休闲风貌区
市场交易风貌区
River
南部综合风貌区

岳西经济开发区控制性详细规划

[项目地点]　　　安徽省岳西县

[项目规模]　　　9.03 km²

[编制时间]　　　2013 年

一、规划背景

国家层面：党的十八大召开后，"新型城镇化"成为主导若干年后中国社会经济发展的重要关键词。在新一轮城镇化进程中，以小城镇为基础的就地城镇化将成为城镇化的"主战场"，增强欠发达地区发展能力也将成为区域发展政策的核心重点。

县域层面：岳西经济开发区于2006年获省政府批准筹建，发展定位是产业特色鲜明、综合配套能力较强的产业集聚区，产业定位是以汽车配件、轻纺、农副产品加工等产业为主导产业。历经7年的发展，岳西经济开发区在经济发展、体制建设、环境治理等方面都取得了显著的成绩。

二、构思及主要内容

1. 构思

产业新城，城市新区。

2. 主要内容

规划范围总用地面积为902.90hm²，其中城市建设用地719.21hm²，区域交通设施用地12.18hm²，非建设用地包括水域和生态用地共计171.51hm²。根据国家标准和规划控制用途，将岳西经济开发区的城市建设用地划分为居住用地、公共管理和公共服务设施用地、商业服务业设施用地、工业用地、物流仓储用地、道路与交通设施用地、绿地与广场用地和公用设施8大类，并进一步划分到小类。

本次规划的空间发展策略是"西进、东跃、北展、南优"。

西进：近期建设向西侧转移，开展机械工业园区建设，同时建设生活配套设施。

东跃：依托规划的温莲快速路，近期跨过高速，在开发区东北面发展工业和旅游度假区。远期向东北温泉镇方向继续发展，对接温泉，建设生态居住区。

北展：北面地势较平，近期可在北面逐步推进工业区建设。远期继续向北推进，依山顺势建设生态工业园区。

南优：南部发展空间比较小，发展以内部优化为主，完善配套设施，建立综合服务中心。

规划在城市道路构架基础上，形成"三心五轴一带四园"的空间结构。

"五轴"：城市发展主要轴线、城市发展次要轴线、腾云路—莲十一路轴线、莲四西路轴线、莲十七路轴线。

"三心"：综合服务核心、产业服务中心、健康服务中心。

"一带"：莲云河滨水生态带，形成由水系、滨河绿化、道路绿化共同组成的带状生态空间，串联起各个分区和中心。

"四园"：综合服务园、新兴产业园、机械工业园、健康产业园。

三、特色

充分体现山地开发区的特点，本次规划的交通组织、绿化空间、景观特征是在起伏不平的地形上组织的，山地地形的多样性和丰富的植被带来了得天独厚的景观多样性，为城市设计创造了更多的元素和可能性，构筑依山就势、步移景异、疏密有致的城市空间，形成"山水之怡、林泉之致"的城市景观。

1.指标控制总图
2.土地使用现状图
3.规划布局结构分析图
4.绿地系统规划图
5.城市设计引导图
6.道路系统规划图
7.道路竖向规划图
8.建筑密度控制规划图
9.建筑高度控制规划图
10.容积率控制规划图
11.绿地率控制规划图

62

修建性详细规划

Detailed Plan

长白山宝马城修建性详细规划

[项目地点]　　吉林省长白山保护开发区二道白河镇
[项目规模]　　规划总面积 694.64hm²
[编制时间]　　2013 年

　　宝马城，位于吉林长白山保护开发区二道白河镇西北4km处，距长白山35km，规划总用地面积694.64 hm²，其中建设用地面积441.02 hm²。宝马城的说法，出自渤海时期唐朝将军在此喜获一匹宝马的古代传说；在唐代，宝马城（驿站）地处渤海古都至唐朝都城长安的交通要道——"朝贡道"上，也是辽金沿用的地区政治、军事、经济、文化中心，是一个很有研究价值的古城，同时也是长白山景区的重要组成部分。

　　2013年，为了对接长白山景区的旅游发展态势，长白山保护开发区管委会启动了长白山宝马城修建性详细规划的编制，以实现长白山旅游由观光型旅游到度假型旅游的转变，实现长白山由自然风光旅游目的地到自然与文化相结合的旅游目的地的转变。

　　规划依托得天独厚的自然环境以及特色鲜明的历史地域文化元素，建设打造长白山的历史文化体验、展示的集中地，旅游观光休闲的目的地，旅游度假的集散地；形成以历史文化引导的国际休闲养生度假小镇，填补长白山乃至东北文化的贫瘠与不足。主要规划内容包括：

　　（1）保护历史遗迹，梳理空间结构，挖掘文化内涵。通过对该地区的建筑环境的整治和功能策划，根据保护层级形成由景点景区、旅游接待、地产居住形成的圈层结构模式，营造出一个富有地域传统风貌特征并充满活力的古城区。

　　（2）通过对宝马城的土地使用进行调整，使古城的功能布局趋于合理，使古城的区位价值值以发挥其应有的经济效应。

　　（3）配套相应公共服务设施和市政设施，改善居民生活。

1.总体鸟瞰
2.规划平面
3.绿地系统规划图
4.功能结构图
5.道路分析图

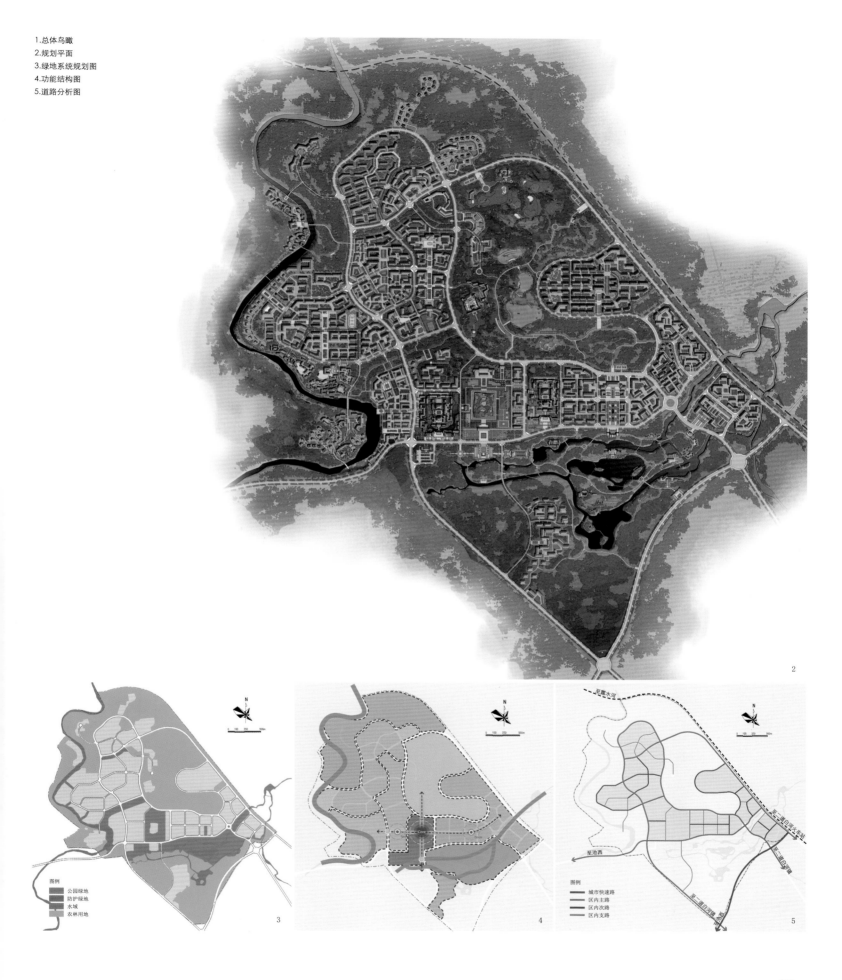

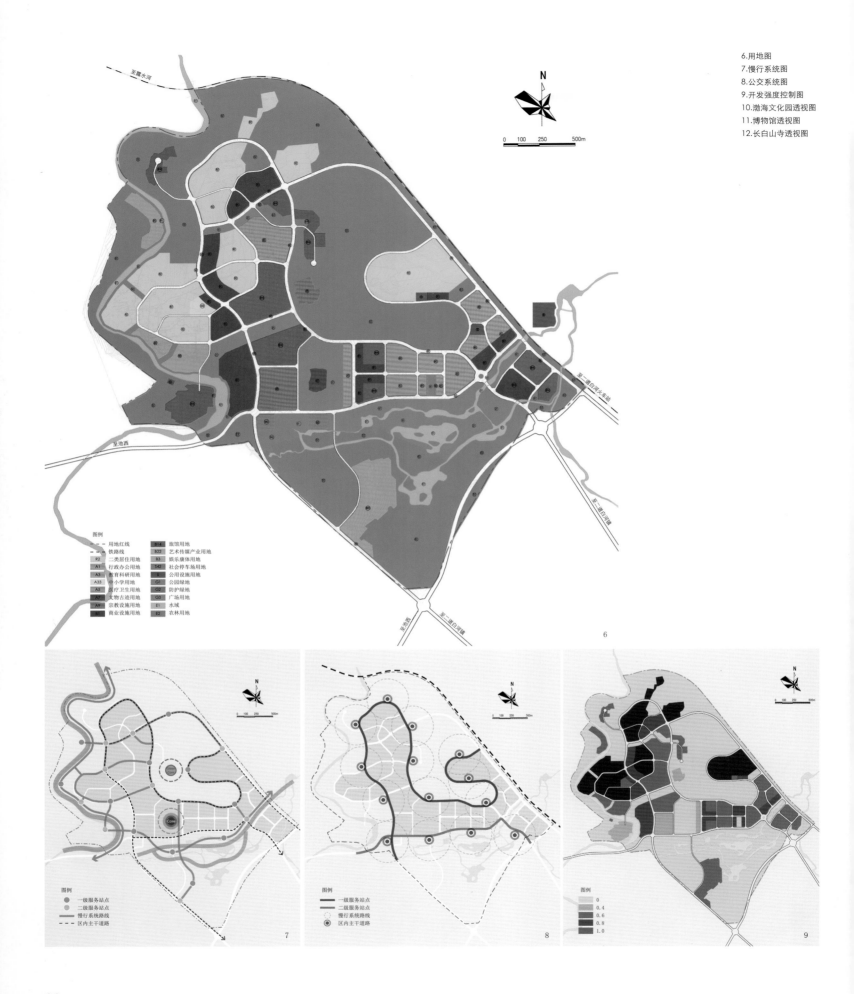

6.用地图
7.慢行系统图
8.公交系统图
9.开发强度控制图
10.渤海文化园透视图
11.博物馆透视图
12.长白山寺透视图

图例

68

海口南北蔬菜市场地块修建性详细规划

[项目地点]　　海南省海口市
[项目规模]　　2.3 hm²
[编制时间]　　2012 年

项目地块位于海南海口市南部，曾是海南省规模最大、设施配置标准最高的蔬菜批发市场。近年来伴随着海口大型综合性蔬菜水果批发市场的建设，南北蔬菜市场生意冷却，亟须通过地块的二次开发，推动区域升级。

规划从战略高度探索南北蔬菜市场的转型，提出构造以现代农副产品配送中心、大型综合超市、休闲娱乐中心、商务办公酒店、配套公寓为核心内容的区域商业综合体。规划依托良好区位及周边环境，以现代化农副产品配送和销售为特色，体现地域特色、强化地段商业中心职能，打造地区升级的新引擎。

1.规划总平面图
2.总体鸟瞰图
3.商业综合体透视图

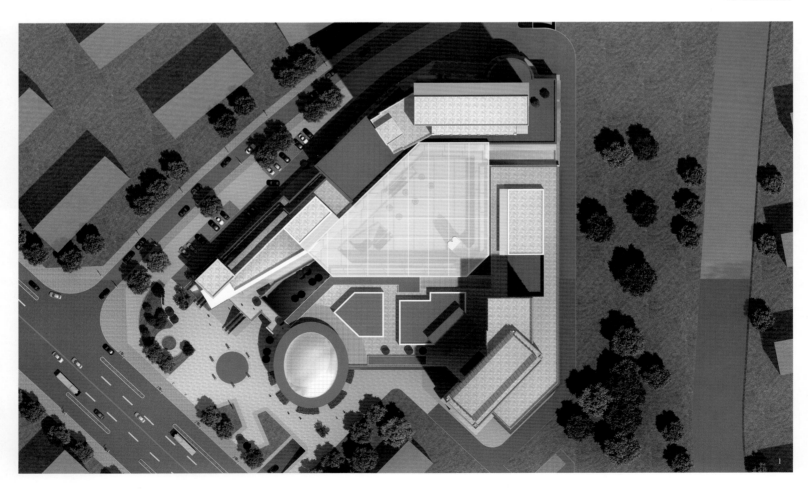

阜南欧陆翡翠湾小区修建性详细规划

[项目地点]　　安徽省阜南县

[项目规模]　　20 hm²

[编制时间]　　2011 年

　　随着阜南县城的发展和"富陵大道城市设计"的编制，为满足房地产形势和城市规划的新要求，修编欧陆翡翠湾小区修建性详细规划。

　　规划以建设具有当地特色、居住环境优良的住区为目标，依托良好的区位及自然环境，创建生活便捷、环境优良、特色浓厚的现代化和谐社区。

　　规划集中布局小区的公共服务、管理和商业中心，以满足社区居民需求，辐射周边；通过在社区中央设置贯穿南北的公共景观轴、中央景观建筑底层架空，形成南北通透的一体景观空间；强化滨河绿化的景观渗透，形成柔性的绿色开敞空间。

1.小区总体鸟瞰图　　　　5.滨水住宅透视图

2.规划总平面图　　　　　6.中心景观透视图

3.规划结构图　　　　　　7.滨水别墅透视图

4.功能分区图　　　　　　8.欧陆风情小镇透视图

卡森回迁地块修建性详细规划

[**项目地点**]　　吉林省长白山保护开发区池北区

[**项目规模**]　　用地面积 52 868 m²

[**编制时间**]　　2016 年

卡森回迁地块是长白山保护开发区池北区重要的居住配套设施和民生工程。基地位于镇区南部，池北区长白山大街以西，瑞香路以北，用地面积52868m²。距离"城市之肺"——美人松森林公园1.5km。

规划定位为以居住功能为主，融旅游度假、休闲购物等功能于一体的北欧山地小镇。延续一期建筑风格，植入北欧风情，强化山地特色。结合"庭院＋花园＋家庭旅馆"，通过沉静的院落气质、浪漫的花园氛围，塑造独特的精致之美。

规划采用周边式路网、人车分流，将车行交通和步行交通分开，利于行人安全，也利于形成小区中心景观，提升环境质量。汲取欧洲山地小镇设计精华，通过极具代表性和文化内涵的建筑空间组合与建筑形式，结合特色地景设计，营造出风情、浪漫的标志性风情特色空间。通过多级台地化处理，取得自然地形与开发建设的平衡，客观上丰富了建筑空间和景观空间层次，利于强化和营造山地意向。

2

3

4-6.雪景鸟瞰图
7-9.西侧配套商业

长白山池北区回迁小区修建性详细规划

[项目地点]　吉林省长白山保护开发区池北区二道白河镇

[项目规模]　23.05 hm²

[编制时间]　2013 年

　　随着长白山旅游业的发展，池北区由于其优越的区位和生态景观条件，逐渐成长为高品质的新兴城区；特别是基地所在的位置，临近火车站和"城市之肺"——美人松林地公园，更是池北城市形象的重要展示区域。2013年，为了改善群众生活水平、节约土地、提升城市风貌品质，长白山管委会住房和城乡建设局提出了高标准建设回迁区的要求。

　　规划引入"新城市主义生活"的理念，为社区提供最方便有效的消费、交流场所。回迁区成为和谐有效的社区；是满足居住、出行等总要求的社区；是环境良好、管理集中的社区，更是体现优质景观和服务的集约型社区。

　　建筑设计以"山地风情、森林小镇、浪漫生活、宜居家园"为形象定位，通过凸显山地度假特色，构建生态绿色社区，形成家园归属认同，保障提升品牌价值。强调在逐步发展的居家方式上进行探索，强化室内外渗透的平台空间、南北通透的通风采光、端头户型的观景需要，以融合住宅发展的最新理念，满足回迁居民的多样居住要求。

1.地块一鸟瞰图
2.地块一规划结构图
3.地块一功能分区图
4.地块一道路交通规划图
5.地块一绿地系统规划图
6.地块一总平面图

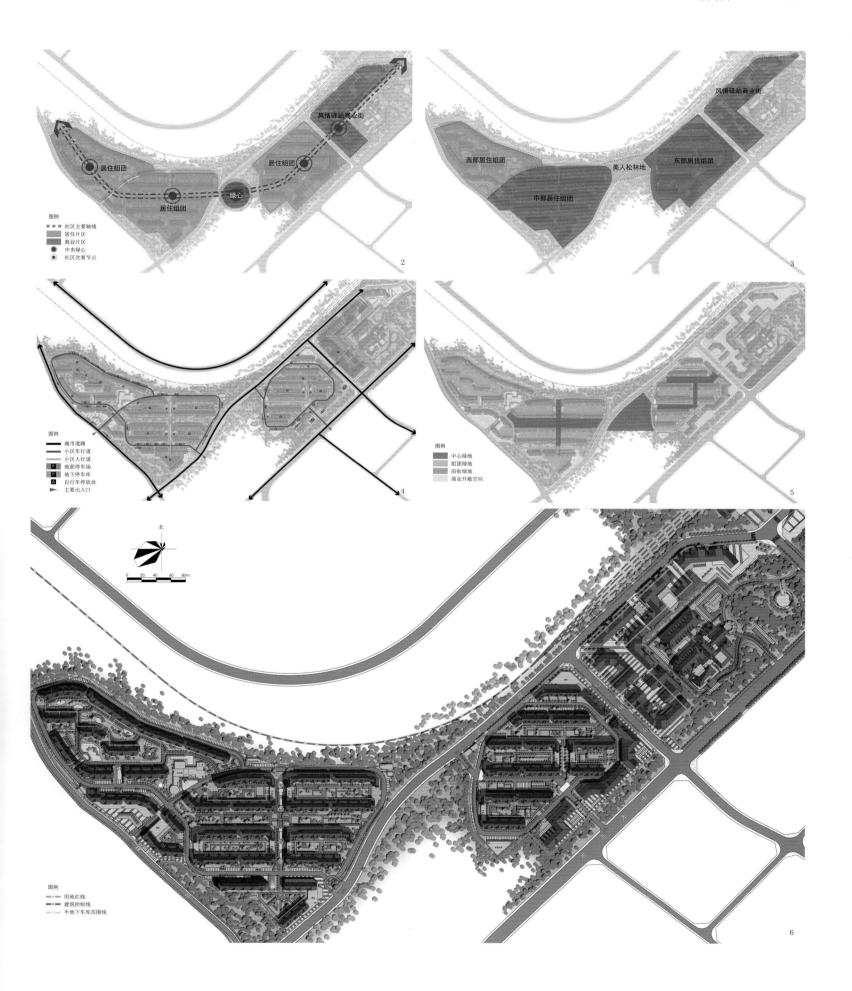

图例
┅┅┅ 社区主要轴线
　　居住片区
　　商业片区
● 中央绿心
◉ 社区次要节点

风情驿站商业街
居住组团
居住组团
绿心

2

风情驿站商业街
西部居住组团
美人松林地
东部居住组团
中部居住组团

3

图例
━━━ 城市道路
━━━ 小区车行道
　　 小区人行道
P 地面停车场
P 地下停车库
⑧ 自行车停放处
▶ 主要出入口

4

图例
　　中心绿地
　　组团绿地
　　沿街绿地
　　商业开敞空间

5

北
0 20 40 60 80m

图例
━━━ 用地红线
━━━ 建筑控制线
━━━ 半地下车库范围线

6

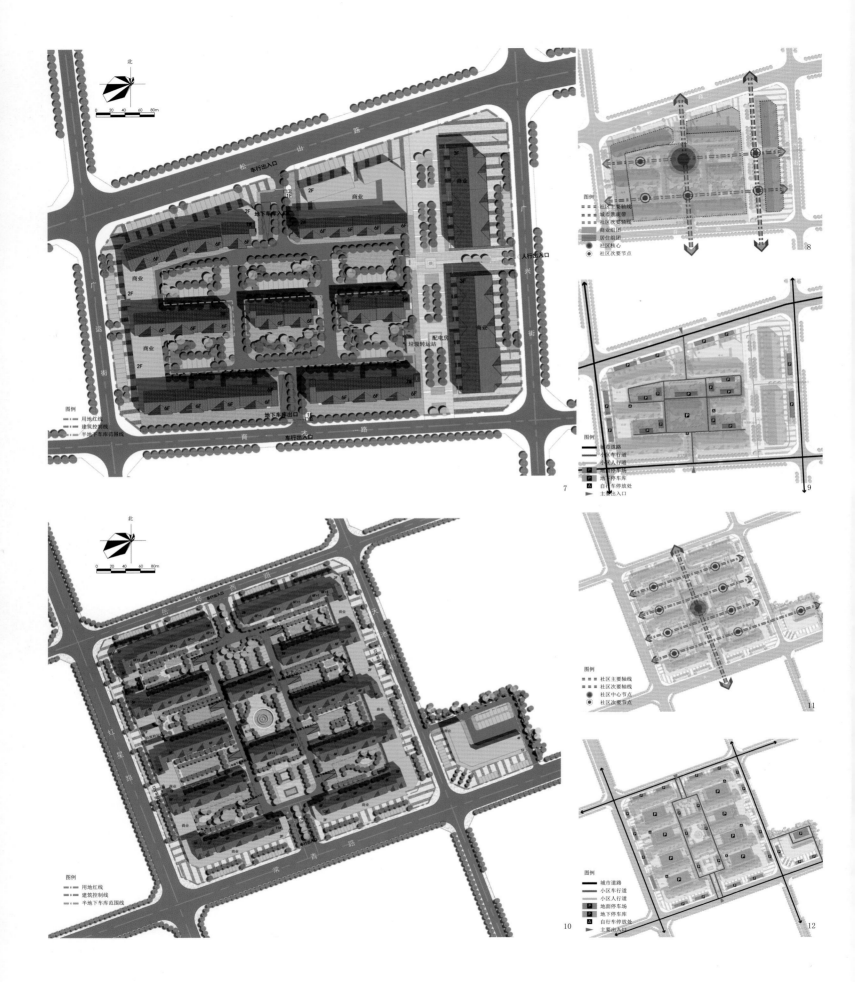

7.地块三总平面图

8.地块三规划结构图

9.地块三道路交通规划图

10.地块二总平面图

11.地块二规划结构图

12.地块二道路交通规划图

13.地块一鸟瞰图

14.地块二鸟瞰图

苍南县湿地公园修建性详细规划

[项目地点]　　浙江省苍南县
[项目规模]　　11.59 hm²
[编制时间]　　2013 年

　　位于浙江省苍南县龙港世纪新城的南部中心位置，占地面积11.59 hm²。规划调整现状狭长、带状、均质的水面，塑造洲、岛、滩多种元素组合的丰富陆域形态。通过功能空间组合和视线通廊梳理，形成以生态为基础、以水绿为基地、与城市空间相融合的复合型滨水空间。

1.规划总平面图
2.公园效果图
3.商业综合体透视图
4-5.总体鸟瞰图

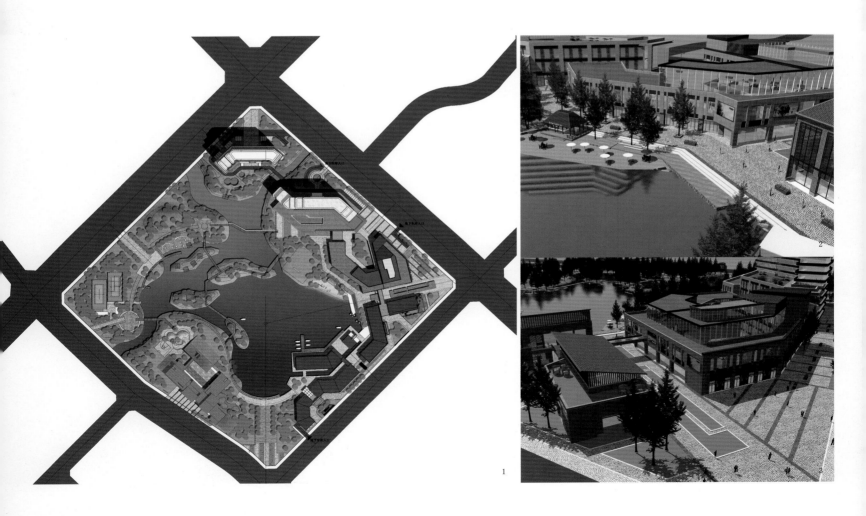

海南中商农产品中心市场修建性详细规划

[项目地点]   海南省海口市
[项目规模]   75 hm²
[编制时间]   2010 年

    海南中商农产品中心市场是海南省和海口市重点项目，目标是建设海南规模最大、功能最齐全的农产品批发运输市场。

    规划充分发挥地块优势，在整体结构布局的基础上，按照现代农业物流要求，高效布局、协调不同功能分区的结构关系，在功能和流线上充分考虑物流特点，有机组织城市景观、绿化系统、道路交通和建筑组团。形成点、线、面结合的规划结构体系。

    方案强调规划、建筑和景观三者互动的整体设计，把握现代农业物流园区的发展趋势，创造现代化、生态化、园林化的物流配送中心，实现产业、旅游、居住为一体的，富有特色的热带农业物流中心。

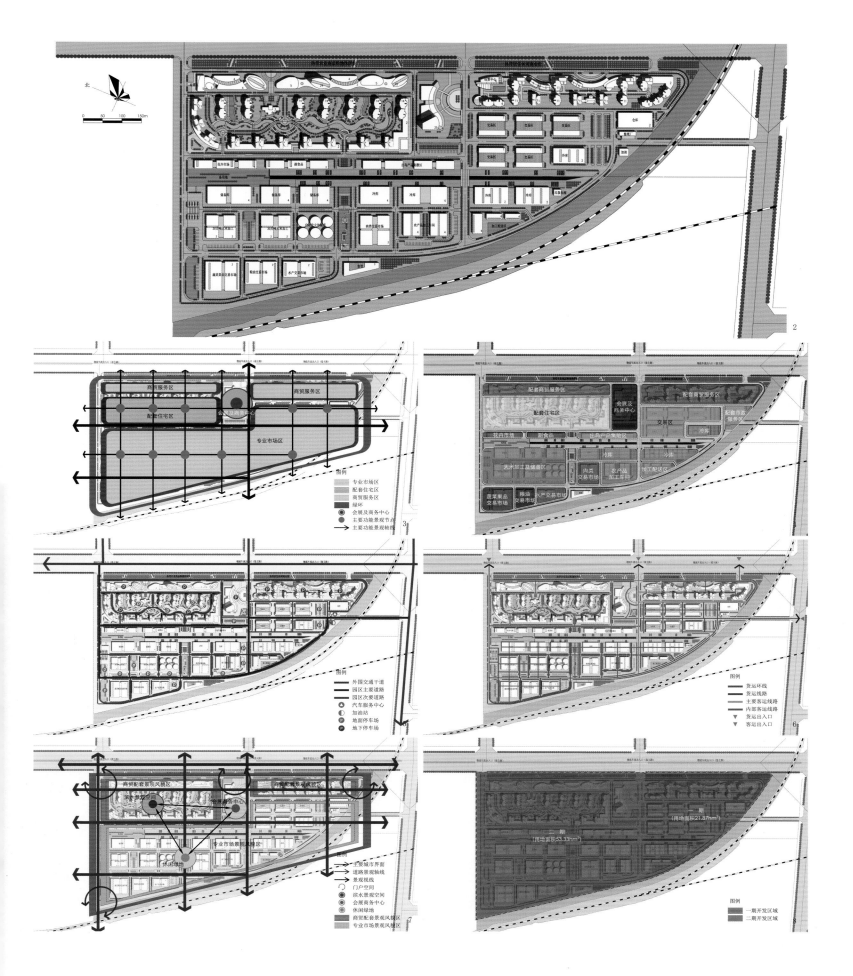

沈阳棋盘山地块修建性详细规划

[项目地点]	辽宁省沈阳市
[项目规模]	8.6 hm²
[编制时间]	2011 年

棋盘山地块位于沈阳市东北方向，距离沈阳市25km，距离棋盘山风景区2km。地块周边有盛京高尔夫俱乐部、鸟岛、海洋世界、棋盘山冰雪大世界、沈阳世博园等，区位独特，有建设高端别墅楼盘的条件优势。

规划通过文化、建筑、景观等要素的控制，以精品路线、特色路线、市场路线打造"托斯卡纳山地小镇、浪漫宜居水岸家园"。

规划首创低密城市别墅社区，是沈阳唯一真正意义上的大型纯别墅居住社区，独栋全景别墅临湖而设，大面积豪阔花园，营造舒适的居住环境和大尺度的开阔空间，为渴望别墅生活的家庭提供了别墅与乡野同享的第一居所优先选择。

1-2.建筑透视图
3.入口区透视图
4.入口商业透视图
5.总平面图
6.入口区总体鸟瞰图

长白山池北区上轩地块修建性详细规划

[项目地点]　　吉林省长白山保护开发区池北区二道白河镇

[项目规模]　　14.6 hm²

[编制时间]　　2013 年

　　规划综合分析了区位、交通、景观优势，提出了北纬45°国际风情度假小镇的主题定位；以度假集群、住宅集群、商业集群为主要业态，融合旅游度假、诗意栖居、购物休闲及文化聚会等功能为一体的旅游综合体。

　　规划把握地方气候与文化因素，秉承尊重自然的设计理念，有效利用公共空间、城市公共廊道提升活力；将自然景观引入基地内部，塑造稀缺景观地产项目，营造富有诗意、悠然轻松的健康社区环境；借景美人松公园，打造风情酒店建筑界面，结合地标酒店和风情商业街，塑造富有魅力的城市客厅空间。

1.方案二夜景图
2.方案一功能分区图
3.方案一结构图
4.方案一道路分析图
5.方案一规划平面图

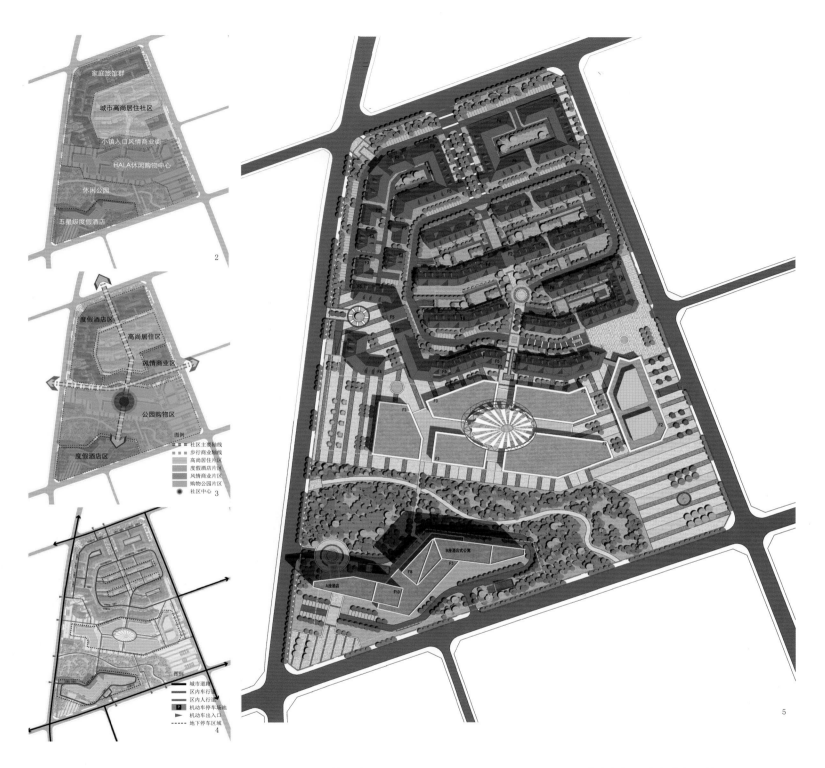

六大功能片区

HALA PARK 休闲购物中心
小镇入口风情商业街
休闲公园
五星级度假酒店
度假家庭旅馆群
城市高尚居住社区

一心两轴五片区

一心：社区中心节点休闲购物公园；

两轴：基地南北向的发主轴线和东西向步行商业轴线；

五片区：基地中因功能定位而划分出的度假公馆片区、风情商业片区、两个酒店片区和购物公园片区。

周边式车行 + 内部步行系统

小区采用周边式路网，内部以步行为主，人车分流。

特色旅馆群、步行商业街、休闲购物公园与城市慢行系统连接，形成网络化的慢行系统体系。

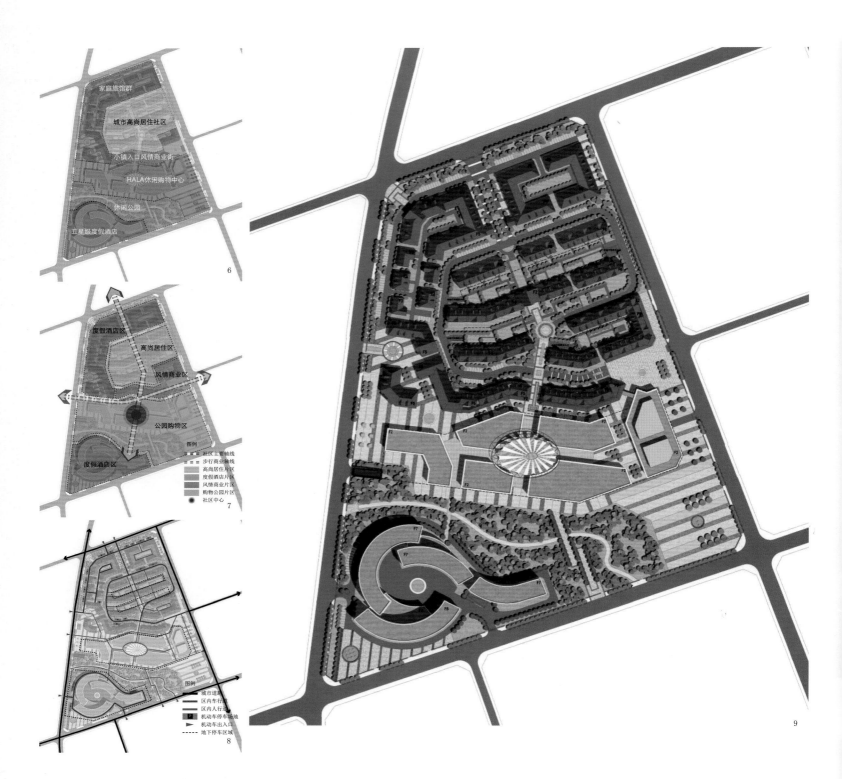

图例
社区主要轴线
步行商业轴线
高尚居住片区
度假酒店片区
风情商业片区
购物公园片区
社区中心

6

7

图例
城市道路
区内车行道
区内人行道
机动车停车场地
机动车出入口
地下停车区域

8

9

六大功能片区

HALA PARK 休闲购物中心
小镇入口风情商业街
休闲公园
五星级度假酒店
度假家庭旅馆群
城市高尚居住社区

一心两轴五片区

一心：社区中心节点休闲购物公园；

两轴：基地南北向的发主轴线和东西向步行商业轴线；

五片区：基地中因功能定位而划分出的度假公馆片区、风情商业片区、两个酒店片区和购物公园片区。

周边式车行 + 内部步行系统

小区采用周边式路网，内部以步行为主，人车分流。

特色旅馆群、步行商业街、休闲购物公园与城市慢行系统连接，形成网络化的慢行系统体系。

北屯蓝岸丽舍修建性详细规划

[项目地点]   新疆维吾尔自治区北屯市
[项目规模]   4.72 hm²
[编制时间]   2013 年

一、规划目标与功能定位

　　总体规划设计以创建生态宜居环境为立足点，相对独立而保持景观上的连续性，社区内部都成组团布置。考虑到新疆维吾尔自治地区的气候因素，规划住宅呈南北向布置，建筑朝向基本正南方向。在满足日照、采光要求的前提下，采取三种户型相结合、前后左右交错的布局手法，设置前庭后院，形成不同的邻里院落空间，提供了人际交往场所以及室外休息、游憩空间。

二、规划原则

1. 打造生态住区原则

　　以创造生态型居住空间为目标，充分利用现有自然资源，为人们提供更美丽的风景和更有价值的生活空间。尊重人们的生活理念，尊重自然，最大限度地体现人与自然的共存与融合。创造现代生活居住的社区文化，满足人们的文化生活行为的多样化需求，形成和谐的社会氛围。

2. 建设低碳住区原则

　　以低消耗、低污染、低排放为基础的新住宅生活模式，节约资源、减少污染、创造健康舒适的居住环境。在建筑规划布局、道路交通流线和绿地系统组织中，在满足功效的前提下减少市政投资。

3. 营造活力地域特色空间

　　建筑单体造型与社区布局结合，提高住宅的实际使用率，打造舒适、温馨的北屯特色住区。并利用公建的布局和造型，结合中心景观布局，丰富核心活动区域的空间景观，营造活力的生活氛围。

4. 开放共享原则

　　用地内服务设施配套齐全，位置得当，符合居民生活要求和行为轨迹，所有可利用资源均能为居住者共享。

三、规划构思

特色新区，低碳苑囿，和谐家园，示范住区。

规划设计突出"以人为本"的原则，注意处理好区域文化—自然环境—住宅建设—人的关系，把居民对精神文化、居住环境、居住类型三方面的需求作为规划设计重点。

1. 特色新区

顺应新世纪人类回归自然的愿望与社会可持续发展的要求，规划设计突出生态环境意识，强调自然环境与建筑环境的相互协调，并与北屯地区民族特色、文化和习俗相结合，创造富有标志性和归属感的特色新城，本次规划采用了法式建筑风格，与北屯民族特色相得益彰。

2. 低碳苑囿

注重节能减排，从住宅社区的布局到用地环境的营造，都考虑和避免有害环境的影响。规划设计严格按照低碳要求而设计，打造高绿化率的社区环境。住宅建筑同样注重生态性与节能性，建调为低碳住宅建筑，打造生态宜居的低碳苑囿。

3. 和谐家园

提高住宅区的质量，重建社区和邻里关系，通过步行系统组织中心轴线及中心活动区域，结合入户道路活动场地及院落活动广场尽量创造家的气氛，体现私密性、安全性、舒适性，创造和谐融洽的生活、交往空间。

4. 示范住区

通过和谐的人居、宜居社区树立北屯住区的标杆。在"规划设计、建筑设计、施工组织管理"方面力求打造精品住宅，如融入北屯独有的自然山水景观，住宅、玉带河、南湖、得仁山紧密契合。

四、规划结构

一心一轴两环三组团。

（1）一心：一心包括位于核心的中央公共活动区域。

（2）一轴：一轴指中心景观广场南北走向景观走廊，是居住区的主要景观轴线，并结合社区主要人流交通进行设计，将成为展示北屯蓝岸丽舍居住区建成风貌的核心景观轴线。

（3）两环：一环指由环绕水系和中心岛状社区形成的中心蓝环；另一环指住区内主要道路环，设置一个主要入口及两个次要入口。

（4）三组团。

五、功能分区

住宅组团布局考虑新疆的气候因素，规划住宅均布置成南北朝向。住宅以行列式布局为主，结合部分点式住宅，在满足日照、采光要求的前提下，形成错落有致的邻里院落空间。

1.北屯玉带河别墅区效果图
2.总平面图

3
5

3-5.别墅效果图

北屯市产业孵化园项目策划

[项目地点]　新疆维吾尔自治区北屯市规划工业物流园区
[项目规模]　总面积 5.93 hm²
[编制时间]　2013 年

一、规划背景

北屯市为距离喀纳斯最近的兵团城市。喀纳斯平均每年的游客接待量约为90万人，北屯市承载其中的20万人，约占22%。

北屯具有优越的旅游资源优势，包括额尔齐斯河风光带、南湖旅游接待中心、戈壁湿地旅游带等。本规划基地拥有优越的自然条件，优质畜牧产品、水产品及丰富的有机瓜果，适宜发展绿色食品产业。

二、规划目标

（1）宣扬北屯价值信念——中国北疆绿色食品之城；

（2）行业内涵展示——展示行业发展历程，展望行业发展前景；

（3）企业品牌宣传与塑造——塑造北屯企业品牌，扩大企业影响力。

三、项目定位

以工业旅游的基本理念为依托，以北屯企业文化脉络与副食品加工行业发展过程为支撑，融绿色食品研发生产、产品发布、参观体验、休闲娱乐和文化交流等功能于一体的工业文化综合体。

四、形象策划

北屯产业孵化园：北疆绿色食品工艺之旅。

五、总体规划设计原则

拟通过对该项目的高规格规划，打造一个融参观体验、教育演示、产品发布、休闲娱乐和文化交流等功能于一体的工业文化综合体。

文化内涵：结合北屯市企业品牌文化，深度挖掘企业文化价值，凸显特色性；

主题形象：凸显项目宣传、塑造的主题形象性；

经济性：设计上在突出特色的同时，必须充分考虑建设成本，保证其在经济上可行；

低碳环保：通过环保节能系统应用、生态环境营造，达到低碳环保。

六、功能板块

1. 对内生产

生产功能——生产车间；

创意研发——办公室、会议室；

质量检测——检测室、证件发放办公室；

辅助功能——储藏室、配电室、工人休息室、卫生间。

2. 对外游览

主题博物馆——大型展厅；

与购物旅游相结合——餐饮、酒吧、儿童娱乐、商业展销；

工业博览与商务旅游开发——临时展厅、会晤交流；

公共休憩空间——景观庭院、绿地设计诚信平台。

3. 监测站

提供监督和服务，建立诚信平台，带来人流、物流。

七、盈利模式

针对政府：提供诚信平台，政策保障；收益模式为经济创收，旅游开发。

针对企业：提供产品制造，工艺游览；收益模式为宣传创效，政策支持。

针对游客：提供人气支持，宣传交流；收益模式为绿色食品，文化体验。

八、建筑规模

规划用地面积5.9万m²，总建筑面积约4.5万m²，其中服务大厅建筑面积0.5万m²，监测站建筑面积0.4万m²，展厅建筑面积1.1万m²，创意办公区建筑面积0.4万m²，生产车间建筑面积2万m²。

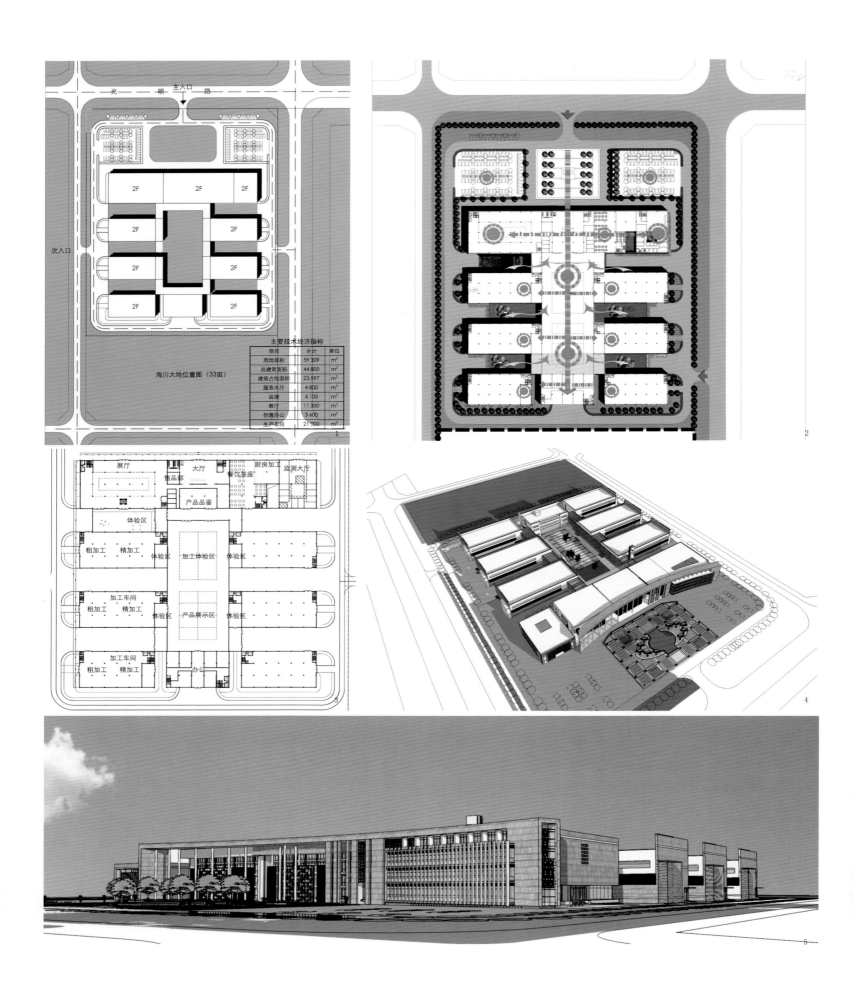

海川大地位置图（33亩）

主要技术经济指标

项目	合计	单位
用地面积	59 309	m²
总建筑面积	44 800	m²
建筑占地面积	23 597	m²
服务大厅	4 800	m²
监测	4 100	m²
展厅	11 300	m²
创意办公	3 600	m²
生产车间	21 500	m²

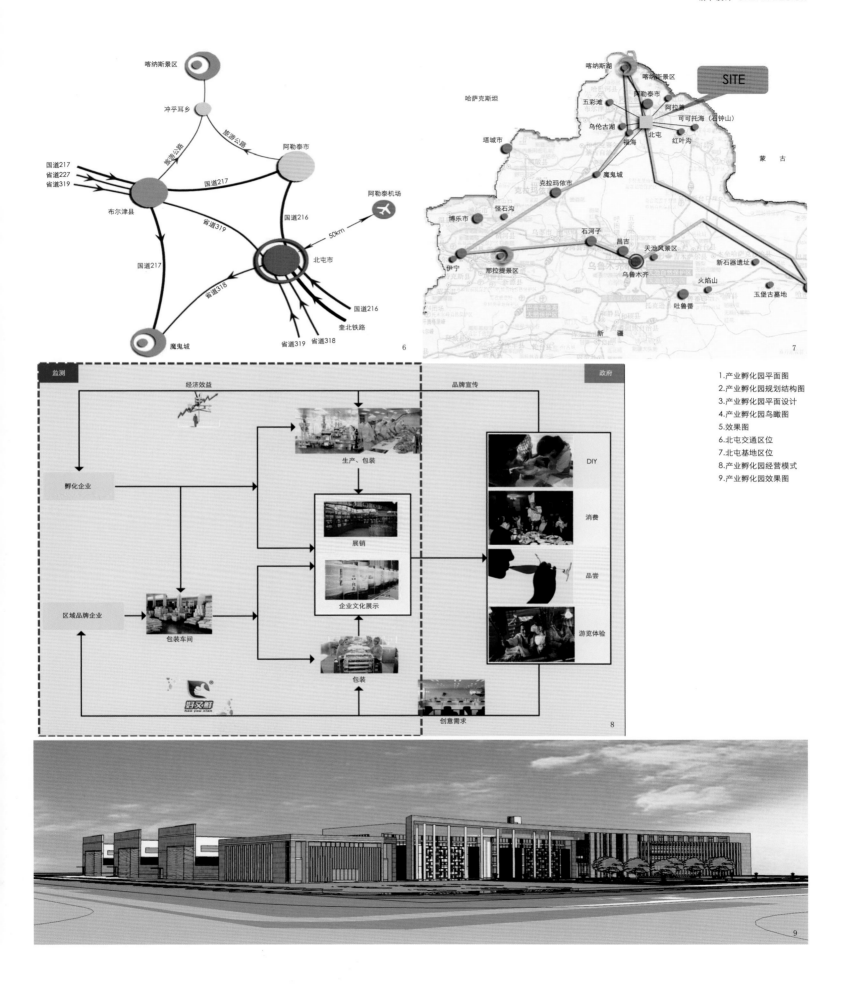

1.产业孵化园平面图
2.产业孵化园规划结构图
3.产业孵化园平面设计
4.产业孵化园鸟瞰图
5.效果图
6.北屯交通区位
7.北屯基地区位
8.产业孵化园经营模式
9.产业孵化园效果图

城市设计
Urban Design

吉安君山湖片区城市设计

[项目地点]　　江西省吉安县
[项目规模]　　4 km²
[编制时间]　　2013 年

　　君山湖片区位于江西吉安县南部，是吉安县城与井冈山开发区、凤凰开发区联系的枢纽部位，随着南部产业区的发展，该区域将集聚大量产业和居住人口，发展优势更加明显。

　　规划提出建设活力新城、宜居宜业总部区和魅力山水、滨湖城市后花园的主题定位；通过引入休闲度假集群、住宅集群、商业集群和产业商务集群，形成企业总部、生态社区、水上运动、风情商业、环湖绿带五大特色。

　　规划以两条城市干道形成片区基本空间构架，通过活动轴线构建景观序列和公共活动核心；沿君山湖西南岸塑造滨水风情商业带，形成功能混合的城市魅力区；沿水圈分布环湖低碳宜居示范片区和北部现代生活居住片区，形成特色鲜明、与周边区域互补发展的滨水片区形象。

1.整体鸟瞰图
2.总平面图

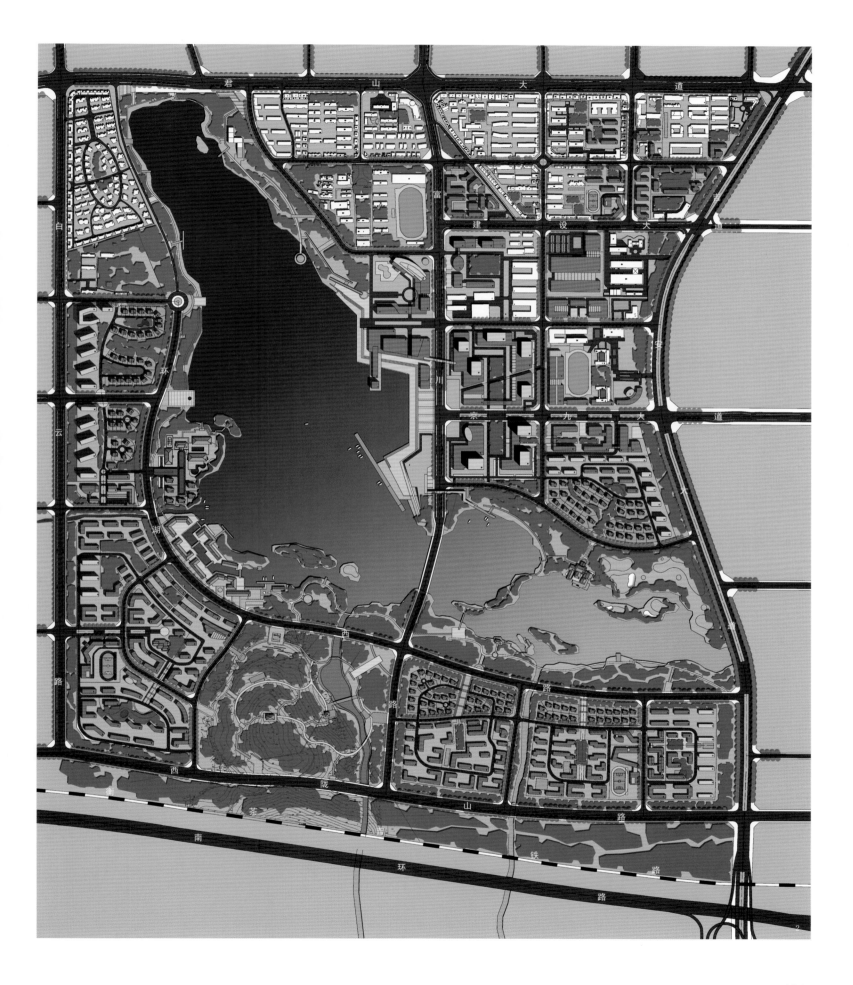

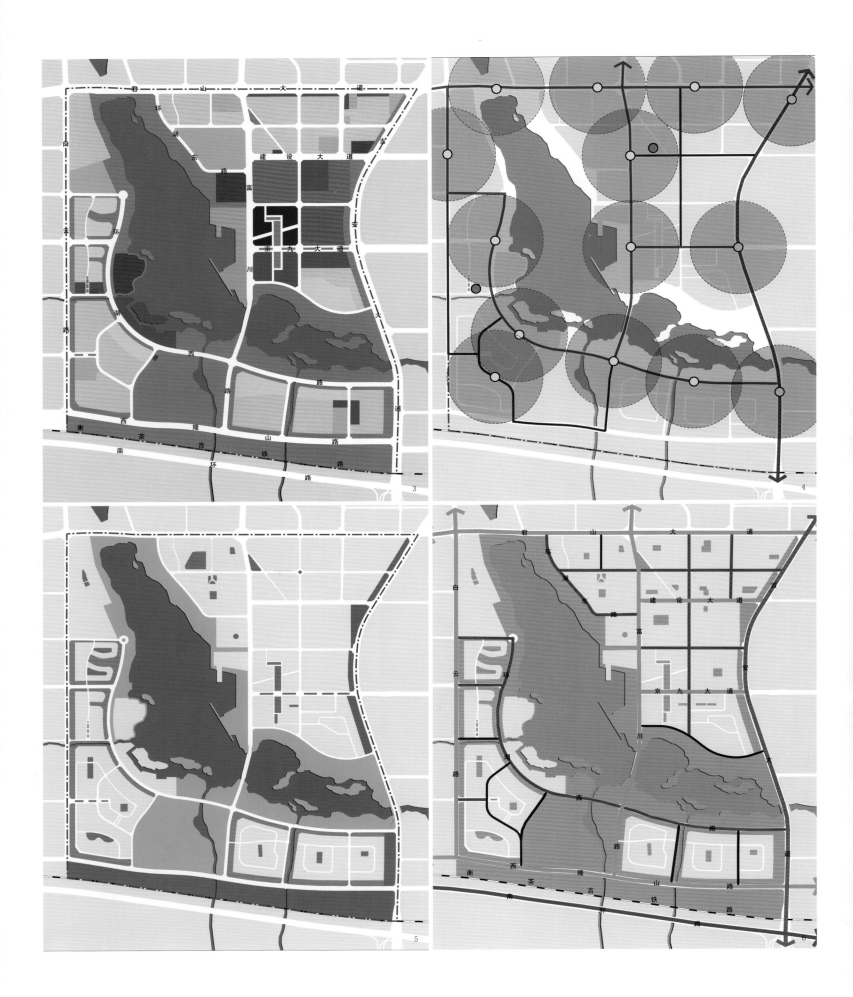

3.土地利用规划图
4.公交站点布局规划图
5.绿地系统规划图
6.道路交通规划图
7.君山湖鸟瞰图
8.中心区鸟瞰图
9.滨水商业休闲街鸟瞰图

海门市滨江科教城总体城市设计

[项目地点]	江苏省海门市
[项目规模]	21.2 km²
[编制时间]	2013 年

一、项目背景

江苏省海门市位于长江和沿海两大城镇发展带的交汇点上，东临黄海，南依长江，是中国黄金水道与黄金海岸"T"字形的结合部，与国际大都市上海隔江相望。随着国家新一轮的综合改革全面推进，沿江开发带再一次进入到国家层面发展的战略视野。随着长三角地区区域一体化的推进，海门滨江科教城逐渐由城市边缘地带转变为海门中心城区南连上海的重要拓展区。同时，行政中心的南迁开启了海门向南发展的序幕。海门城市空间结构的调整，使得滨江科教成为海门市实现"拥江抱海"城市空间战略、衔接主城与滨江工贸区的具有战略性意义的区域。

二、规划重点

1. 提升城市功能

海门城市功能结构亟须优化整合，特别是现代服务业的发展需要寻找新的空间，滨江科教城的开发应该对于提升城市的服务职能发挥重要作用。

2. 和工贸区的互利发展

不仅仅是工贸区的生活配套区，更是智力、科技和商务服务的新功能区，为工贸区的发展提供强大动力。

3. 和城南新区的互补发展

滨江科教城和城南新区同样为主城区南向发展的拓展地区，城南新区侧重于行政、文化教育、居住等传统城市职能；滨江科教城侧重于旅游、商务服务等新型服务职能。

4. 承接江南发达地区

侧重于旅游、都市休闲、高端生态办公等方面的需求承接。

三、功能定位

海门滨江科教城是海门市实现拥江抱海立足大上海，联通苏沪，服务长三角地区的创新高地，也是发展现代服务业，引领低碳科技新城。

1+3+4的功能体系框架：

1大领航功能：企业级应用型信息服务；

3大主导功能：应用型人才教育培训 绿色浪漫旅游 文化交流和创意功能；

4大支撑功能：科技研发、商务办公、商业服务、生活居住。

四、设计意向

1. 揽江望海"南客厅"

强调和海门主城区和城南新区的对接和互补，以"南客厅"为意象定位，将滨江科教城打造为城市南部滨江地区的公共活动集中区，以前卫、时尚和创意的购物消费、休闲康体、娱乐餐饮等公共服务为主。与主城区、城南新区通过不同的功能侧重，共同支撑起未来海门南向大发展的蓝图框架。

2. 湖光水影"乐活城"

以江（长江）、湖（謇公湖）、河（纵横水网）等亲水、赏水和戏水为生态环境景观特色。以水为媒，组织各种旅游服务设施和活动；以水织绿，为游客提供别样江海风情的生态体验。将滨江科教城打造为长江南北两岸地区的滨江旅游乐活城。

3. 文聚智汇"创意源"

为海门滨江工贸区以及海门其他产业园区提供科技创意、人才培训、商务会展等生产性服务，同时以优质的生态环境和成本优势积极吸纳和承接周边发达地区的总部经济、信息服务和研发创意类产业，将滨江科教城打造为沿江经济发展带上的一处创意源泉。

五、规划结构

规划形成"一核一带，四区四廊"的功能结构。

"一核"：謇公湖中央公园核心区。

"一带"：滨江休闲带。

"四区"：高端科教研发区、时尚创意生活区、信息服务研发区、休闲游憩生活区。

"四廊"：沿富江路的公共服务走廊、沿杭州路的生态旅游走廊、沿苏州路的公共服务走廊、沿香港路的生态绿地走廊。

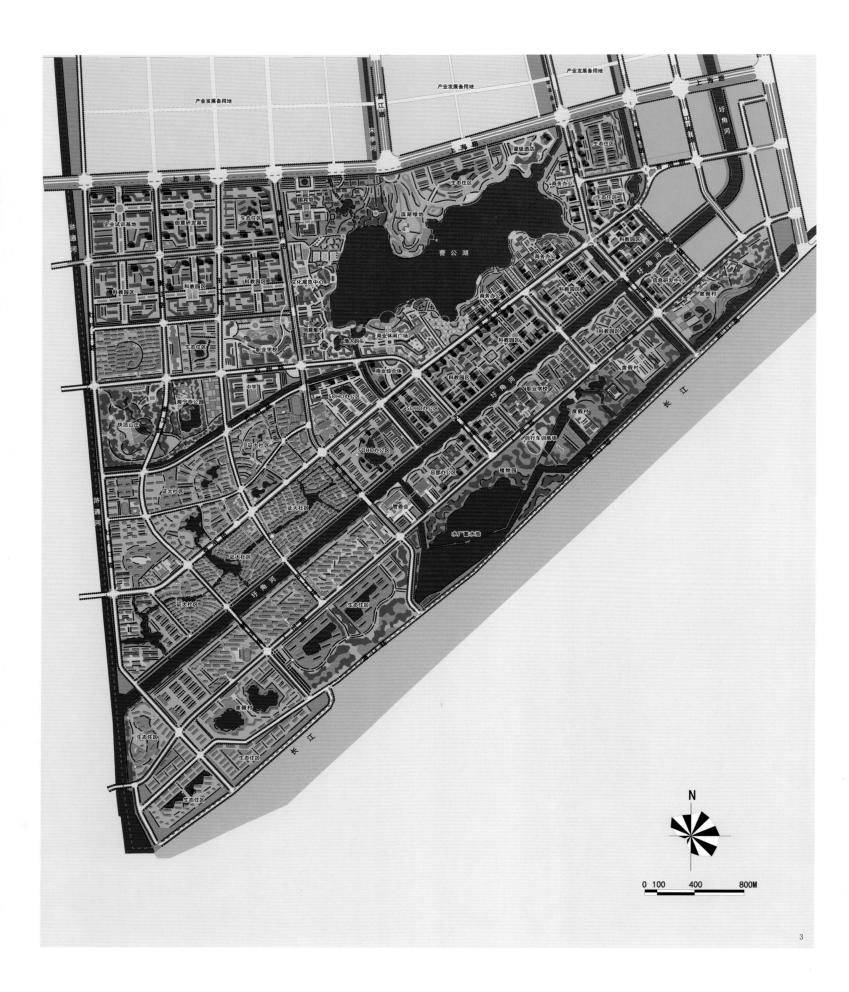

106

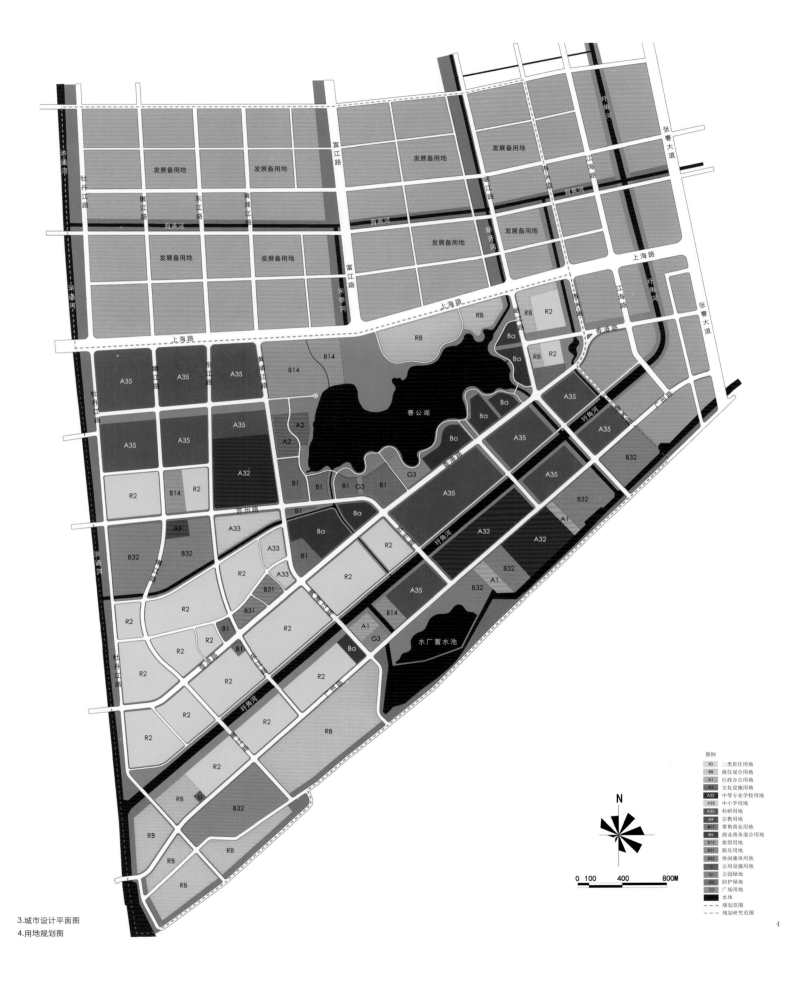

3.城市设计平面图
4.用地规划图

图例
R2 二类居住用地
RB 商住混合用地
A1 行政办公用地
A2 文化设施用地
A32 中等专业学校用地
A33 中小学用地
A35 科研用地
A9 宗教用地
B11 零售商业用地
Ba 商业商务混合用地
B14 娱乐用地
B31 休闲康体用地
B32 休闲康体用地
U   公用设施用地
G1 公园绿地
G2 防护绿地
G3 广场用地
    水体
    规划范围
    规划研究范围

N

0 100   400   800M

南通先锋都市绿谷设计

[项目地点]　　江苏省南通市
[项目规模]　　20 km²
[编制时间]　　2016 年

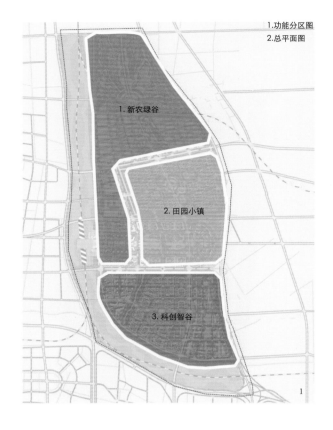

1.功能分区图
2.总平面图

1. 新农绿谷
2. 田园小镇
3. 科创智谷

1

"十三五"时期，南通市加快城市转型发展，力争到2020年，把中心城区初步打造成为"创新之都、花园城市"。"创"与"园"成为这座城市最突出的特质。

"北上海""后花园""中国近代第一城"……近代历史塑造了南通的城市性格，南通如何抓住国际都市圈的发展机遇，重塑新时代城市第一特性，赋予了先锋镇恰如其名般的时代先机。

作为南通发展现代农业的战略集聚地、现代服务业的综合试验区，将是引领"中国制造"向"中国创造"转变的时代先锋。

区域周边城市三大片区环伺，产业组团云集，为先锋错位发展创造条件。三区聚心，在"创新之都、花园城市"的南通发展诉求下，先锋未来打造南通城市绿色都心，创意谷地。

先锋镇拥有良好的生态基底，南通绿博园还集旅游休闲、植物保育与科普教育于一体，目前，已被省科协、科技厅、教育厅命名为"江苏省科普教育基地"。

先锋镇先后被誉为"中国色织名镇""中国花椒之乡"，基地外围产业集聚，上位规划奠定产业发展方向，发挥传统优势产业，提升现代服务业能级。

规划将优势打造南通都市绿谷，先锋田园小镇，南通市绿色明珠，建设为上海都市农业旅游目的地，以及长三角乃至世界农创名镇。

规划以产城互融的思维导向，整体研究。在原有总规布局上提高城市与产

业的核心功能聚集度，规划新农绿谷、田园小镇、科创智谷三大发展片区。

规划依托南通市区域生态安全格局的先天优势条件，镇区内灌溉沟渠纵横分布，形成多条景观脉络。在水绿融入城区的过程中，建立大型公园和过滤水体的基础设施，并采用蕴含中国传统驭水智慧的生态过滤方式，净化湖区和湿地水质。构建四级绿廊服务功能，打造海绵城市示范区。

农旅经典·三村四区。

农与旅是核心区规划的主角。

在低冲击理念下，规划优先维持现有水系；现实条件将核心区切分三片区，规划根据各区段的景观个性和城市功能；优化水的形态，以丰富的生态绿色廊道实现景观渗透，并形成三大景观主题。

在三大地块交界的重要地块构建一系列核心项目，拉动周边地块建设，形成中部高、两侧低的整体空间形态；在农与旅的完美融合中演绎三段精彩纷呈的农旅故事。

在这里，城市与产业和谐共进。

在这里，农业与园区浑然一体。

先锋镇，她将注定成为提升南通名望、引领创新时代、演绎农旅经典的都市绿谷！

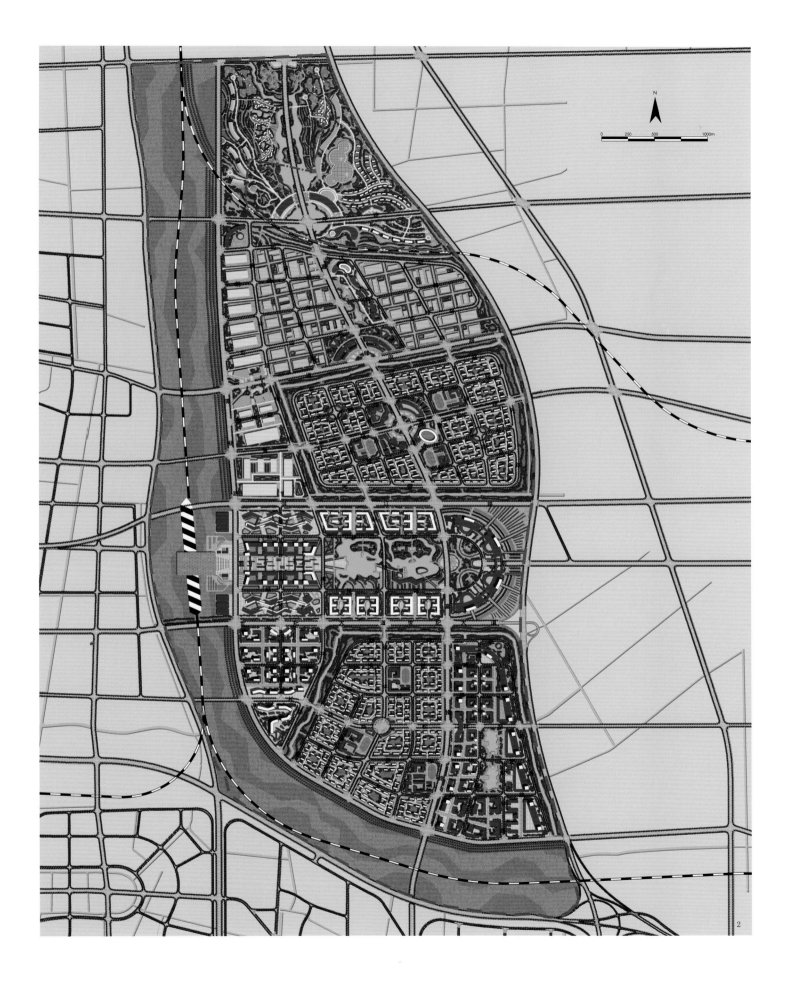

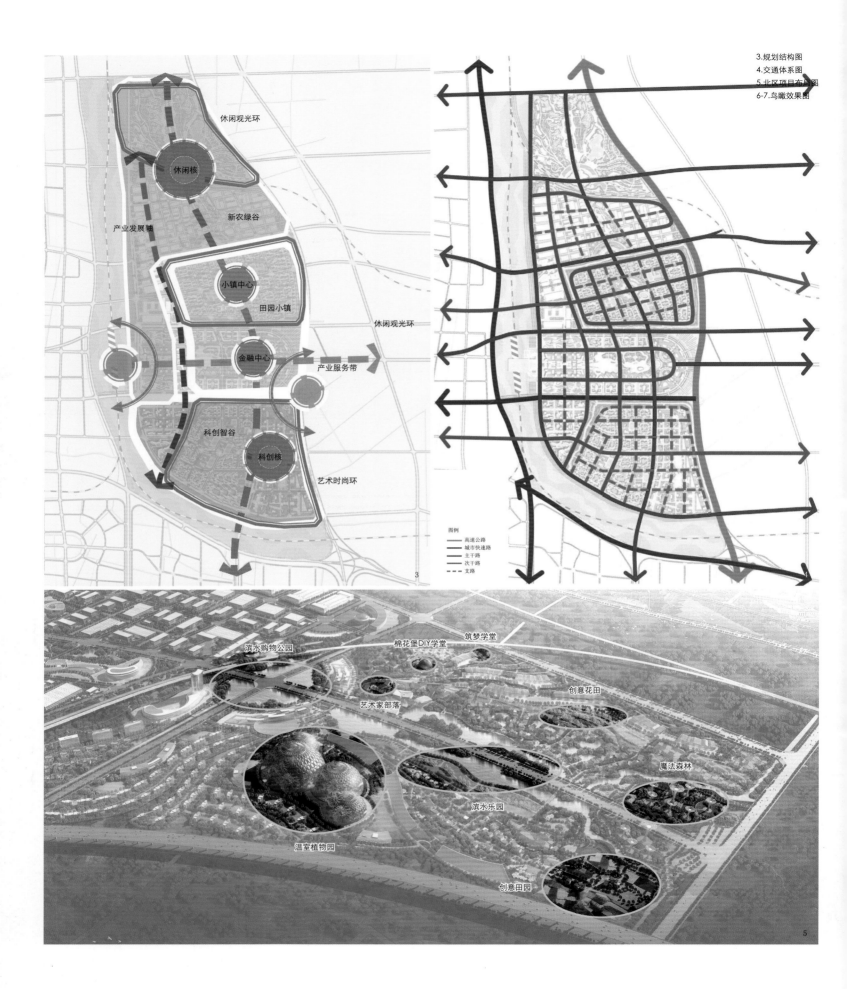

休闲观光环

休闲核

产业发展轴

新农绿谷

小镇中心

田园小镇

金融中心

休闲观光环

产业服务带

科创智谷

科创核

艺术时尚环

图例
高速公路
城市快速路
主干路
次干路
支路

3.规划结构图
4.交通体系图
5.北区项目布局图
6-7.鸟瞰效果图

3

4

滨水购物公园

棉花堡DIY学堂

筑梦学堂

艺术家部落

创意花田

温室植物园

滨水乐园

魔法森林

创意田园

5

雄县总体城市设计

[项目地点]　　河北省保定市雄县

[项目规模]　　17 km²

[编制时间]　　2016 年

雄县位于河北省冀中平原，北距首都108km，通过大广高速1.5h内直达北京，东距天津100km，西距保定70km，西南距省会石家庄175km，津保高速穿境而过，联络东西。

雄县北与"中国箱包之都"白沟镇接壤，南有生态景区白洋淀、温泉城，形成雄州主城与白沟、白洋淀的区域联动。交通可达性的提高和产能的升级发展，雄县正大力增强城市实力，拓展高铁新城、产业新城。

一、 设计愿景

（1）面向全国的温泉休闲之都；

（2）京津冀旅游圈核心特色城市；

（3）首都南部形象展示重要门户；

（4）实现中国梦宜居家园。

二、 总体设计定位

三水雅都。

神泉秀水扬华夏，文慧雅都冠京城。

三、 设计谋略

谋略一：让绿色空间带来增长；

谋略二：让文化特色带来增长；

谋略三：让产业统筹带来增长；

谋略四：让消费集聚带来增长；

谋略五：让民生和谐带来增长。

3-5.规划效果图

5

6

6-7.规划效果图

湖口县洋港片区城市设计

[项目地点] 江西省湖口县
[项目规模] 123.52 hm²
[编制时间] 2013 年

一、背景概况

湖口是九江最主要的卫星城之一，位于省会城市南昌150km辐射范围内，中部中心城市武汉200km辐射范围内，区域中心城市上海500km辐射范围内。

湖口位于昌九景"金三角"的中心地带，是环鄱阳湖水运进入长江的必经之地，是长江中下游天然的深水良港。湖口县沿江岸线22km，沿湖岸线19km，且均为天然良港，是中部地区货物出入长江、鄱阳湖的集散地和中转站，可以上溯汉、渝，下抵宁、沪；九景、沿江高速公路，铜九、九景衢铁路贯穿境内，是连接九江（庐山）与景德镇、黄山、南京、杭州等地的交通枢纽，地理位置极为优越。

二、规划愿景

洋港·湖口"生态宜居城市"建设典范。

打造集"商业服务、文化休闲、餐饮娱乐、生态居住、旅游度假"等功能为一体的综合性城市滨水开放空间。

三、形象策略

钟山水韵，灵秀洋港。

一种悠然的城市生活方式，一个时尚的滨水品牌形象。

四、设计策略

从山、水、城三个角度对城市进行设计构思。

五、设计理念

1. 绿、水、城、人共生

城市一体化为出发点，片区任何一个节点、任何功能都不是独立的，都必须置于湖口整个城市体系中。因此充分挖掘湖口的文化特色，从全局的角度思考洋港片区发展，打造集商贸、居住、休闲、景观和生态等多功能合一的滨水地带。

通过对洋港片区新的功能和含义，实现滨水地区改造经典。新的规划片区将融入整个城市发展中，融入人们的生活中，其本身也成为一个具有主题体验功能的经济、文化、生态片区。

2. 文化弘扬

凡有特色的城市，都孕育着一种特殊的文化基因，成为城市发展的灵魂，以此为依托，形成了城市市民对城市文化独有思维方式、感情方式、行为方式、组织形式、社会结构、功能形态、城市意象等层次，并逐渐外化为城市创造的物质世界，成为城市遵循的一种理念和物化行为。

规划将以"乐活文化"为突破口，将湖口传统文化、游憩文化等作为历史文化的典型代表，结合现代休闲理念，探寻传承湖口历史文化和演绎洋港片区未来愿景的道路。

六、规划结构

"一湖五脉、半山半水"，"三湾四片、共融共生"。

按照功能复合、圈层发展、倡导活力的原则，整体格局以洋港湖为核心，环湖发展，形成"三湾——卧湖湾、曲水湾、望湖湾"，"四片——环湖休闲、生态居住、滨江广场、公共服务"的功能布局，呈现圈层发展模式。由内圈滨水休闲、商业娱乐向外圈生态居住过渡，创造高效、宜人、个性的城市空间。

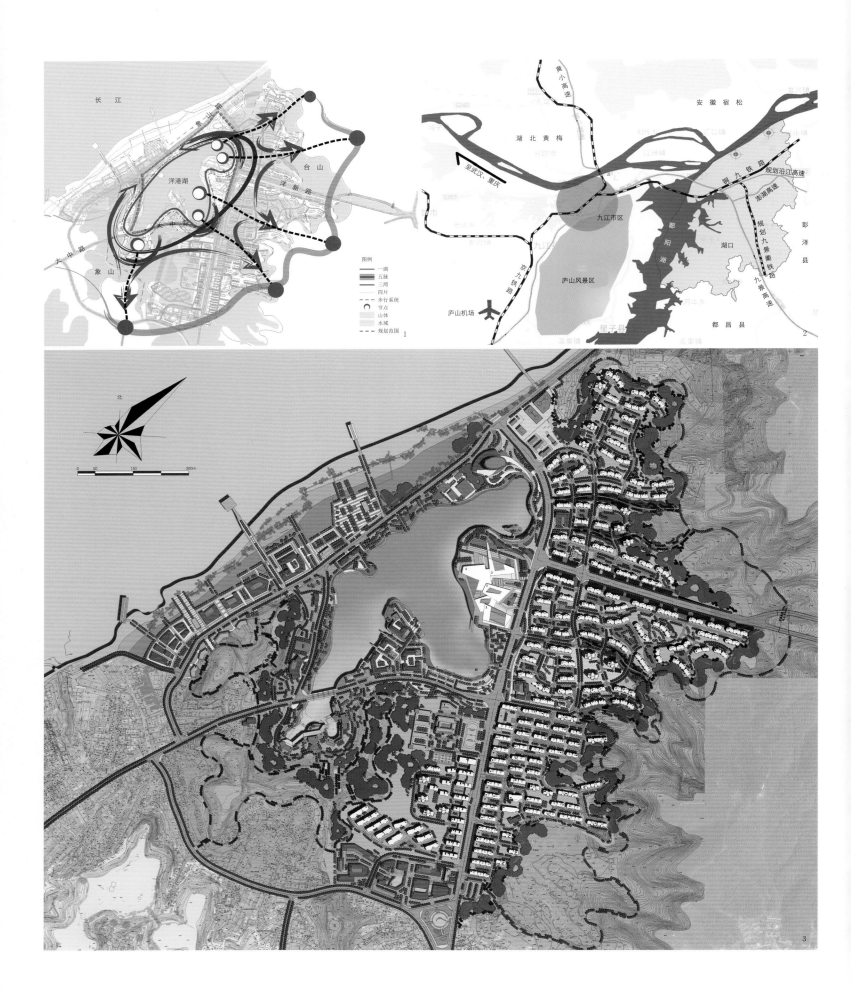

1.规划结构图
2.湖口交通区位示意图
3.总平面图
4.鸟瞰图
5.湖口天地效果图

长沙高新区黄桥大道以西区域城乡融合规划

[项目地点]　湖南省长沙市
[项目规模]　42 km²
[编制时间]　2015 年

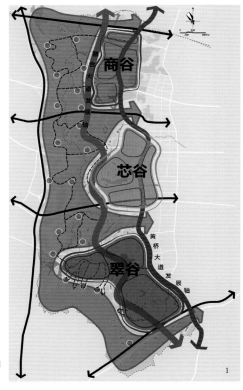

1.空间结构规划图
2.规划总平面图

一、项目缘起

为加速推进城乡一体化建设，实现城乡融合发展，廖家坪街道由高新区管委会托管，以使该区域尽快融入高新区，成为高新区产业发展的承载地，并有效指导该区域的开发建设。高新区管委会组织开展黄桥大道以西区域城乡融合规划的编制工作。

二、城乡融合总体构想

提出"1+2+3"的战略总构想。

1. 一条生态底线

采用"反规划"的理念，以非建设用地先行的策略，划定生态红线。

2. 两大规划目标

一是城乡深度融合样板：将基地建设成为土地集约利用、组团式紧凑布局、农业空间环绕、城乡有机融合、人居环境优美的融合之地。

二是城乡产业创新高地：发挥高新区自主创新基础优势，整合基地原生态山水资源，建设一流的创新型"一、二、三"产技术研发基地、科技成果转化基地、创新生产基地。

3. 三大融合构想

聚焦"创新+融合"双命题，提出城乡融合理想模型，形成三大融合。

（1）经济融合：一二三产共链，构筑创新城乡产业。

以"创新+"为核心理念，构建绿色新农业、前瞻芯智造、领航云电商三大产业体系。

（2）社会融合：城乡共进，构建创新城乡关系。

在原有的城乡结构体系中植入"城乡芯"，植入战略性项目，设置综合服务设施。将城市的动力、活力输送到乡村区域。

（3）生态融合：田园城共融，创新城乡空间。

尊重自然地貌，打造"五水纵横、七峰延绵；多彩绿带、贯穿南北"的生态山水格局。

三、城乡融合布局方案

规划形成"一核、两轴、四区、六心"的规划结构。

一核——中央景观核心。

两轴——中央活力轴、时空文化轴。

四区——行政文化区、金融办公区、商务办公区、生态居住区。

六心——行政中心、文化中心、科技中心、会展中心、金融中心、商务中心。

长白山池南区中心地块城市设计

[项目地点]	吉林省长白山保护开发区池南区漫江镇
[项目规模]	20 hm²
[编制时间]	2015 年

1.总平面图
2-3.总体鸟瞰图

　　基地位于池南区漫江镇中心位置，联通池西、长白山机场与长白山天池南坡风景区。东临302省道，北至回迁区（在建）边界，西依漫江堤坝、南靠现状城区。

　　以"关东水乡，温泉小镇"为目标，通过完善旅游服务功能，提升城市景观风貌，丰富城市文化体验，打造物产资源品牌，形成集旅游集散、游客服务、文化艺术风情、温泉酒店、特色美食、特产商贸为一体的现代旅游服务区，业态功能包括温泉艺术酒店、水乡风情美食街、雪山艺术村、白山特色商贸城、游客接待服务区等。

2

3

池南区游客中心 CHINAN VISTOR CENTER

长白特产坊 COMMODITY TRADE AREA

长白山保护开发区池西东岗镇城市设计

[项目地点]　　吉林省长白山保护区池西区东岗镇
[项目规模]　　规划总用地面积 12.21 km²
[编制时间]　　2014 年

在休闲时代和新经济时代，区域旅游一体化和区域联动城镇化的发展，为池西东岗镇带来了重大发展机遇。东岗镇位于吉林长白山保护区池西区的北部，基地与松江河镇紧紧相依，距离长白山核心景区仅47km，是长白山保护区规划中的三个旅游服务基地之一。

规划从多层面的区域分析入手，在落实长白山保护区的发展框架的基础上，进一步整合城市空间布局。本次规划是"自然有机"理念的重要实践，通过包容融合、有机声场、网络生态、多元发展的方式，确定城市结构布局框架，针对性地解决了城区林地保护与土地开发利用之间的矛盾。

规划以塑造环抱森林的旅游新城区、长白山旅游第一目的地、长白山最美城市客厅为目标，充分发挥规划区内的优美自然景观资源和历史人文优势，秉承自然有机论和时空美学观，通过合理的空间布局，引入复合互动的旅游功能。

城市设计在总体布局的基础上，梳理林脉，最大限度地发挥自然景观优势，并通过多级林脉、绿廊建立完善的生态系统，强化城林共生的特质。

通过水岸景观设计，形成多样化的滨水空间；以长白半岛小镇为功能核心，商业、演艺、展览、休闲等多元文化功能的引入，形成旅游服务与城市生活的交融；在视线通廊、景观轴线塑造的基础上，建立完善的城市框架，以多元节点串联于景观轴线，共同塑造具有标志性的小镇景观风貌，实现对"印象池西"的全面形象、品牌的塑造。

1.池西总平面图
2-3.长白半岛小镇鸟瞰

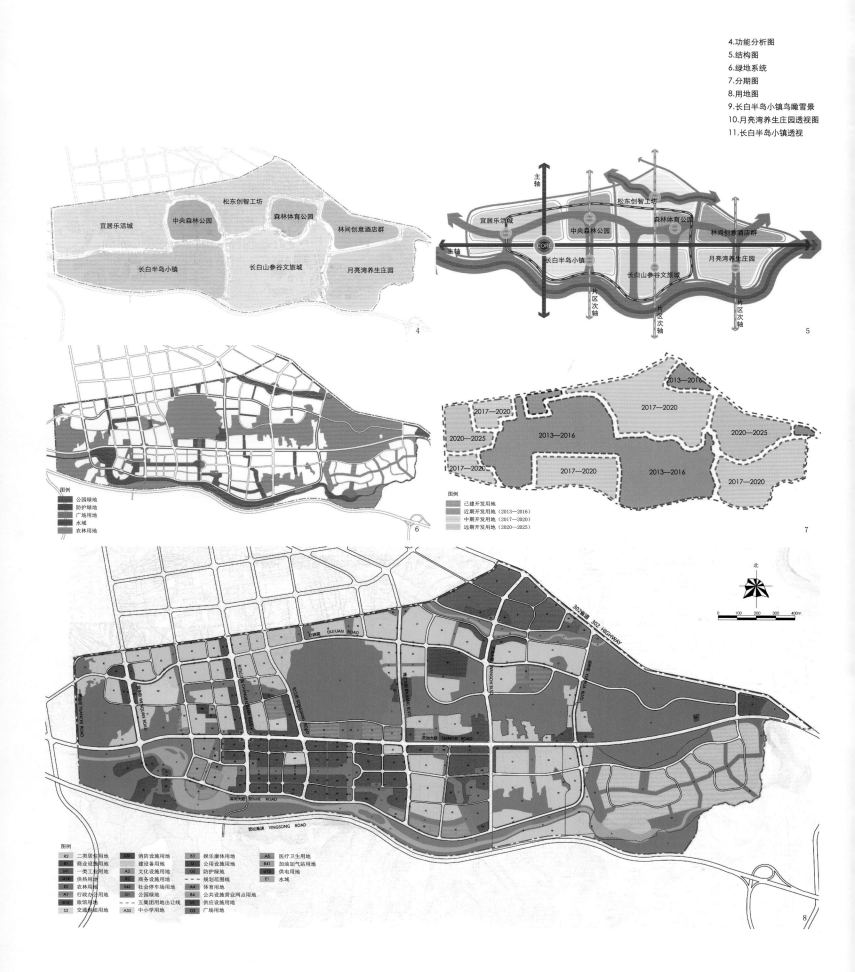

4

5

6

7

8

图例
公园绿地
防护绿地
广场用地
水域
农林用地

图例
已建开发用地
近期开发用地（2013—2016）
中期开发用地（2017—2020）
远期开发用地（2020—2025）

图例

R2	二类居住用地	B31	消防设施用地	B3	娱乐康体用地	A5	医疗卫生用地
B1	商业设施用地		建设设备用地	U	公用设施用地	B41	加油加气站用地
M1	一类工业用地	A2	文化设施用地	G2	防护绿地	U12	供电用地
U14	供热用地	B2	商务设施用地		规划范围线	E1	水域
E2	农林用地	S42	社会停车场用地	A4	体育用地		
A1	行政办公用地	G1	公园绿地	B4	公共设施营业网点用地		
B14	旅馆用地		五集团用地出让线	U1	供应设施用地		
S3	交通场站用地	A33	中小学用地	G3	广场用地		

郑州市惠济区特色商业区城市设计

[项目地点]　河南省郑州市
[项目规模]　168 hm²
[编制时间]　2013 年

1.总平面图
2.鸟瞰效果图

一、项目背景

基地位于惠济区中部，惠济区北临黄河风景名胜区，南面与中心城区的联系被滨河绿化带阻隔，区域缺少商业核心。基地东临黄河迎宾馆，西靠惠济区政府，南连轻轨出入口，北近黄河风貌带，区位优势明显，交通条件便利。

二、项目定位

生态引领、中国领先、家庭为主的中原文化旅游商业区暨都市休闲娱乐目的地。

三、项目策略

(1) 总体布局：动静分离，主题引导，整体融合；
(2) 公共空间：以人为本，浸入共生，因区制宜；
(3) 交通组织：人车分流，疏密相间，互通有机；
(4) 地下空间：统一规划，充分利用，上下一体；
(5) 形态引导：商业增容，社区减容，留有余地；
(6) 为民便宜：区域统合，丰富内容，宜人尺度。

四、规划理念

提出"根叶共生"理念：惠济商业区将以郑州市区为根互利发展，以其自身特色商业为本吸引人流，以其主题娱乐为核形成结构，使其与郑州市共同发展。

五、规划特色

1. 产业特色

遵循商业发展方向，注重区域竞争，形成以四级商业体系、一个总部基地、两个企业商办中心为主题的城市副中心级的商旅文创生态圈。

2. 交通特色

采用立体集散式的公交组织方式，推进公交优先的交通公共政策，提倡低碳慢行的交通出行方式。其中，立体集散的交通组织方式包含有地下交通、高架天桥、旅游轻轨、空中连廊等交通组织；

公交优先的交通公共政策有推行轨道交通及快速公交等大容量快速公交，同时做好无缝换乘、免费巴士等接驳工作，营造高效的综合交通体系；

低碳慢行的交通出行力在打造慢行交通系统，使其贯穿地块内的滨水休闲空间、滨水健康步道、大型中央公园等开敞空间，打造低碳生活空间。

3. 生态特色

(1) 雨水收集

地块内采用雨水收集系统，将规划区域内的雨水集中后送入排水系统，由雨水管道运输至湿地处理，经过绿色植物净等缓冲，排入水域。

(2) 绿色建筑

从地块内建筑的节能与能源利用、节水与水资源利用、节材与材料利用、全生命周期综合性能四方面，推行绿色建筑，提倡低碳生态。

4. 空间特色

(1) 蓝色U谷

垂直方向上以月湖为中心，建筑高度由低到高，形成U字形的建筑空间，

(2) 低碳生活

水平方向上，致力打造15分钟邻里中心，推行慢交通，降低私家尾气排放量。

六、功能分区

共有一园两岛三区：

(1) 一园：中央公园；
(2) 二岛：欢乐岛和健康岛；
(3) 三区：生活配套区，①文化创意区（企业总部基地）；②商业核心区（童乐商业中心、娱乐商业中心、大型商办中心）；③生活配套区。

七、城市设计导则

(1) 路径控制要素有：街道空间尺度、建筑退让、绿化景观设计、街道小品。
(2) 边界控制要素有：建筑界面、绿化界面、界面轮廓线、建筑高度。
(3) 节点控制要素有：交通可达性、空间围合性、视线通廊。
(4) 地标控制要素有：特色鲜明、可识别性强、视线通廊。
(5) 区域控制要素有：建筑形式、群体组合、开放空间。

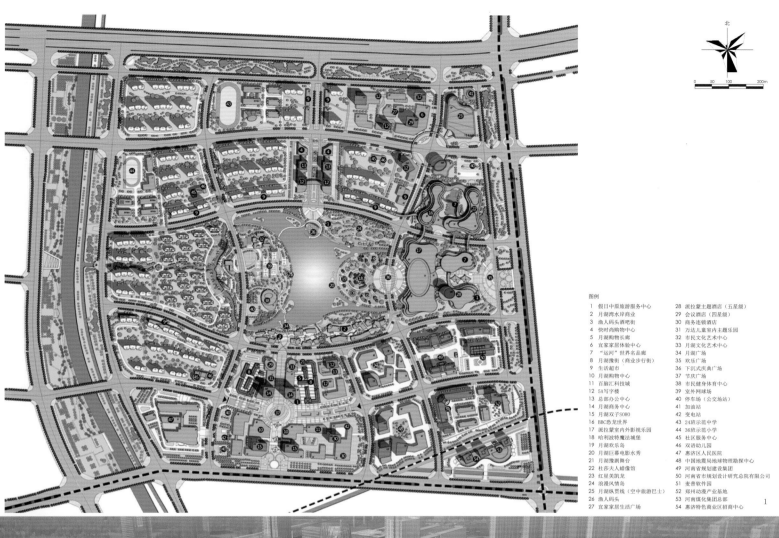

北

0 50 100   200m

图例
1 假日中原旅游服务中心
2 月湖湾水岸商业
3 渔人码头酒吧街
4 快时尚购物中心
5 月湖购物长廊
6 宜家家居体验中心
7 "运河"世界名品廊
8 月湖豫街（商业步行街）
9 生活超市
10 月湖购物中心
11 百脑汇科技城
12 5A写字楼
13 总部办公中心
14 月湖商务中心
15 月湖双子SOHO
16 BBC恐龙世界
17 派拉蒙室内外影视乐园
18 哈利波特魔法城堡
19 月湖欢乐岛
20 月湖巨幕电影水秀
21 月湖豫剧舞台
22 杜莎夫人蜡像馆
23 红星美凯龙
24 浪漫风情岛
25 月湖纵贯线（空中旅游巴士）
26 渔人码头
27 宜家家居生活广场
28 派拉蒙主题酒店（五星级）
29 会议酒店（四星级）
30 商务连锁酒店
31 万达儿童室内主题乐园
32 市民文化艺术中心
33 月湖文化艺术中心
34 月湖广场
35 欢乐广场
36 下沉式庆典广场
37 节庆广场
38 市民健身体育中心
39 室外网球场
40 停车场（公交场站）
41 加油站
42 变电站
43 24班示范中学
44 36班示范小学
45 社区服务中心
46 双语幼儿园
47 惠济区人民医院
48 中国地震局地球物理勘探中心
49 河南省规划建设集团
50 河南省市规划设计研究总院有限公司
51 麦普软件园
52 郑州动漫产业基地
53 河南煤化集团总部
54 惠济特色商业区招商中心

1

2

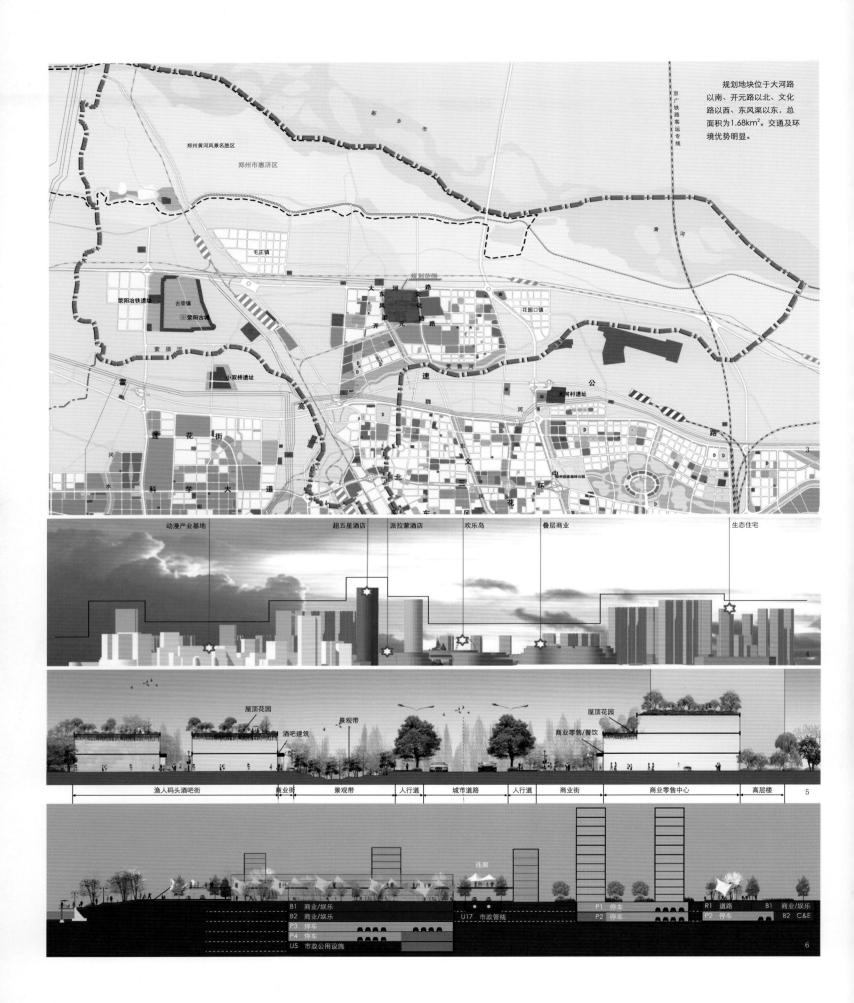

规划地块位于大河路以南、开元路以北、文化路以西、东风渠以东，总面积为1.68km²。交通及环境优势明显。

新乡市

郑州黄河风景名胜区

郑州市惠济区

毛庄镇

荥阳冶铁遗址 古荥镇

荥阳古城

索须河

小双桥遗址

莲花街 科学大道 水 河

规划范围 大河路 东风渠 文化路 开元路

花园口镇

黄鲁河 速 魏河 高 北三花 东风 文 环 公 路

大河村遗址

郑州国家森林公园

京广铁路客运专线

黄河

3

动漫产业基地　超五星酒店　派拉蒙酒店　欢乐岛　叠层商业　生态住宅

4

屋顶花园　酒吧建筑　景观带　屋顶花园　商业零售/餐饮

渔人码头酒吧街 ｜ 商业街 ｜ 景观带 ｜ 人行道 ｜ 城市道路 ｜ 人行道 ｜ 商业街 ｜ 商业零售中心 ｜ 高层楼

5

连廊

B1 商业/娱乐
B2 商业/娱乐
P3 停车
P4 停车
U5 市政公用设施

U17 市政管线

P1 停车
P2 停车

R1 道路　B1 商业/娱乐
B2 C&E

6

3.规划范围图
4.天际线
5.道路断面图
6.立体空间断面图
7-8.效果图

凤鸣湖滨湖新城城市设计

[项目地点]	河南省濮阳市台前县
[项目规模]	5.45 km²
[编制时间]	2015 年

1.水街效果图
2.规划平面图

一、总目标

依托凤鸣湖区域优美的自然生态环境，充分利用台前县地处豫鲁两省交界的区域优势及交通优势，打造"台前县东部门户新城"，发展为以"生态、绿色、宜居"为发展特色的台前生态居住示范区。

二、总体构思

七条水脉与两条绿脉汇聚至凤鸣湖，纬七路两侧以凤凰展翅高飞的形象，汇聚了商业综合体、星级酒店、体院馆、展览馆、艺术中心等公共服务功能，并向凤凰台齐聚。

图例
1. 商业街
2. 酒店
3. 体育馆
4. 商业综合区
5. 规划展示区
6. 市民文化雕塑公园
7. 阳光广场
8. 青少年
9. 文化中心
10. 观景台
11. 紫荆园住宅
12. 滨水住宅
13. 滨水商业
14. 威尼斯小镇
15. 布里中心
16. 街边公园
17. 湖景住宅
18. 滨湖公园
19. 湖畔小区
20. 小学
21. 瑞士小镇
22. Shopping Mall
23. 购物中心

24. 娱乐中心
25. 湖畔餐饮中心
26. 湖畔公园
27. 将军渡湿地旅游区
28. 旅游接待中心
29. 凤鸣商会议中心
30. 薄膜生态乐园
31. 运动场
32. 攀岩公园
33. 滑板公园
34. 高中教学区
35. 操场
36. 高中生活区
37. 生态住宅
38. 景观住宅
39. 滨水商业街
40. 生态住宅区
41. 中国梦小学
42. 中国梦休闲公园
43. 配套商业
44. 镇政府
45. 中国梦小镇

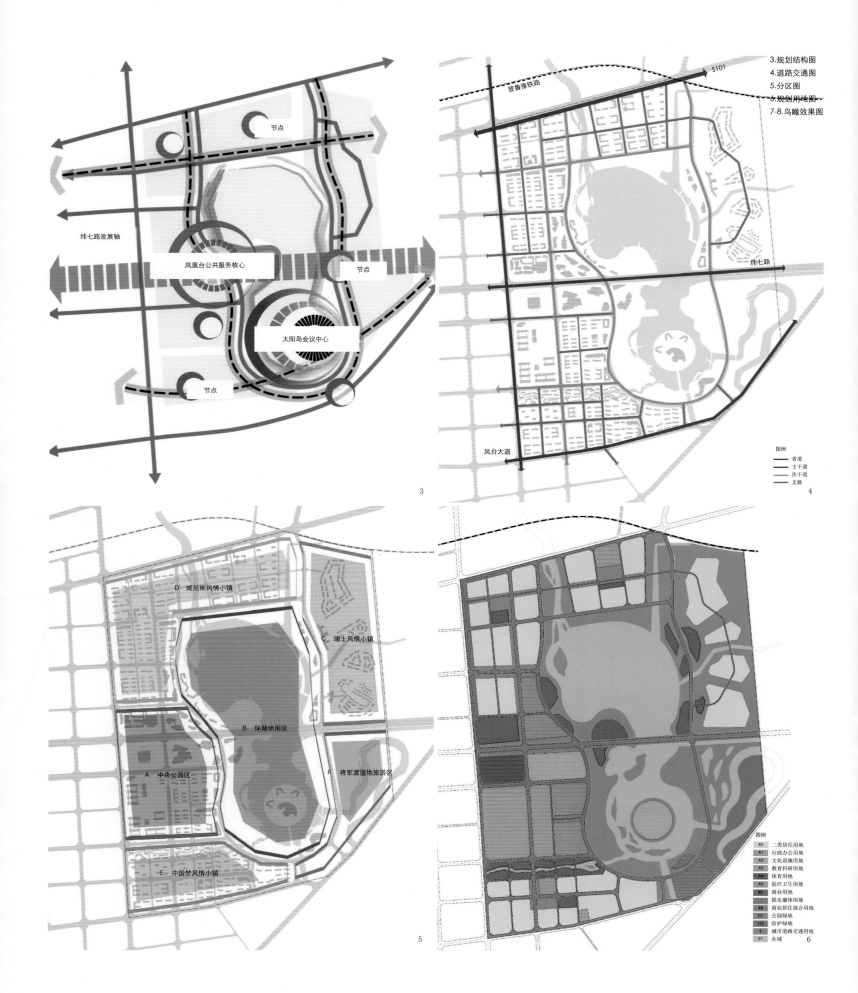

节点

纬七路发展轴

凤凰台公共服务核心

节点

太阳岛会议中心

节点

3

晋鲁豫铁路

S101

纬七路

凤台大道

图例

省道
主干道
次干道
支路

4

D 威尼斯风情小镇

C 瑞士风情小镇

B 环湖休闲区

A 中央公园区

F 将军渡湿地旅游区

E 中国梦风情小镇

5

图例

R2 二类居住用地
A1 行政办公用地
A2 文化设施用地
A3 教育科研用地
A4 体育用地
A5 医疗卫生用地
B1 商业用地
娱乐康体用地
Bb 商业居住混合用地
G1 公园绿地
G2 防护绿地
S 城市道路交通用地
E1 水域

6

郑州市白沙园区郑开南片区城市设计

[项目地点] 河南省郑州市中牟白沙园区
[项目规模] 188 hm²
[编制时间] 2012 年

1.局部透视图
2.总平面图

一、规划背景

郑州市城市总体规划提出：近期向东推进郑东地区开发建设，进一步辐射中牟和开封。开发建设郑汴新区是河南省委、省政府深入实施中原城市群战略，整合区域资源、优化产业布局、推进体制创新、发挥规模优势，加快构建现代产业体系、现代城镇体系和自主创新体系的重大决策部署。郑汴新区的目标定位是"全省经济社会发展的核心增长极和改革发展综合试验区"。

二、规划构思

将规划基地进行两个层次的分析，扩大研究范围至面积342hm²，首先分析研究范围的发展条件，确定研究范围的发展方式及功能定位，再进一步明确规划基地的各类设施布局，使规划更具前瞻性。

三、本次规划的核心问题

包括：城市功能及定位问题，大型社区住房建设问题，城市空间及形态问题，城市特色及品牌问题，交通疏解及组织问题。

四、规划目标

（1）郑汴新区内的高端商务商贸区，轨道枢纽型经济区；

（2）配套完善，多元复合，生态人文、宜居宜业，居住为主的城市生活区；
（3）完善郑汴新区整体城市功能结构的中部核心区；
（4）环境良好，形象标志，功能完善的郑州东部门户区。

五、规划特色

交通与城市功能的融合、产城一体发展、和谐社区理念。

六、项目成功的关键问题

改善交通、商业业态选择、南北整合、特色塑造、规划控制方式。

七、规划结构

一轴+两心+三片；

一轴（沿贺庄路的公建轴线）；

两心（片区服务中心+综合商业中心）；

三片（三个居住地块）。

八、实施情况

目前规划尚在编制阶段，现状部分地块已出让，尚未开始实施。

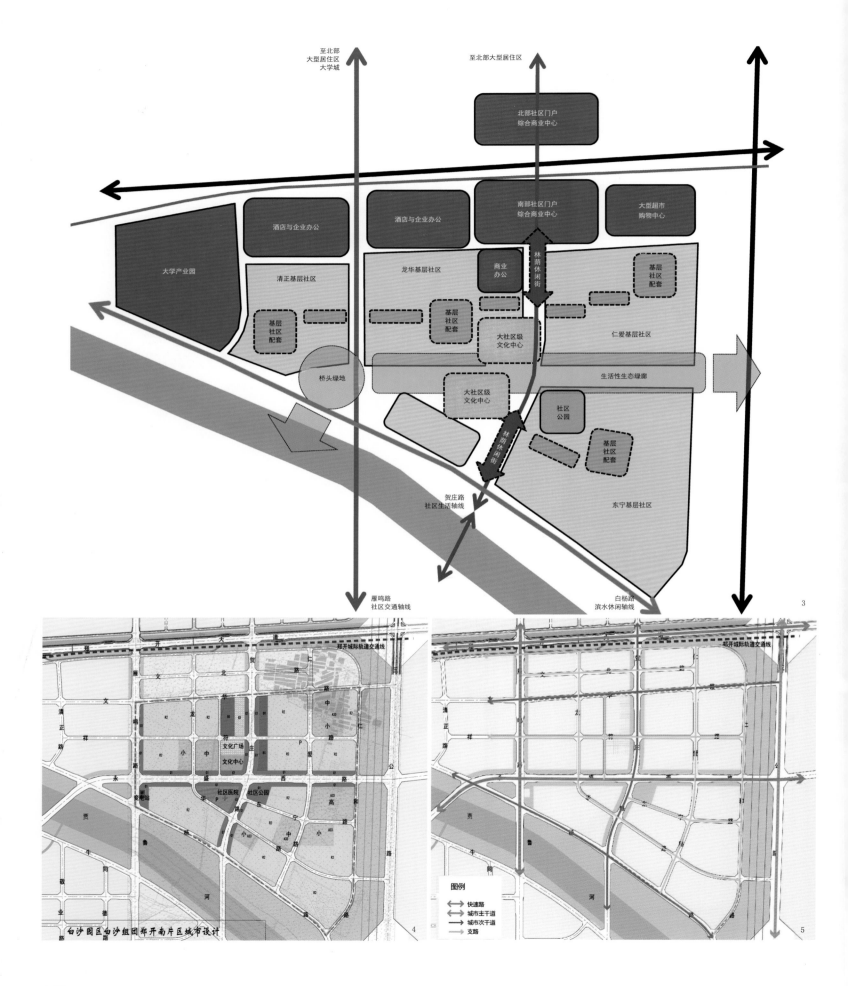

至北部
大型居住区
大学城

至北部大型居住区

北部社区门户
综合商业中心

酒店与企业办公

酒店与企业办公

南部社区门户
综合商业中心

大型超市
购物中心

大学产业园

清正基层社区

龙华基层社区

商业
办公

林荫休闲街

基层
社区
配套

基层
社区
配套

基层
社区
配套

大社区级
文化中心

仁爱基层社区

桥头绿地

大社区级
文化中心

社区
公园

生活性生态绿廊

林荫休闲街

基层
社区
配套

贺庄路
社区生活轴线

东宁基层社区

雁鸣路
社区交通轴线

白杨路
滨水休闲轴线

3

郑开城际轨道交通线

文化广场
文化中心

社区医院 社区公园

白沙园区白沙组团郑开南片区城市设计

4

郑开城际轨道交通线

图例

快速路

城市主干道

城市次干道

支路

5

140

3.研究范围规划结构图
4.规划用地图
5.道路系统规划
6.整体鸟瞰图
7.局部小鸟瞰

门诊

社区中心

进贤县青岚新区重点区域城市设计

[项目地点]　　江西省进贤县
[项目规模]　　7.75 km²
[编制时间]　　2015 年

一、规划背景

进贤，地处赣东水乡腹地，省会南昌以东，鄱阳湖南岸，被誉为"东南之藩蔽，闽浙之门户"，孕育了独特的水乡文化。随着国家中部崛起、环鄱阳湖经济圈、大南昌都市区等区域发展战略的深化实施以及沪昆高铁的建成通车，进贤县已经进入快速发展的轨道。对进贤而言，这是一个从"一河两岸"时代进入"高铁湖滨"时代的崭新历史时期。为了更进一步实现进贤从南昌都市区"东大门"迈向"东中心"的发展目标，对青岚新区重点区域编制城市设计，为区域的空间、景观及城市风貌进行科学有效的控制引导。

二、构思策略及内容特色

规划深挖军山湖和青岚湖这一城市特色资源，以水为媒，以湖为景，形成"城在湖中，湖在城中"的空间格局。提出"军山青岚，水墨进贤"城市特色定位，将青岚新区打造成为富有江南水乡特色的综合功能新区。

规划策略：

1. 生态为基，打造面向青岚湖的城市新区

梳理城市绿网结构，沿青岚湖塑造城市景观生态屏障，将滨水绿化引入城市内部，创造一个城市绿心，构建更多通向湖畔的城市景观道路。

2. 文化融入，展示进贤独特城市魅力

提炼进贤特色文化要素，将进贤的自然山水文化，地方传统文化与名人诗画文化，与城市开发与开放空间建设有机结合在一起。

3. 风貌彰显，创造独特而多元的现代水乡城市

以水墨为亮点，形成由传统到现代的良好风貌过渡。通过显著的边界、景观、建筑、城市形态和开放空间要素来强化各个地区的特点及可识别性。

4. 交通为脉，强化慢行为主的交通方式

强化城市慢行交通网络，规划步行体验路径与步行活动区域，创造更多通向青岚湖的街道空间。

5. 活力宜居，倡导以人为本的邻里单元

开发紧凑的社区，提供优质开放空间与社区活动空间。

6. 街景塑造，打造城市重要界面

针对形象重要街道，提出分段设计策略与环境设计引导。

规划形成"一轴一带、两心三区"的结构。其中一轴为中山大道城市发展主轴；一带为沿青岚湖及幸福港滨水景观带；两心为北部商业文化中心与中部的城市行政中心；三区为滨湖片区、行政服务生活片区、商贸服务生活片区。

生态为本、文化引领；轴向发展、多元建构。

南北互补、组合显效；盈彩水岸、城湖共生。

三、实施情况

根据规划青岚新区已经开始实施建设，不断完善补充城市功能。

（1）倡导窄马路、密路网，促进绿色出行。部分路网已经建设完成；

（2）打造海绵型新区，建设地下管廊，管线全部一次性入地；

（3）推进城市生态文明建设，在新区北面，建设了2000亩滨湖森林公园；

（4）健全城市公共服务设施，近期在滨湖大道北侧建设一个九年一贯制学校。

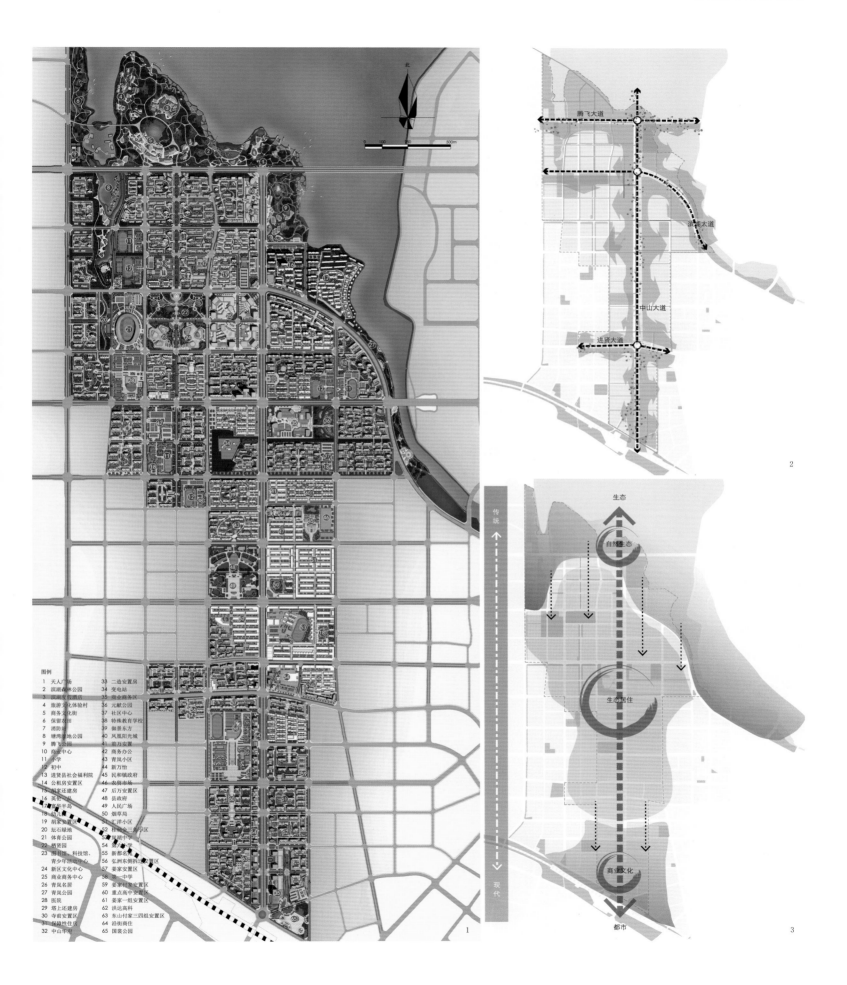

图例
1 天人门场
2 滨湖森林公园
3 滨湖度假酒店
4 旅游文化体验村
5 商务文化街
6 保留农田
7 消防站
8 墙湾湿地公园
9 腾飞公园
10 商业中心
11 小学
12 初中
13 进贤县社会福利院
14 公租房安置区
15 胡家还建房
16 英伦半岛
17 富嘉半岛
18 幼儿
19 胡家安置区
20 坛石绿地
21 体育公园
22 栖贤园
23 图书馆、科技馆、青少年活动中心
24 新区文化中心
25 商业商务中心
26 青岚名居
27 青岚公园
28 医院
29 塔上还建房
30 寺前安置区
31 保障性住房
32 中山中府

33 二造安置房
34 变电站
35 商业商务区
36 元献公园
37 社区中心
38 特殊教育学校
39 御景东方
40 凤凰阳光城
41 前方安置
42 商务办公
43 青岚小区
44 新万怡
45 民和镇政府
46 农贸市场
47 后方安置区
48 县政府
49 人民广场
50 烟草局
51 江洋小区
52 杜村朱三组片区
53 民和中学
54 第一中学
55 新都名苑
56 弘洲东侧拆迁安置区
57 姜家安置区
58 第一中学
59 姜家村某安置区
60 重点高中安置区
61 姜家一组安置区
62 洪达高科
63 东付付家三四组安置区
64 沿街商住
65 国裳公园

1

2

传统
↑

↓
现代

生态
↑
自然生态

生态居住

商业文化
↓
都市

3

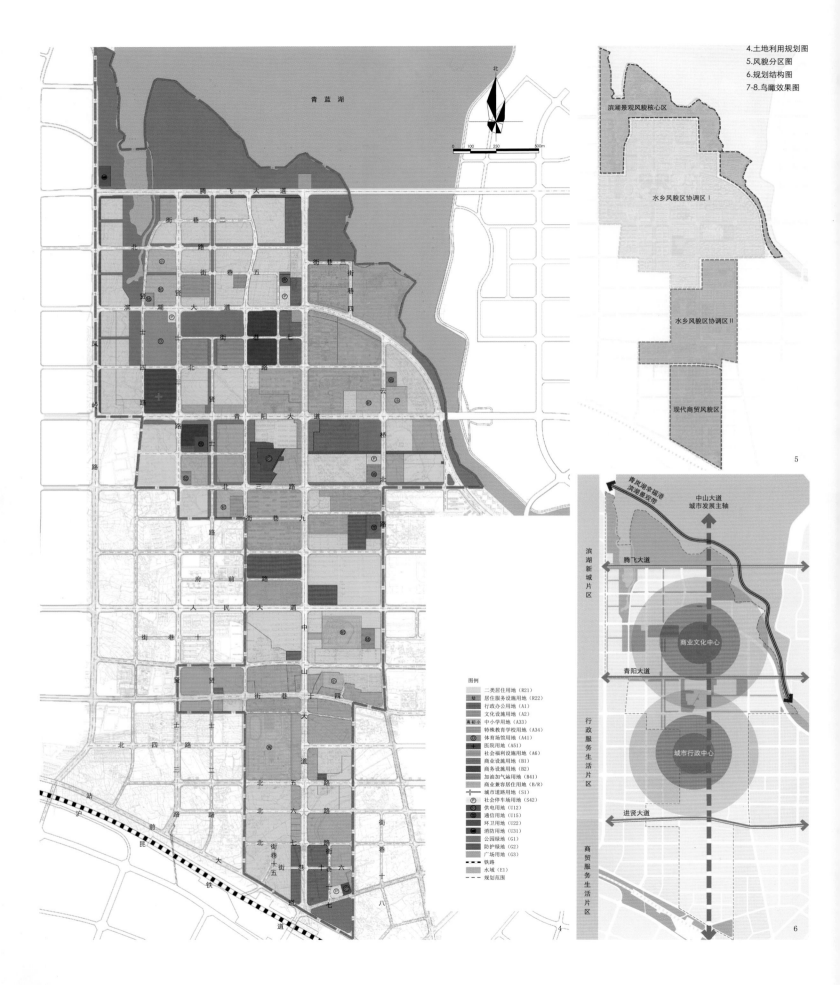

淮安市淮海东路城市设计

[项目地点]　　江苏省淮安市
[项目规模]　　257.8 hm²
[编制时间]　　2013 年

一、项目背景

　　规划基地位于淮安城区的中心位置，是淮安城市发展的重点区域和城市门户。规划区主要以淮海东路为中心，东西展开，北至新村路、健康东路，西邻人民北路东至支九路，南邻和平路，规划面积257.8hm²。

　　作为苏北重要中心城市，将积极提升产业结构，大力大战第三产业，形成面向苏北的区域现代化服务中心城市；淮安城市的发展应充分利用交通、商业、文化等良好的基础条件，提升交通枢纽地位，促进商贸流通、文化、旅游业的发展；本次规划的淮海东路片区作为重点发展的区域性商业中心之一，将会成为淮安建设苏北重要城市的重要助推器之一。

二、基地现状

1. 现状用地

　　规划现状用地主要由居住用地、商业用地、商业金融用地、广场用地、绿地等构成。

　　其中，商业用地及商业金融用地主要布局在淮海东路两侧，且聚集在淮海广场与水渡口广场。分布大量的居住用地，既有新建居住区，也有生活气息十足的居住旧区。

　　从现状用地来看，城市公共休闲空间比较缺乏，主要集中在基地南侧（钵池山公园、石塔湖公园、运河广场），未形成体系。

2. 现状商业

　　沿淮海东路主要布置零售商业、主要道路交叉口节点处布置大型商场及酒店，现状看出淮海中路、淮海东路交叉口形成一个中心节点，环水渡口广场的综合节点已初具规模。淮海商业街为规划地块内主要的休闲商业街。各类服务配套设施分布在翔宇大道、淮海中路、淮海东路等主要道路上。

　　整个规划范围内文化氛围不够，特色不够明显，业态分布规模效应不够明显。

三、规划理念

1. 区域协同

　　淮海东路作为淮安市中心城区的重要组成部分，在功能、交通、空间形态等方面应与古黄河生态功能带、里运河文化景观带等周边功能区相对接，协同联动发展，同时聚合区域高端职能，辐射带动市域发展。

2. 低碳生态

　　通过局部地置换为休闲绿地，商业空间立体发展模式，以及部分地区商业低强度开发；片区慢行系统的梳理；公共空间和游憩功能地增设等措施，打造低碳生态城区，成为淮安市城市转型和低碳生态示范区。

3. 文化嵌入

　　以淮安市深厚的文化底蕴和淮海东路文脉基底为依托，以"体验式消费和游憩需求"为导向，引入新的业态业种，增加休闲游憩、体验购物、旅游商业等业态，打造高品质购物游憩环境。

4. 商旅联动

　　淮安市的城市性质是"国家历史文化名城和生态旅游城市，长江三角洲北部地区重要的中心城市、交通枢纽和先进制造业基地"。

　　规划区应紧密结合淮安市的城市发展总目标，依托淮安市特有的旅游文化资源，加强"吃、购、娱、游、行、住"等完善的旅游配套功能，打造成为淮安市旅游集散中心。将商业与旅游业建设成一个相互依存、相互促进的统一体，形成商业带动旅游、旅游促进商业、两者互为资源、互相服务的商旅互动的发展模式。

5. 交通疏导

　　特色商业区现状交通较为拥堵，人流车流混杂，规划为缓解东西向交通压力，应营造商业区外围交通疏解环；在核心区域，为缓解购物人流与车流之间的相互冲突，结合公交站及商场之间的连廊，将商业空间立体纵向发展，建设

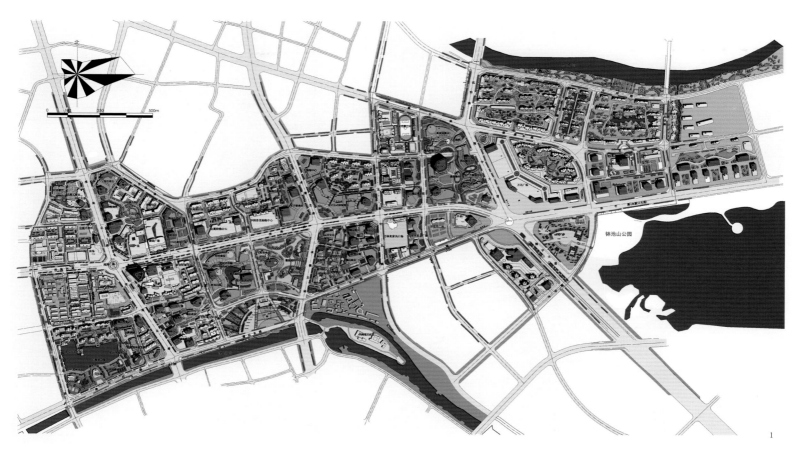

1.总平面图

"垂直型购物中心";局部增加支路网密度,增加社会公共停车场;梳理片区慢行系统,规划步行街,串联大型商场及休闲广场。

6. 成片发展

淮海东路作为城市主要的商业发展轴,现状沿街布置有大量的大型商场、专卖店、专业店等,存在沿路交通压力较大,购物环境差等现象。

从国内外商业中心区空间形态演变规律来看,规划区的商业空间形态将由现状沿街商业发展转变为商业街区成片发展,作为城市对外展示的形象窗口,同时,注重商业街区、休闲区的特色营造。

四、规划策略

特色定位,提升商业能级;
创新模式,升级商业业态;
文化方程,彰显文化氛围;
城市客厅,塑造人性空间;
立体交织,完善商业流线;
延续肌理,推动旧城复兴。

五、空间结构

本次淮海东路商业区规划形成"一带三心,三片四轴多点"的空间布局框架结构。

一带:人文景观休闲带;
三心:金融商务核心、商业功能核心、文化休闲核心;
三区:三个功能性服务区;
四轴:"一主三次"商业发展服务轴。

六、空间布局

八条特色商业街:创意休闲街、潮流前线、水文化特色街、运河天地、主题情景街、立体商务休闲街、美食街、金融休闲街。

七、景观结构

四廊贯通,脉络相连,点轴并续,有机渗透。

八、立体交通

采用多层次人行交通相结合的方式阻止商业街步行交通,二层人行连廊、一层人行广场及通道、地下一层步行商业街等多层次步行系统通过垂直交通相互联系,构成完整、立体的步行交通休闲商业街区。

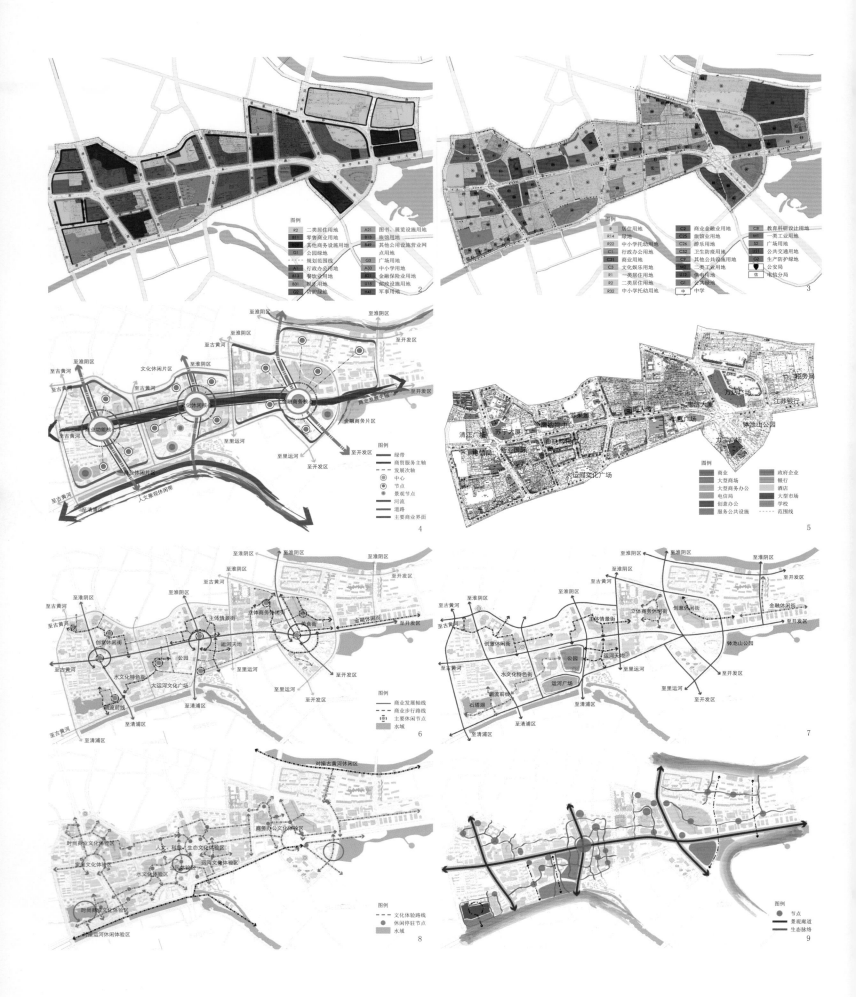

澧州新城南部核心区城市设计

[项目地点]   湖南省澧县

[项目规模]   2 km²

[编制时间]   2015 年

1.整体鸟瞰图
2.规划总平面图

一、发展定位

澧州新城南部核心区将成为"国内领先的中央活力区；田园城市的最佳实践地；澧州特色的文化演绎谷"。奋力打造集创智服务功能、文化展示功能、生态田园功能于一体的复合城市新中心。

二、功能构成

创智服务功能：行政办公、金融创投、商务办公、商业服务。

文化展示功能：会议展览、艺术表演、文化创意、文化旅游。

生态田园功能：生态居住、体育活动、健康养生。

澧州新城南部核心区作为津澧地区的中心区域，应协调周边区域的发展，形成服务于区域的创智服务功能；体现澧州历史的文化展示功能以及彰显澧州特色的田园生态功能。

三、规划结构

规划形成"一核、两轴、四区、六心"的规划结构。

一核——中央景观核心。

两轴——中央活力轴、时空文化轴。

四区——行政文化区、金融办公区、商务办公区、生态居住区。

六心——行政中心、文化中心、科技中心、会展中心、金融中心、商务中心。

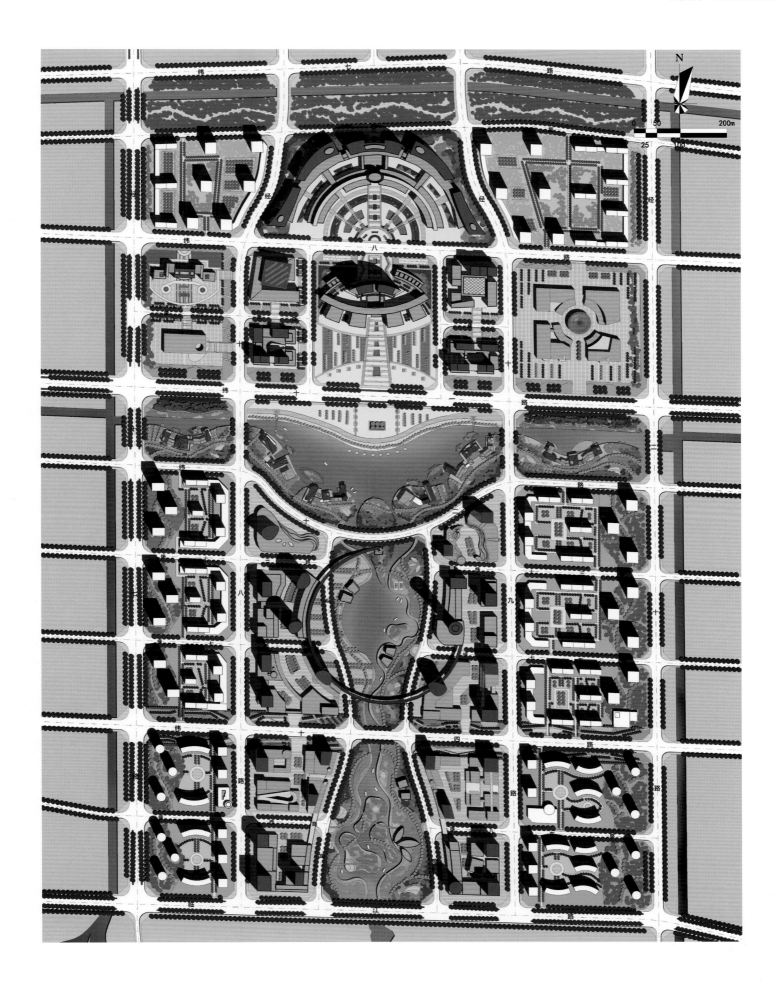

五大连池市滨水新城规划设计

[项目地点]　　黑龙江省五大连池市

[项目规模]　　约 4 km²

[编制时间]　　2013 年

一、项目背景

区位优势：五大连池市位于黑龙江省中西部。滨水新城，距五大连池风景区15km，山口湖风景区50km。东起前嫩高速（北五高速）、西至前嫩高速支线（环城西路），北起冯永堤防、南至拟建防洪堤。具有得天独厚的地缘优势和拓展城市空间的优越条件，交通便利，自然环境优美。因此，滨水新城，可依托中心城区的城市职能和设施，并挖掘讷谟尔河特色，再造一个旅游精品，铸就五大连池高端旅游服务设施，助跑五市旅游国际化道路。

二、发展战略：一河奔腾，两岸繁荣

1. 奔腾——经济共生态齐飞

讷谟尔河由城市边缘河流变为城市内河，集原生态景观与城市景观于一体，连接起中心城区与滨水新城。两岸相互呼应，错位发展，形成有机的整体。

2. 繁荣——"北跃"与"中兴"并重

河流南侧为中心城区，满足当地城市化需求，完善城市设施，提升城市空间品质。北侧滨水新城将打造为休闲、娱乐、养生功能的高端服务新城。

三、设计理念

养生天堂，文化胜地。

1. 主客共享

规划从人本主义角度考虑，遵循"主客共享"规划思想。城市被视作一个家庭空间，城市公共空间体系兼有"起居室"和"会客厅"功能，既能让居民感受"起居室"的舒适和温馨，也要让旅游度假者拥有"会客厅"的空间。本案提出："WAVE"模式，将滨水新城内的水域系统构建成一个主客共享的开敞公共空间。W: Walkbale, 可步行的；A: Accessible, 公共可用的；V: Viable, 经济上可行的；E: Enjo-yable, 可体验的。

为达到这一目标，滨水新城规划范围内的交通组织、景观设计、公共空间布置、服务设施提供等应遵循上述理念和模式。

2. 文化弘扬

凡有特色的城市，都孕育着一种特殊的文化基因，成为城市发展的灵魂，以此为依托，形成了城市市民对城市文化独有思维方式、感情方式、行为方式、组织形式、社会结构、功能形态、城市意象等层次，并逐渐外化为城市创造的物质世界，成为城市遵循的一种理念和物化行为。

本案将以"滨河文化"为突破口，将达斡尔族民俗文化、城市文化等作为典型代表，结合现代休闲理念，探寻传承少数民族的民俗文化和演绎滨水的城市文化道路。

3. 活动营造

然而，随着城市化的步伐加快，城市之间的个性保留越来越弱。成功的旅游城镇都对其故有的旅游文化、情调氛围进行浓缩、展示、升华。

滨水新城的城市设计，需强化旅游氛围，以细腻的手法，展现讷谟尔河畔居民的生活场景，以及重要的、有典型代表作用的节事活动。为游客展现缤纷多彩的旅游体验感受。

丰富多样的城市功能注入沿讷谟尔河两岸，使五大连池成为坐拥世界美景的不夜城。

4. 综合服务

滨水新城的城市建设中将汇聚商业、会议、会展等的都市功能。同时，作为重要的旅游配套核心，尤其作为一个与当地居民生活相容的旅游配套核心，应具备且满足所需配备基本的餐饮、住宿、交通功能和容量，因此结合城市项目策划的内容，在产品丰富度等方面应充分发挥应有作用和特色，以特色的旅游接待服务提升五大连池旅游休闲品质。

5. 城河共享

以城市南北一体化为出发点，充分发挥讷谟尔河和五大连池的山水特色，从全局的角度思考讷谟尔河发展，打造集商贸、居住、休闲、景观和生态等多功能合一的滨水地带。

通过赋予讷谟尔河新的功能和含义，实现滨河建设经典。获得新生的讷谟尔河，融入整个城市发展中，融入人们的生活中，其本身也成为一个具有主题体验功能的经济、文化、生态廊道。

四、概念规划

1. 规划结构

"一心三轴，一带四片"：一心，综合服务中心；三轴，自西向东，生态景观轴、都市景观轴、人文景观轴；一带，滨水休闲商业带；四片，养生度假片区，生态宜居片区、沿河商业片区和科技产业片区。

2. 项目布置

六大板块：会议度假与养生科普板块、红色文化板块、休闲商业板块、养生养老板块、公共服务门户和4S集群。

五、启动区城市设计

功能分区：养生养老板块、公共服务门户、旅游文化商业板块、汽车4S集群。

六、景观规划

规划结构：一环，九合，一带，三区，五场，七园。

景观片区内部形成1个交通大环，串联9个小环。一带是滨河芦荻带和三区是三大特色景观片区，其分别是原生观鸟区、净化湿地区和麦香稻田区。七园分别是文化科普园、郊野游憩园、青山公园、郊野度假园、溯溪活动园、民俗风光园、儿童乐园。五场分别是：文化雕塑广场、"渔猎花园"广场、休闲艺术广场、水门码头广场和餐饮美食广场。

1.五大连池区位图
2.景观规划功能结构图
3.规划结构图

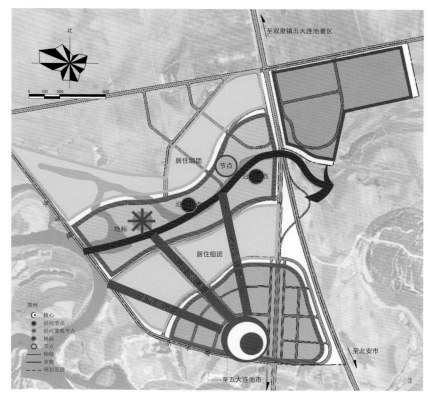

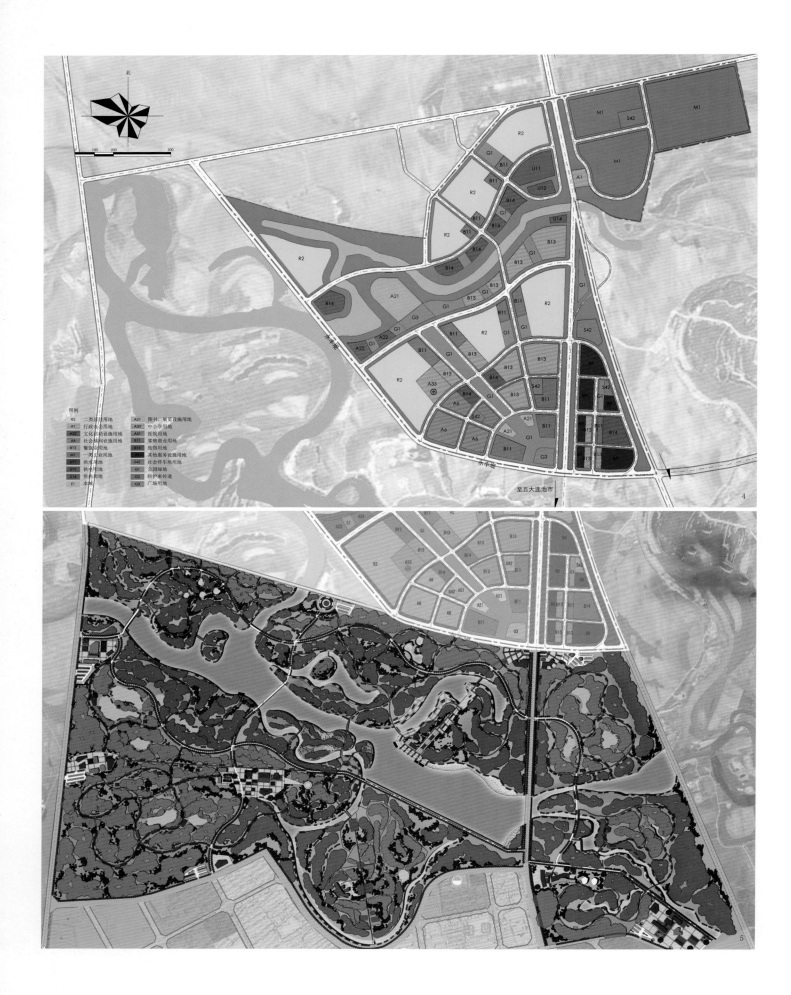

北

图例
R2　二类居住用地
A1　行政办公用地
A22　文化活动设施用地
A6　社会福利设施用地
B13　餐饮业用地
M1　一类工业用地
U11　供水用地
U12　供电用地
U14　供燃气用地
E1　水域

A21　图书、展览设施用地
A33　中小学用地
A51　医院用地
B15　零售商业用地
B14　旅馆用地
B14　其他服务设施用地
S42　社会停车场用地
G1　公园绿地
G2　防护绿地
G3　广场用地

水丰坝

水丰坝

至五大连池市

4

5

154

焦作市民主路特色商业街空间规划

[项目地点]　河南省焦作市
[项目规模]　198 hm²
[编制时间]　2013 年

一、项目背景

根据焦作市现有基础、发展态势以及在中原城市群发展中承担的主要任务，提出了焦作市在中原城市群九市的功能定位：国际山水旅游城市，中原城市群能源、原材料、重化工、汽车零部件制造基地。

二、区位特点

焦作位于《中原城市群总体发展规划纲要》所形成的四大产业发展带的新—焦—济产业发展带，在中原城市群发展中承担着能源、原材料、重化工、汽车零部件制造基地和辐射呼应晋东南地区的重要功能。

三、规划区功能定位

1. 区域功能定位

豫西北商贸中心、休闲娱乐中心、旅游服务中心。

2. 产业功能定位

以高端商贸为主导，集文化创意、休闲娱乐、旅游服务和特色餐饮为一体的综合性文化区域。

四、规划策略

特色定位、完善片区功能。

（1）发展第四代商业综合体，构建区域性商业中心。

（2）建设生产力服务集群，提升城市综合竞争力。

五、功能结构

规划形成"三心三轴五区十街"的空间布局框架结构。

1. "三心"

形成由北至南的三大中心——综合商贸中心、商业文化中心、旅游服务中心。

2. "三轴"

"两主一次"发展轴。

（1）民主路城市商业发展轴（主轴）：贯穿焦作市南北的商业发展轴，形成以大型商场、品牌门店、高档宾馆、商务楼宇为支撑的商贸业黄金通道。

（2）解放路城市商业发展轴（主轴）：城市东西向商业轴线，由西向东串联焦西综合组团、焦北商住组团、焦东综合组团、东部工业组团，现状商业基础雄厚，有三维商业广场、百货大楼、新亚商厦、新时代、春天购物中心等大型商业网点。

（3）建设路商务办公发展轴（次轴）：以现状工厂改造为契机，集中建设商务办公区。

3. "五区"

（1）综合商贸核心区：以三维商业广场及其周边地区为核心，集中高端零售业、星级酒店、商务办公、特色餐饮为一体的复合功能区。

（2）文化创意功能区：依托河南理工大学、焦作市职业技术教育中心等科研教育资源，发展文化创意产业，提高特色商业区文化内涵。

（3）文化休闲功能区：依托铁路货运线搬迁以及旧城改造的契机，加快规划区用地功能置换和业态提升，建设成为集商贸、酒店、文化展示等功能于一体的文化休闲功能区。

（4）商务办公区：以现状工厂改造为契机，集中建设商务办公区。重点吸引周边制造企业和服务企业的营销中心、研发中心、银行营业网点、证券投资公司等机构的入驻。

（5）旅游休闲服务区：依托郑焦城际铁路站建设，聚集人气，发展旅游购物、土特产品交易、休闲娱乐等旅游配套服务功能。

六、特色商业街规划

十条特色商业街分别为：文化用品一条街、豫西北风味小吃一条街、五金交电一条街、电子信息一条街、特色步行街、休闲娱乐一条街、中华名优小吃一条街、家居装潢设计一条街、旅游服务一条街。

七、土地利用规划重点

（1）提高商业比例，突显商业区功能特征；

（2）适量减少居住比例，提高居住用地使用效率；

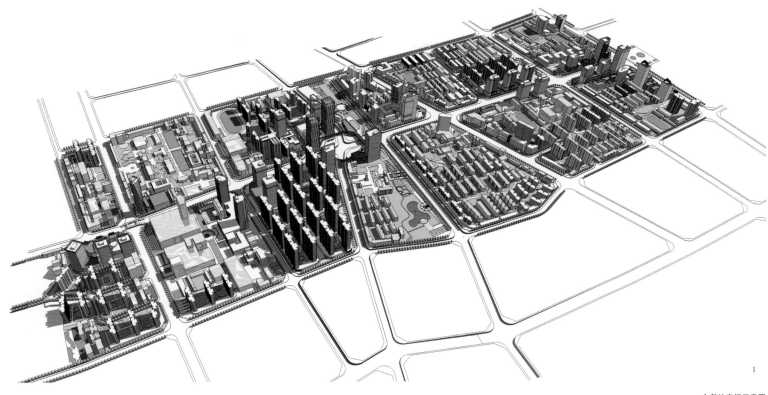

1

1.整体空间示意图

（3）完善配套设施，优化城市公共空间。

八、商业业态规划

1. 现代商贸业

（1）现代零售业：城市商贸综合体、特色专卖店、时尚家居体验馆、现代电商体验馆；

（2）现代住宿业；

（3）现代餐饮业。

2. 现代商办业

（1）打造高端商务办公区，楼宇、主业、项目并进；

（2）塑造一流商务企业，规模、品牌、信誉并举；

（3）营造和谐商务环境，信息、人才、文化并重。

3. 文化创意业

依托河南理工大学的高校优势，重点发展教育培训、动漫制作、广告和会展、古艺术品交易、设计创意、文艺演出等行业。

4. 旅游服务业

（1）旅游接待；

（2）旅游商品展示及交易；

（3）休闲娱乐。

九、交通规划

拓宽民主路、增设支路、缓解拥堵

特色商业区内规划城市道路网络为：主干道、次干道、支路及特色步行街。

十、步行系统规划

"一横"——围绕拆除的铁路线路，结合公园，打造内容丰富的横向慢行道。

"一纵"——以民主路为核心，沿民主路两侧打造贯通南北的慢性系统。

"多支"——规划在各地块内打造丰富步行支路体系，优化整体慢行网络，打造舒适生活环境。

十一、景观系统规划

规划区绿化景观以历史景观、人文景观等文化资源为内涵，有效提升特色商业区的城市空间景观品质，规划形成"一带、三轴、两环、多节点、多片区"的生态绿化布局。

一带：指文化休闲景观带（利用铁路货运线搬迁所腾出用地布置文化休闲设施）；

三轴：指解放路文化教育景观轴、工业路商贸景观轴和民主路城市商贸景观轴形成的两横一纵规划区景观轴线；

两环：指规划区南、北部各自形成的特色商业步行景观环；

多节点：指主要公园及广场景观节点；

多片区：依据规划空间结构形成了五大特色景观片区。

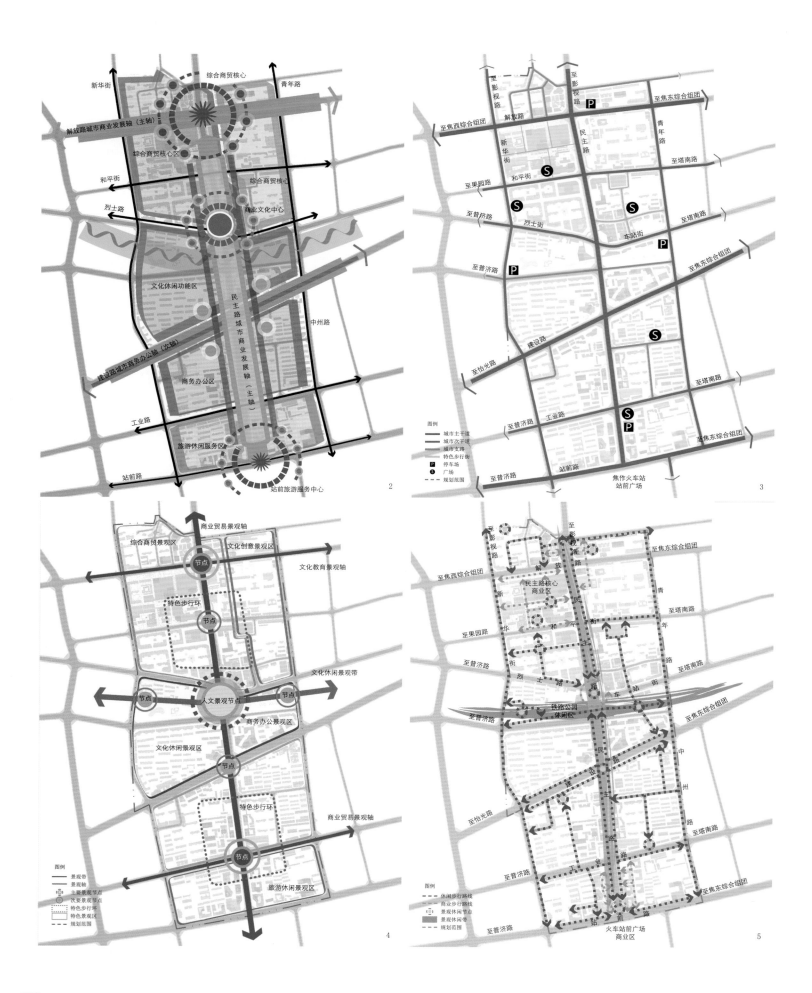

2.功能结构图
3.交通策略分析图
4.景观结构规划图
5.步行系统规划图
6.土地使用规划图

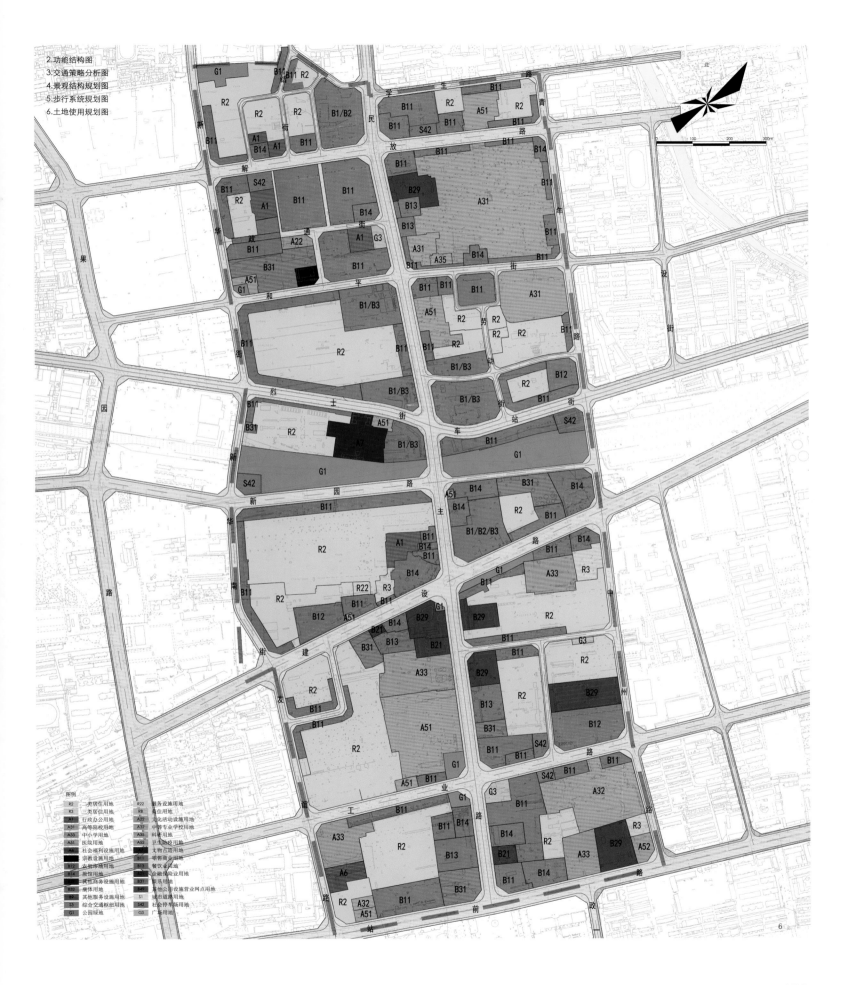

长白山池北区二道白河镇站前广场及周边地块城市设计

[项目地点]　吉林省长白山保护开发区池北区二道白河镇
[项目规模]　61 hm²
[编制时间]　2013 年

基地位于长白山池北区二道白河镇火车站南侧，占地61hm²，是二道白河镇的城市形象门户。根据池北分区规划和二道白河镇总体城市设计，基地位于二道白河镇东北入口位置，有条件建设成为对外交通枢纽，继而成为池北区的城市形象门户。

规划定位为二道白河镇的交通枢纽、入口门厅和活力引擎。其功能分解为城市公园、综合交通、商贸服务、特色旅馆、风情商业、休闲文化；从人的主要需求出发，展现小镇魅力和活力因素，以塑造满足不同人群多元需求的旅游小镇生活形态。

1.站前城市设计总平面图
2.站前时尚休闲购物公园总体鸟瞰图
3.站前区总体鸟瞰图

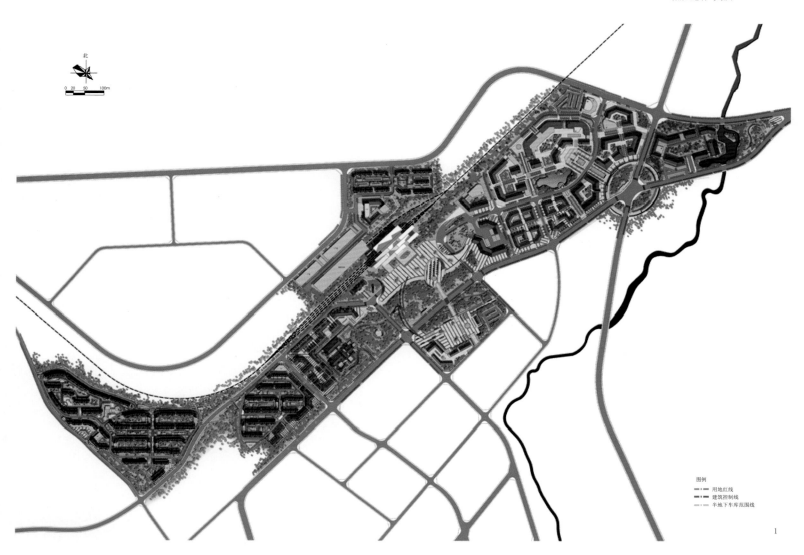

图例
用地红线
建筑控制线
平地下车库范围线

1

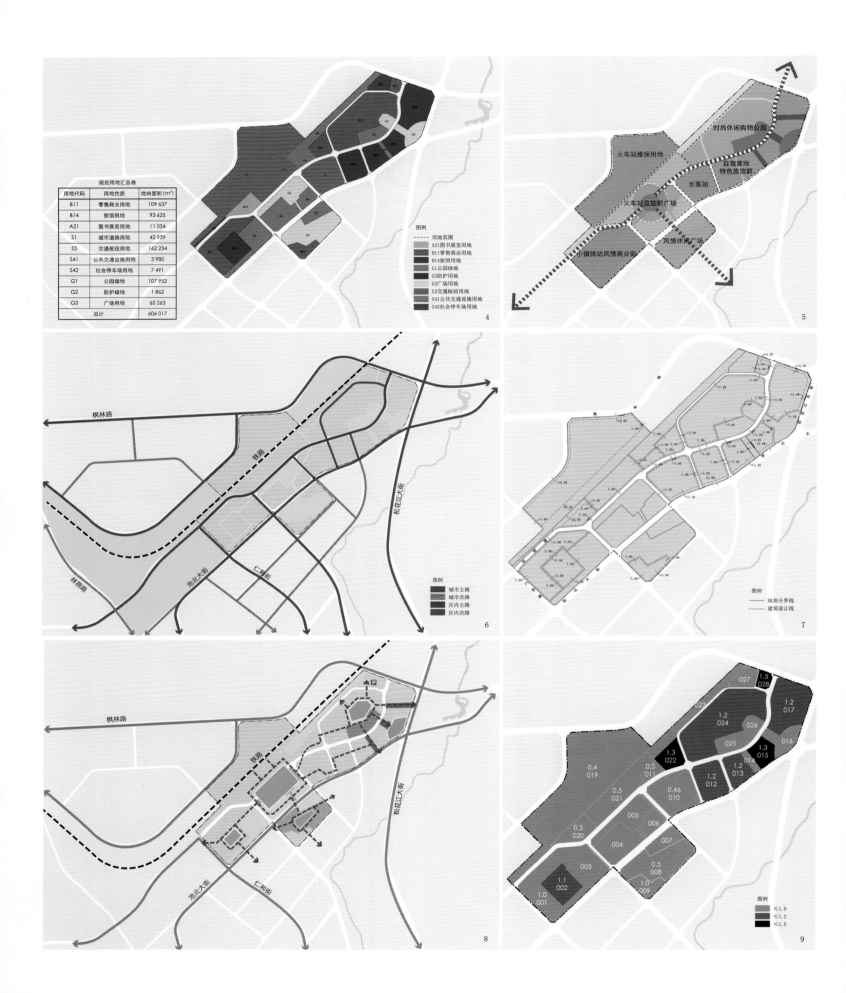

规划用地汇总表		
用地代码	用地性质	地块面积（m²）
B11	零售商业用地	109 637
B14	旅馆用地	93 625
A21	图书展览用地	11 034
S1	城市道路用地	42 939
S3	交通枢纽用地	162 234
S41	公共交通设施用地	3 980
S42	社会停车场用地	7 491
G1	公园绿地	107 952
G2	防护绿地	1 862
G3	广场用地	65 263
总计		606 017

图例
- - - - 用地范围
A21图书展览用地
B11零售商业用地
B14旅馆用地
G1公园绿地
G2防护用地
G3广场用地
S3交通枢纽用地
S41公共交通设施用地
S42社会停车场用地

4

时尚休闲购物公园
火车站维保用地
自驾营地
特色旅馆群
长客站
火车站及站前广场
小镇驿站风情商业街
风情休闲广场

5

枫林路
铁路
松花江大街
林溯路
池北大街
仁和街

图例
城市主路
城市次路
区主路
区内路

6

图例
—— 地块分界线
- - - - 建筑退让线

7

枫林路
铁路
松花江大街
池北大街
仁和街

8

027
028 1.5
023
024 1.2
017 1.2
026
025
016
1.3 022
015 1.3
014 1.2
013
0.4 019
0.5 011
012 1.2
0.5 021
0.46 010
005 006
007
0.3 020
004
008 0.5
1.1 002
003
009
1.0 001

图例
≤1.0
≤1.2
≤1.5

9

162

4.土地利用规划图
5.空间结构域功能分区图
6.道路交通规划图
7.建筑退界图
8.慢行系统规划图
9.容积率控制图
10.站前广场透视图
11.松林木栈道透视图
12.休闲购物公园透视图

10

11

赊店镇古城入口区城市设计

[项目地点]　河南省南阳市社旗县赊店镇
[项目规模]　30 hm²
[编制时间]　2012 年

一、规划策略

规划策略1：开拓广域市场，谋求圈层发展。
规划策略2：挖掘地域特色，塑造滨水空间。
规划策略3：构筑特色业态，拓展夜间活动。
规划策略4：拓展体验旅游，建设综合乐园。
规划策略5：打造高端住宅，创建精品社区。

二、规划理念

（1）功能复合；
（2）和谐延续；
（3）生态有机；
（4）文脉相连。

三、目标定位

1. 总体目标定位

南阳市面向陕鄂旅游展示节点；
赊店镇形象展示门户；
古城功能延展的重要拓展基地；
生态宜居的精品居住社区。

2. 功能定位

为了激活老城区功能，带动地区发展，打造具有影响力的城镇中心地段，将该地区建设成为：
以交通集散和旅游服务为核心，以休闲商业文化为主题，以生活宜居为配套的古城展示门户。
分为六个片区：
遗址公园、商业服务、酒店餐饮、体验式游客中心、居住生活、停车场。

四、五大特征

1. 核心引领——服务中心

以体验式游客服务中心为核心引领，集展示赊店古镇历史文化、体现新时代精神面貌于一体的综合性展示窗口。

2. 入口展示——一坊一桥

宁吉街和长江路交叉口设置仿古牌坊形成基地入口展示标志。赵河十七拱桥跨过赵河延伸至古城挹爽门。

3. 东幽西华——东居西市

以宁吉街为中心东侧设置停车场、酒店、商业街和码头公园等功能多样娱乐休闲设施。西侧形成以高端居住为主的精品社区。

4. 协同互动——古街酒店

沿长江路北侧建设市级商业酒店，同时与北侧的特色商业街形成呼应、协同互动，形成功能互补的商业业态。

5. 一河两岸——遗址公园

围绕古码头遗址建设功能复合型遗址公园，结合赵河滨水景观带塑造生态自然的滨河景观。赵河两岸设置码头，再造明清古码头繁华景象。

五、详细设计——信义广场

1. 设计理念

"信义"二字是赊店古镇的文脉，也作为广场的景观设计主题。

2. 重要节点

（1）仁义花阶——仁爱有义；
（2）恩义石碑——恩义可铭；
（3）一言九鼎——以信立威；
（4）入口水阶——以诚待人。

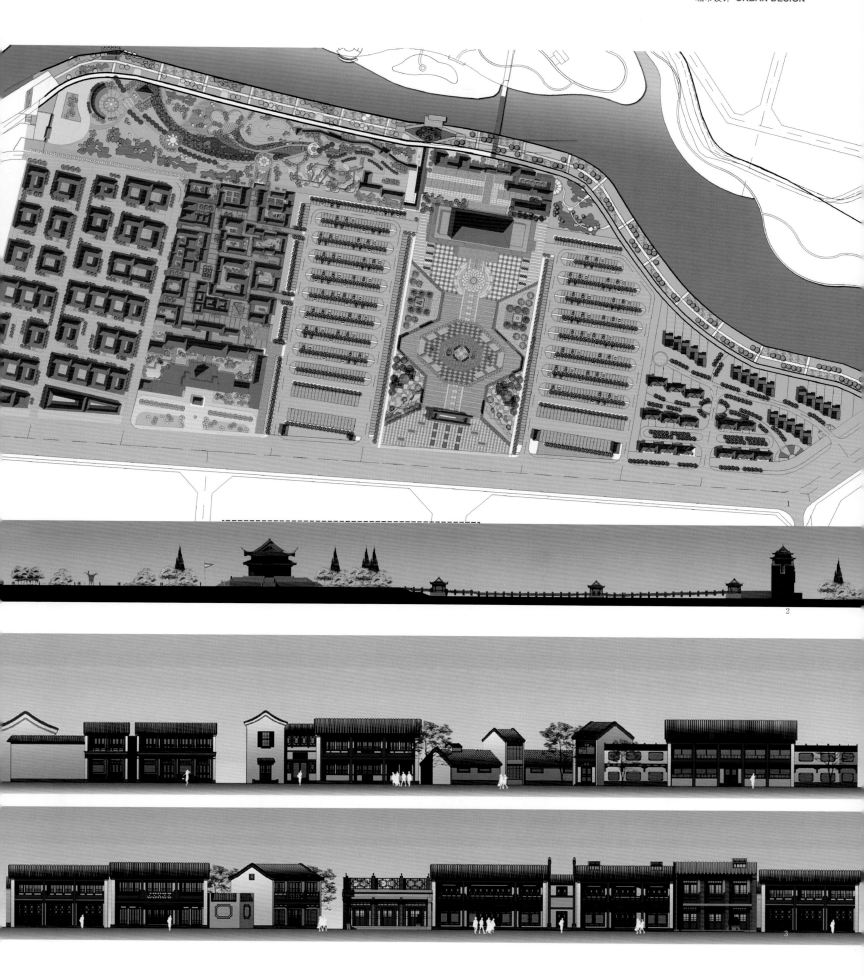

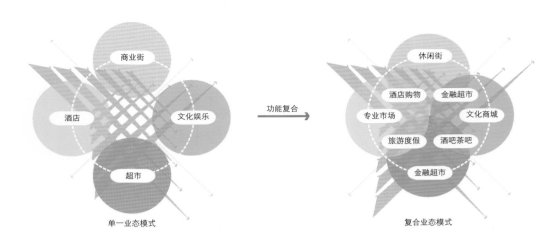

商业街
酒店
文化娱乐
超市

功能复合 →

休闲街
酒店购物　金融超市
专业市场
文化商城
旅游度假　酒吧茶吧
金融超市

单一业态模式　　　　　　　　　复合业态模式

4

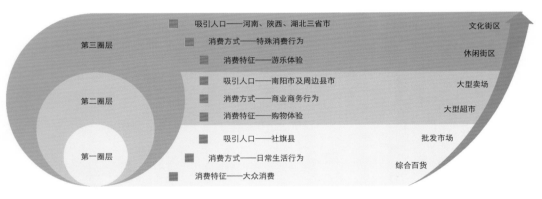

第三圈层
吸引人口——河南、陕西、湖北三省市　　　　　　文化街区
消费方式——特殊消费行为
消费特征——游乐体验　　　　　　　　　　　　休闲街区

第二圈层
吸引人口——南阳市及周边县市　　　　　　　　大型卖场
消费方式——商业商务行为
消费特征——购物体验　　　　　　　　　　　　大型超市

第一圈层
吸引人口——社旗县　　　　　　　　　　　　　批发市场
消费方式——日常生活行为
消费特征——大众消费　　　　　　　　　　　　综合百货

5

核心引领	入口展示	东幽西华	协同互动	一河两岸

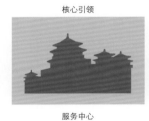  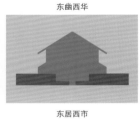  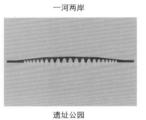

服务中心	一坊一桥	东居西市	古街酒店	遗址公园
以体验式游客服务中心为核心引领，集展示赊店古镇历史文化、体现新时代精神面貌于一体的综合性展示窗口。	宁吉街和长江路交叉口设置仿古牌坊，形成基地入口展示标志。赵河十七拱桥跨过赵河，延伸至古城抱爽门。	以宁吉街为中心，在东侧设置停车场、酒店、商业街和码头公园等功能多样的娱乐休闲设施；西侧则形成以高端居住为主的精品社区。	沿长江路北侧建设市级商业酒店，同时与北侧的特色商业街形成呼应、协同互动，形成功能互补的商业业态。	围绕古码头遗址建设功能复合型遗址公园，结合赵河滨水景观带塑造生态自然的滨河景观。赵河两岸设置码头，再造明清古码头的繁华景象。

 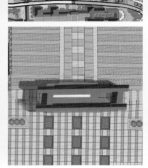     

炳文门

6

概念规划
Conceptual Plan

三亚半领二期森林公园概念规划

[项目地点]　　海南省三亚市

[项目规模]　　60.43 km²

[编制时间]　　2014 年

1.鸟瞰效果图
2.道路交通系统规划图
3.规划总体结构图
4.总平面图

半领二期位于三亚市北部腹地，规划范围约60.43km²。规划范围内现状基本以山体为主，零星分布几个自然村，现状道路向南联系半岭一期温泉度假村。

一、地位解析

根据三亚市域空间结构的分析，未来三亚市发展依托地形向北部自然延伸，项目位于三亚市北部腹地，是三亚市北部旅游的重要支撑区域，同时也是城市向腹地辐射延伸的重要区域。

二、总体定位

森林公园型温泉养老度假区；

世界最大的一站式服务综合养老度假区；

中国第一家山地森林公园型养老度假区；

中国最大的商业化运作综合养老度假区；

海南省首个大规模集中式养老示范基地；

未来将成为一个解决20万人养老问题基地，一个中国市场化养老模式示范基地。

三、规划结构

环状串联、三轴延伸；组团布局、节点呼应。

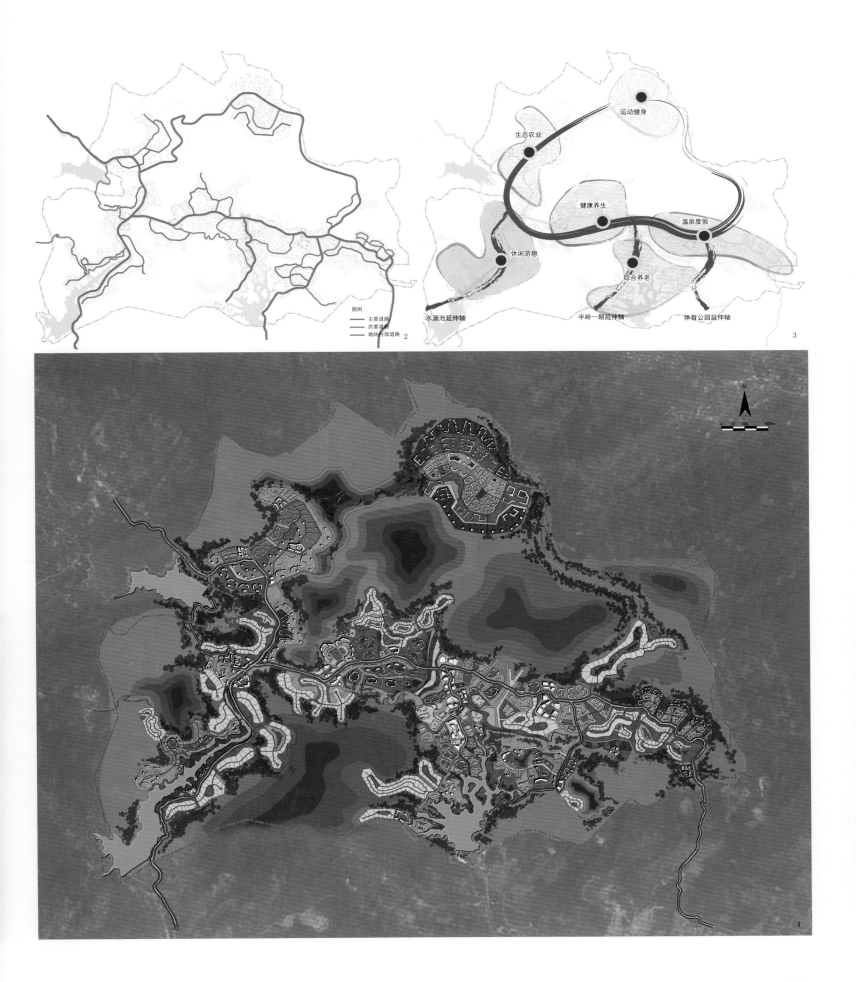

图例
主要道路
次要道路
地块内部道路 2

运动健身

生态农业

健康养生

温泉度假

休闲游憩

综合养老

水源池延伸轴   半岭一期延伸轴   体育公园延伸轴   3

4

5-7.鸟瞰效果图

7

郑州振兴南曹新城概念规划

[项目地点]	河南省郑州市
[项目规模]	477 hm²
[编制时间]	2016 年

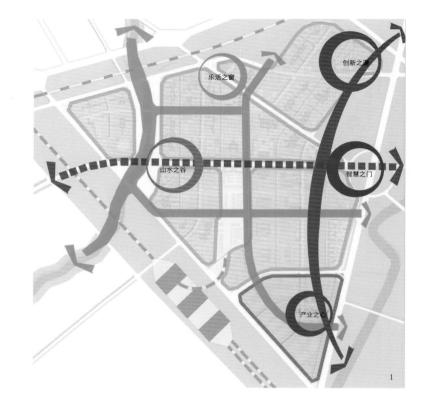

"十七里河智慧生态新城"坐落于郑州市南曹乡，区域周边新区环伺，在"宜居＋X"的发展模式下，规划考虑5大议题，实现区域发展的再定位：

(1) 如何对接城市生态格局，提升片区生态品质？

(2) 如何顺应城市产业发展，定位恰当的产业功能？

(3) 如何承接区域发展方向，强化轴线引领作用？

(4) 如何营造人居环境品质，打造品质宜居新高地？

(5) 如何塑造特色城市形象，实现城市建设的新名片？

一、对接城市生态格局

基地周边绿廊环绕，十七里河穿城而过，郑州集中河道生态治理工程启动，十七里河将成为城市重要生态绿廊。

规划对策——绿廊渗透，构建生态大系统，打造海绵城市示范区。

二、对接产业发展趋势

基地外围产业集聚，奠定产业发展方向。项目重点发展商贸物流业以及为产业区提供智力生活服务。

规划对策——产业驱动，打造智慧产业环，驱动片区发展。

三、对接区域发展动脉

豫一路是区域公共发展带，沿豫一路布置区域级配套。

规划对策——轴线引领，优化沿线土地功能，强化公共发展轴。

四、打造品质宜居环境

郑州打造宜居大都市。

规划对策——全龄社区体系，五大居住片区聚合，构建幸福生活体系。

五、塑造城市形象名片

南四环、机场高速为基地一级城市展示界面，107辅道、紫宸路为基地二级城市展示界面，规划将重点塑造沿线形象及重要节点。

规划对策——印象建筑，靓丽节点。

五大思考对接五大策略，规划将以良好生态环境、创新服务产业、高品质宜居为内涵，海绵城市建设为理念，打造宜居、宜业、宜游的十七里河智慧生态新城。

未来，十七里河智慧生态新城将是产城融合典范区、海绵城市示范区、智慧城市样板区，郑州城南区域靓丽的城市名片！

1.规划结构图
2.总平面图

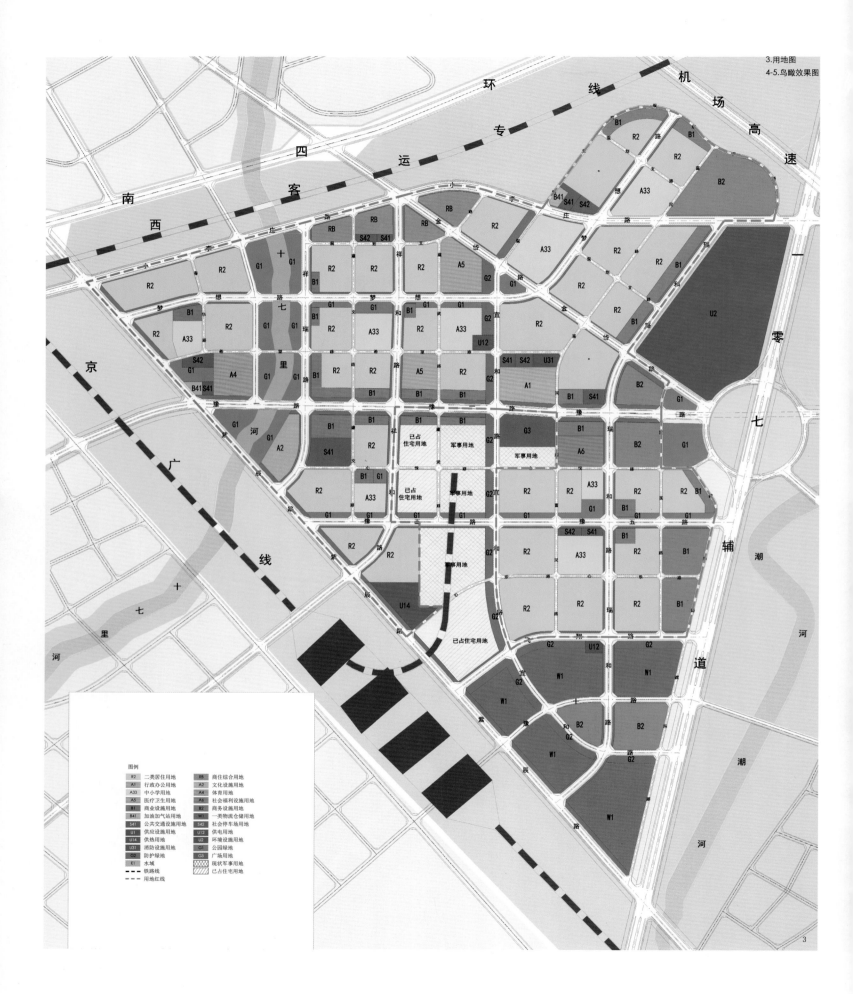

3.用地图
4-5.鸟瞰效果图

图例

R2	二类居住用地	RB	商住综合用地
A1	行政办公用地	A2	文化设施用地
A33	中小学用地	A4	体育用地
A5	医疗卫生用地	A6	社会福利设施用地
B1	商业设施用地	B2	商务设施用地
B41	加油加气站用地	W1	一类物流仓储用地
S41	公共交通设施用地	S42	社会停车场用地
U1	供应设施用地	U12	供电用地
U14	供热用地	U2	环境设施用地
U31	消防设施用地	G1	公园绿地
G2	防护绿地	G3	广场用地
E1	水域		现状军事用地
	铁路线		已占住宅用地
	用地红线		

176

4

5

高邑新区总体概念规划及城市设计

[项目地点]　河北省石家庄市高邑县

[项目规模]　10 km²

[编制时间]　2015 年

功能：多位一体、多样复合的城市引擎。

产业：现代服务业集聚的石家庄"谷"地。

文化：新型都市文化与传统地域文化融合的地标。

生活：具有浓郁生活气息的宜居风情小镇。

环境：生态低碳、环境优美的花园式城市。

总体定位：打造石家庄南部慧"谷"。

　　参与河北省沿海战略发展的重要交通节点。对接石家庄，承接市域创新智慧型产业的智慧服务中心辐射石家庄南部工业区的绿色低碳、可持续发展型产业新城融合展示、商务、文化、政务、宜居多种对外联系和内部功能的城市会客厅。

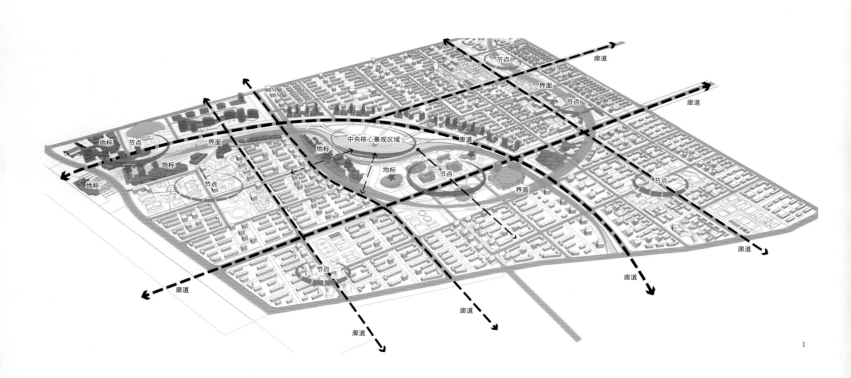

北

0 150 300   600m

长途汽车站 商业
酒店
企业总部基地
酒店
风情小镇
高铁站
商务
风情商业街
社区商业
社区商业
中学
体育公园
会展中心
规划新民居
滨水休闲街
凤凰湖公园
商业+公寓
京武客运专线
站前路
培训
公园
精品商业
凤凰湖
文化馆剧院
购物公园
东外环路
科技研发
专业市场
办公
水厂
科技公园
商业+公寓
医院
社区商业
公园
专业市场
学校
学校

2

3

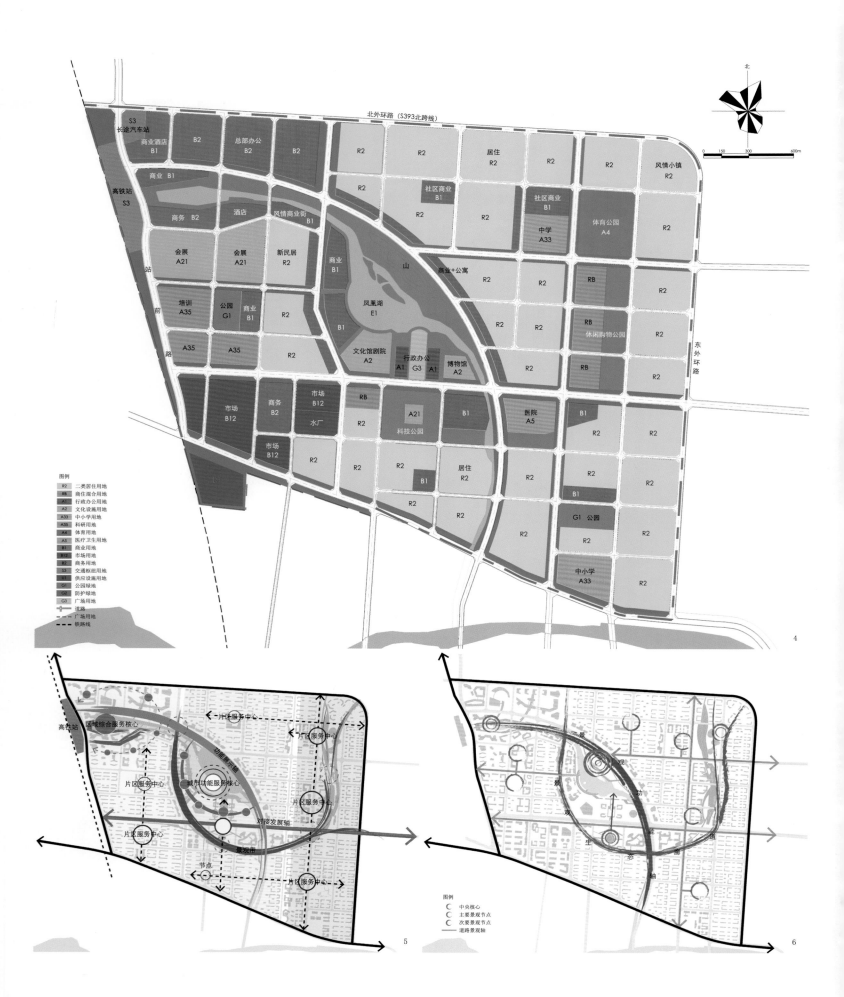

图例
R2 二类居住用地
RB 商住混合用地
A1 行政办公用地
A2 文化设施用地
A33 中小学用地
A35 科研用地
A4 体育用地
A5 医疗卫生用地
B1 商业用地
B12 市场用地
B2 商务用地
S3 交通枢纽用地
U1 供应设施用地
G1 公园绿地
G2 防护绿地
G3 广场用地
═╬═ 道路
▭ 广场用地
┅┅ 铁路线

图例
Ｃ 中央核心
Ｃ 主要景观节点
Ｃ 次要景观节点
━━ 道路景观轴

北外环路（S393北跨线）

S3 长途汽车站
商业酒店 B1
B2
总部办公 B2
B2
R2
R2
居住 R2
R2
R2
风情小镇 R2
商业 B1
R2
社区商业 B1
R2
社区商业 B1
体育公园 A4
R2
高铁站 S3
商务 B2
酒店
风情商业街 B1
R2
R2
中学 A33
会展 A21
会展 A21
新民居 R2
商业 B1
山
商业+公寓
R2
R2
RB
R2
站前路
培训 A35
公园 G1
商业 B1
R2
凤凰湖 E1
B1
R2
R2
RB
休闲购物公园
R2
A35
A35
R2
文化馆剧院 A2
行政办公 A1
G3
博物馆 A2
R2
RB
R2
市场 B12
商务 B2
市场 B12
水厂
RB
R2
A21
科技公园
B1
医院 A5
B1
R2
R2
东外环路
市场 B12
R2
R2
R2
居住 R2
B1
R2
R2
R2
B1
R2
G1 公园
R2
R2
中小学 A33
R2

北

0 150 300 600m

4

高铁站
区域综合服务核心
片区服务中心
片区服务中心
城市功能服务核心
片区服务中心
对接发展轴
景观带
节点
片区服务中心
功能展示带
片区服务中心

5

景观
景观
功能
生态
展示
通廊
6

丝绸之路奥特莱斯概念规划

[项目地点]　新疆维吾尔自治区阜康市
[项目规模]　138 hm²
[编制时间]　2013 年

项目地块位于新疆阜康市东南，天池景区入口处。规划充分发挥地块区位优势，通过奥特莱斯、旅游、文化的引入，以主题化、景点式规划理念为核心，以丝绸之路悠久历史和天山壮丽地景为支撑，打造含风情文化旅游、购物休闲、商务会议及历史文化展示等功能为一体的宜商、宜游、宜居的丝绸之路主题旅游文化风情商业区。

1.总平面图
2.丝绸之路奥特莱斯节点图
3.功能结构图
4.道路交通分析图

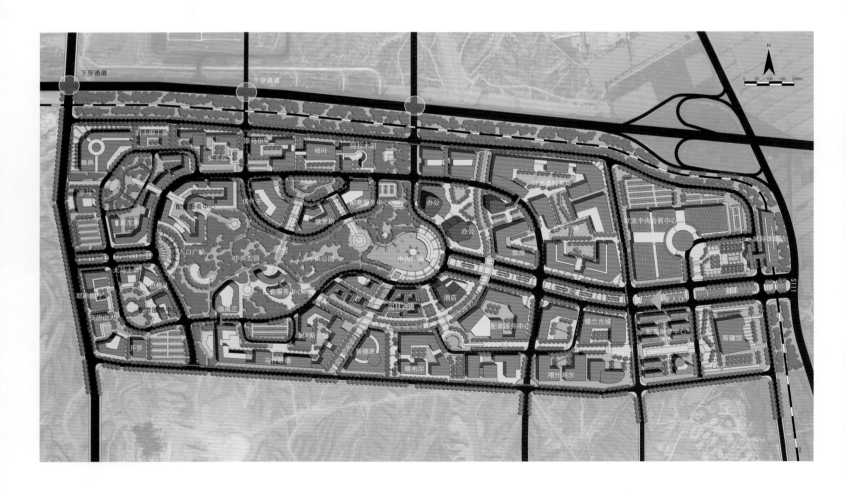

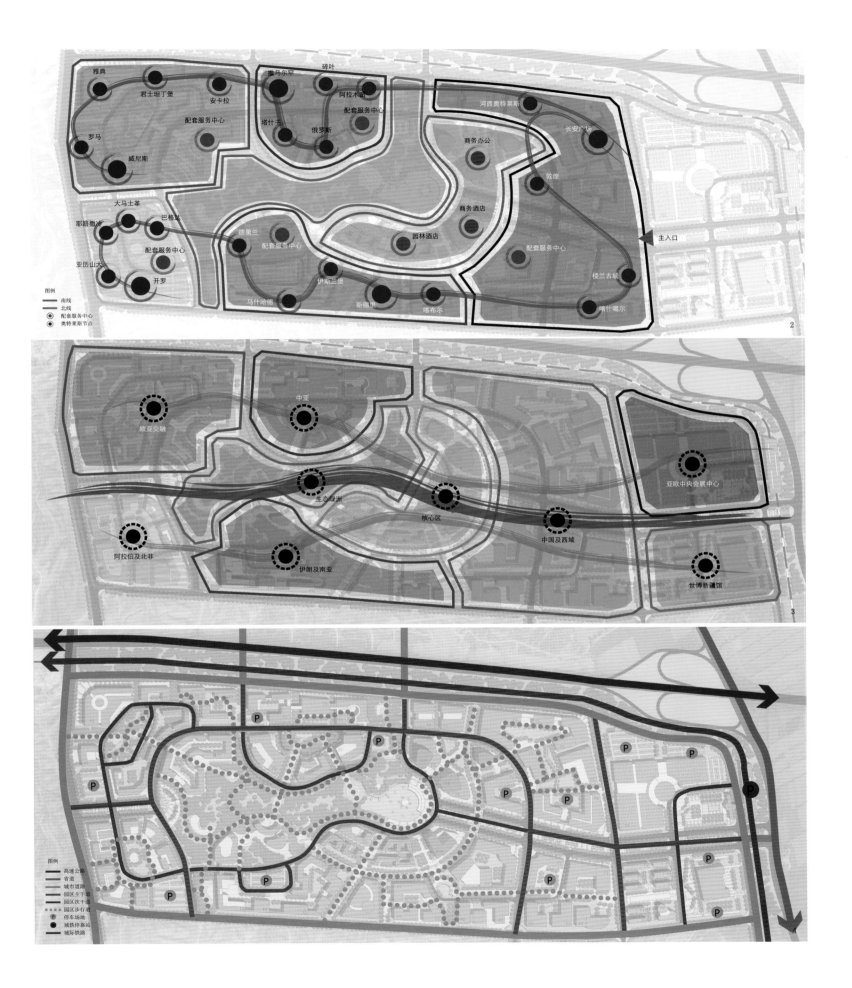

图 2

雅典
君士坦丁堡
安卡拉
配套服务中心
撒马尔罕
碎叶
阿拉木图
配套服务中心
河西奥特莱斯
长安广场
罗马
威尼斯
塔什干
俄罗斯
商务办公
敦煌
大马士革
巴格达
耶路撒冷
德黑兰
配套服务中心
商务酒店
园林酒店
配套服务中心
主入口
亚历山大
配套服务中心
楼兰古城
开罗
伊斯兰堡
马什哈德
新德里
喀布尔
喀什噶尔

图例
南线
北线
配套服务中心
奥特莱斯节点

图 3

欧亚交融
中亚
亚欧中央会展中心
生态绿洲
核心区
阿拉伯及北非
伊朗及南亚
中国及西域
世博新疆馆

图 4

图例
高速公路
省道
城市道路
园区主干道
园区次干道
园区步行道
P 停车场地
城铁停靠站
城际铁路

沈本新城张其寨片区概念规划及重点区域城市设计

[项目地点]　　　辽宁省本溪市

[项目规模]　　　64 km²

[编制时间]　　　2013 年

1.整体鸟瞰图
2.效果图

一、规划背景

立足健康时代和休闲时代的时代大背景，提出张其寨如何从自然河谷走向国际健康城的重要命题，系统解答概念规划应关注的重点和应解决的问题。

二、构思及主要内容

1. 问题一：区域竞争问题

区域竞争激烈，沈本新城面临周边其他新城的围堵。为此，我们提出与区域内的其他新城拉开产业的距离，在区域外紧跟国际高端旅游产业链，做健康和医疗旅游特色的策略。

2. 问题二：规划思路问题

规划做过多轮，但思路还未理顺。

本次概念规划首先应总结前几轮规划的得失经验和正确的思路，提出通过"城、园、谷"的形式，分层次进行空间规划，梯度对接产业和自然环境的规划思路。

同时，结合不同的产业内容，形成以"城"养身，以"园"养心，以"谷"养环境的梯度对接模式。

3. 问题三：如何与沈阳和本溪对接

张其寨首先应做承接沈阳的航空和假日经济的平台，使其成为沈阳的东花园。而对于本溪则首先要承接老城人口和功能的外溢，使其成为城市向北扩张的增长极核。

4. 问题四：健康城产业如何构建

我们提出对接医药，构建全人生的健康产业链。形成老年养生，高端养老；中年养心，休闲度假；少年养人，拓展体验的大健康产业一全人生体验。

5. 问题五：如何能可持续地发展下去

单纯靠政府投资拉动新城建设的模式无法保证张其寨的可持续发展，我们提出了以落实项目主导，注重分期推进的开发模式。

将产业分为四个门类：

（1）养环境——健康服务基础；

（2）养身体——核心健康服务产业；

（3）养心情——衍生型健康服务产业；

（4）养意境——辅助型创意文化产业。

同时，提出了分四步走的战略，实现片区的可持续发展产业框架。

三、特色

在整体层面，提出大沈本会客厅——东北亚健康谷的战略定位，在开发层面，提出养生张其寨、宜居大沈本；在空间层面，提出有机生长，城市触须，打造城—园—谷空间体系。

同时，设计了张其寨片区的品牌标识，使其在开发的初期就能让人记忆深刻。

以红叶构建文化，以山水勒城特色，以青山烘托魅力，以溪水展示灵气，以人们的欢呼展现健康。

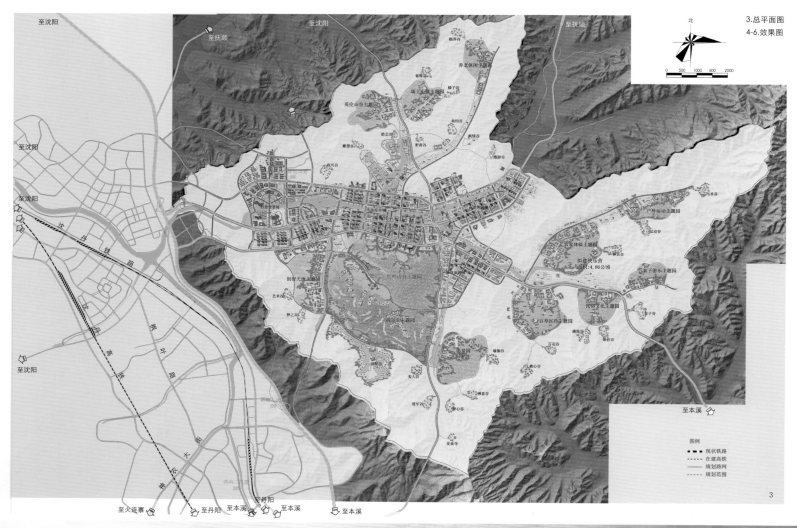

至沈阳   至沈阳   至抚顺

北

养老休闲主题园

英伦山谷主题园

户外运动主题园

花卉体验主题园

拟建快乐普

民俗文化主题园

百草医药主题园

创智天地主题园

红叶山谷主题园

矿泉园

亲子游乐主题园

至沈阳

沈丹铁路

至沈阳

至沈阳

至火连寨   至丹阳   至本溪   至本溪   至本溪   至本溪

至本溪

图例
━━━ 现状铁路
━━━ 在建高铁
━━━ 规划路网
━━━ 规划范围

3

4

滨河集团高原生态科技文化创意园区概念性规划及万吨白酒厂详细规划

[项目地点]　　甘肃省张掖市
[项目规模]　　概念规划 11.09 km²，详细规划 147.2 hm²
[编制时间]　　2016 年

一、规划背景

始建于1984年的甘肃滨河食品工业（集团）有限责任公司（以下简称滨河集团），经过30年的发展，已跻身中国白酒工业100强。根据企业的发展要求，计划将分散的国风葡萄酒酿酒企业和白酒酿酒企业搬迁至民乐县生态工业园区，并集合保健酒等其他酒类生产功能，形成集中生产区域；同时与滨河集团万亩珍稀苗木繁育基地协同发展，建立滨河集团高原生态科技文化创意园。将工农业生产与生态保育、科技创新、文化创意体验旅游相结合，开创三产联动的发展新局面。

二、创意园区概念性规划

创意园区概念性规划，规划面积约11.09km²，其发展目标为：
张掖市首个一、二、三产联动，生态、业态、文态综合体验旅游区；
甘肃省高原生态体验特色园区；
全国唯一河西走廊酒文化体验旅游区；
国家4A级旅游景区；
规划形成"两轴、五核、七片区"的结构。

1. 两轴

河西酒文化体验轴，是河西走廊酒文化的体验空间。纵轴为主轴，重点表现滨河酿酒文化、滨河九酒文化和酒礼文化；横轴为次轴，表现河西酒器文化和酒养生文化。

2. 五核

滨河酿酒文化核、滨河九酒文化核、酒器文化核、酒礼文化核、酒养生文

化核。

五个文化体验核心空间，展示河西走廊酒文化的方方面面，体现河西酒文化兼容并蓄、百花齐放的特征。

3. 七片区

形成七个功能片区，自北向南依次为经济花卉种植区、鲜果种植区、高原生态体验区、马鹿养殖区、白酒生产及文化体验区、玉米饲料种植区和板蓝根种植及生产区。

三、万吨白酒厂详细规划

其中白酒生产及文化体验区，即万吨白酒厂详细规划范围，规划面积约147.2hm²，是创意园区近期实施部分，包括一期、二期、三期白酒厂区和鹿力康药酒厂区。

滨河集团白酒技承汉代御封的"九酝春酒法"，因此白酒园区整体风格定位为"新汉风"，打造集酿酒制造、文化展示、品牌宣传、产品营销、旅游体验为一体、并具有汉韵新风的新型白酒工业文化园区。

万吨白酒厂区采用组团布局、五区联动、生态共享的原则，保证各个白酒生产厂功能布局独立完整，并将各个白酒厂区的生产配套集中共享布局，在园区中部形成一条以绿色生态空间为主的滨河九粮文化带，不仅营造良好的生态环境，同时与滨河九酝文化轴共同构成了园区内主要的参观游览环线。形成一轴、两核、一带、五区、一环的规划结构。即一轴：滨河九酝文化轴；两核：滨河酿酒文化核、滨河神泉生态核；一带：滨河九粮文化带；五区：四个白酒生产区，一个接待服务区；一环：防风抗沙生态环。

图例
1 方略白酒厂区
2 白鹭湖
3 接待中心（方霞溪）
4 沅河之窗
5 酒坛大道
6 九色花廊
7 人生九酒
8 经济花卉种植园
9 紫樱泉
10 坪泉岭
11 高原绿海（植物园）
12 九色围场（冷兵器狩猎场）
13 灰山酒村
14 麇鹿农牧场
15 鲜果采摘园
16 民乐风情园
17 板蓝根生产区
18 板蓝根种植园
19 玉米饲料种植园
20 马力康生产区
21 观赏动物园（青聚湖）
22 游人中心（黄龙池）
23 黄金大道
24 橙林湖
25 赤鹃溪
26 绿桥湖
27 滨河路入口标识
28 酒养生长廊
29 酒窖广场
30 防护林带
31 蓝馥湖
32 酒仙山

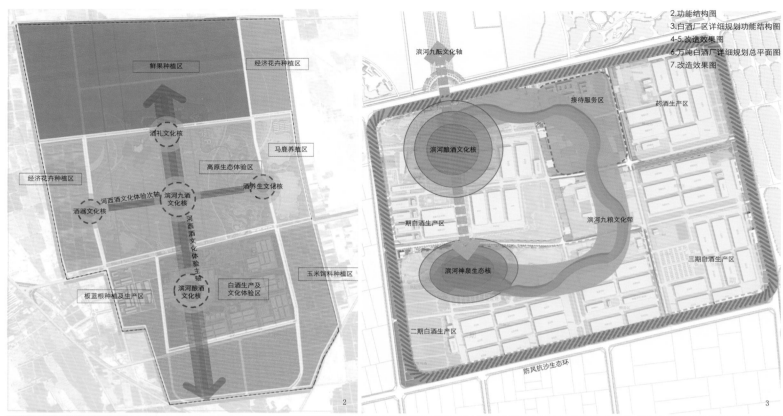

2.功能结构图

3.白酒厂区详细规划功能结构图

4-5.改造效果图

6.万吨白酒厂详细规划总平面图

7.改造效果图

鲜果种植区

经济花卉种植区

酒礼文化核

马鹿养殖区

高原生态体验区

经济花卉种植区

河西酒文化体验次轴

滨河九酒文化核

酒养生文化核

酒器文化核

河西酒文化体验主轴

板蓝根种植及生产区

滨河酿酒文化核

白酒生产及文化体验区

玉米饲料种植区

滨河九酝文化轴

接待服务区

药酒生产区

滨河酿酒文化核

一期白酒生产区

滨河神泉生态核

滨河九粮文化带

三期白酒生产区

二期白酒生产区

防风抗沙生态环

190

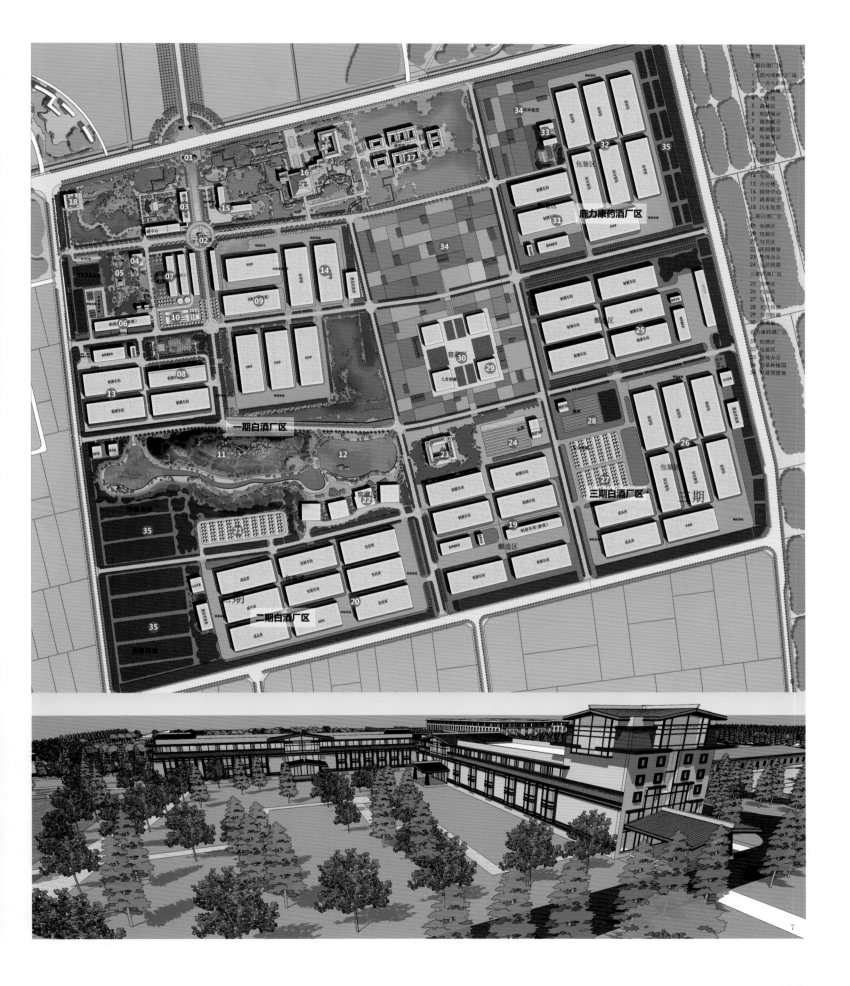

8

9

10

12

眉山市彭山区长寿水乡概念性规划

[项目地点]　四川省眉山市彭山区
[项目规模]　4.6 km²
[编制时间]　2016 年

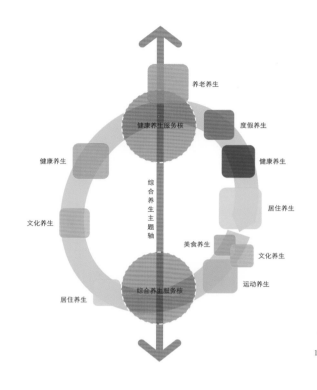

一、规划背景

四川省眉山市彭山区是知名的"长寿之乡""忠孝之邦"。随着成渝经济区、天府新区的快速发展、成绵乐高铁的建成通车以及彭山撤县建区等一系列重大利好因素落地，彭山区已经进入到城市快速发展的的崭新历史时期，彭祖新城长寿水乡将成为体现彭山整体空间格局和城市建设品质的重点区域。

二、规划构思与特色

规划结合彭山的山水、文化以及农业资源等复合养生资源禀赋，总体定位为"长寿水乡，养生福城"。将彭山整体打造成为集"养生度假、养生居住、健康疗养、养生服务、养生培训、养生会议会展、养生产品深加工"等于一体的知名养生福城，打造四川省健康养生示范先行区，同时也是眉山千湖之城、绿海明珠的又一标杆项目。

本次规划最大的特色是区域统筹，立足彭祖新城整体层面来架构长寿水乡片区的功能、空间景观、产业等。规划布局注重养生产业的全城化统筹，养生产业与城市服务功能相融合，充分体现长寿水乡、养生福城的城市发展理念。从整体上确立了彭祖新城的功能结构为"双核引领，轴向发展、林湖环绕，五区联动"。双核引领——以长寿大道北部健康疗养服务核与南部新城公共服务核形成地区的发展双核心；轴向发展——沿长寿大道形成纵向的城市发展轴向，由南部老城向北部新城轴向发展；林湖环绕——在新城内部形成多个环形

水绿廊道，体现水乡特色，打造优越环境品质；五区联动——形成城市五大功能片区，北部养老养生社区，东部水乡养生核心功能区，西部教育服务区，南部宜居社区及中部新城中心区，联动发展。

在整体层面上明确了长寿水乡的定位，并对4.6 km²的长寿水乡就用地布局、交通、景观、三维空间、建筑风貌、开发实施等方面进行规划引导，确定长寿水乡的规划结构为"一园、一区、五岛"，一园指五湖四海城市公园区；一区为中部公共服务区，五岛分别为健康岛、度假岛、养居岛、生态岛、运动岛。在城市空间形态塑造方面，注重重要节点、城市天际线及空间风貌的控制与引导，在重要道路的入城口位置设置6个入口门户节点，在门户区域形成具有城市文化特色和标识作用的入口景观，并通过塑造地区标志建筑，控制新城建筑高度，打造滨水特色的起伏的天际线轮廓。根据城市功能将规划区划分为4大风貌类型片区，分别为川西水乡风貌区、水乡风貌协调区、现代新城风貌协调区与田园农耕风貌区，针对不同的风貌区制定了详细的风貌引导作为城市建设的依据。

三、规划实施

在项目落实中，本区域执行生态优先的原则，连通水系，完善绿化网络。本区域重点项目五湖四海景区已经进入施工阶段，随着生态环境品质的提升，必然聚集人气，带动周边地块的开发和城市功能的完善。

1.彭祖新城养生产业模块图
2.长寿水乡城市设计总平面图

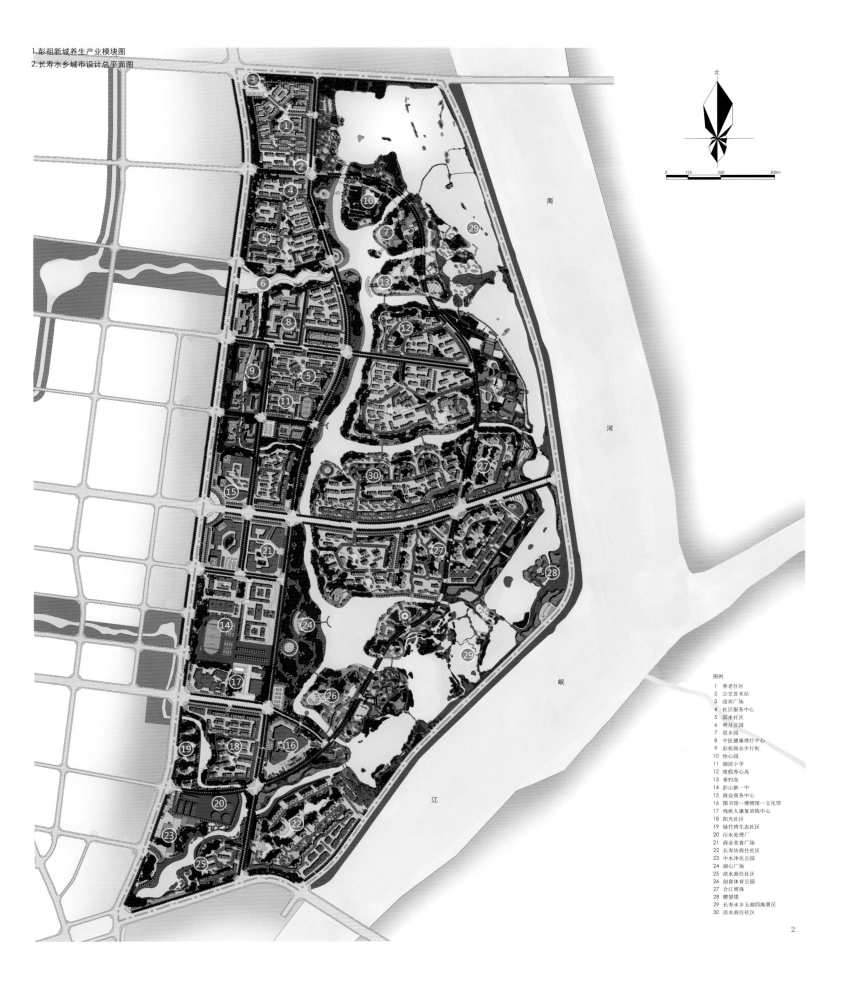

北

0 125 250 500m

南

河

岷

江

图例
1 养老住区
2 公交首末站
3 迎宾广场
4 社区服务中心
5 滨水社区
6 明月公园
7 思乡园
8 中医健康理疗中心
9 彭祖商业步行街
10 怡心园
11 湖滨小学
12 度假养心岛
13 垂钓岛
14 彭山新一中
15 商业商务中心
16 图书馆—博物馆—文化馆
17 残疾人康复训练中心
18 阳光社区
19 绿竹湾生态社区
20 污水处理厂
21 商业美食广场
22 长寿坊商住社区
23 中水净化公园
24 湖心广场
25 滨水商住社区
26 创意体育公园
27 合江明珠
28 瞭望塔
29 长寿水乡五湖四海景区
30 滨水商住社区

2

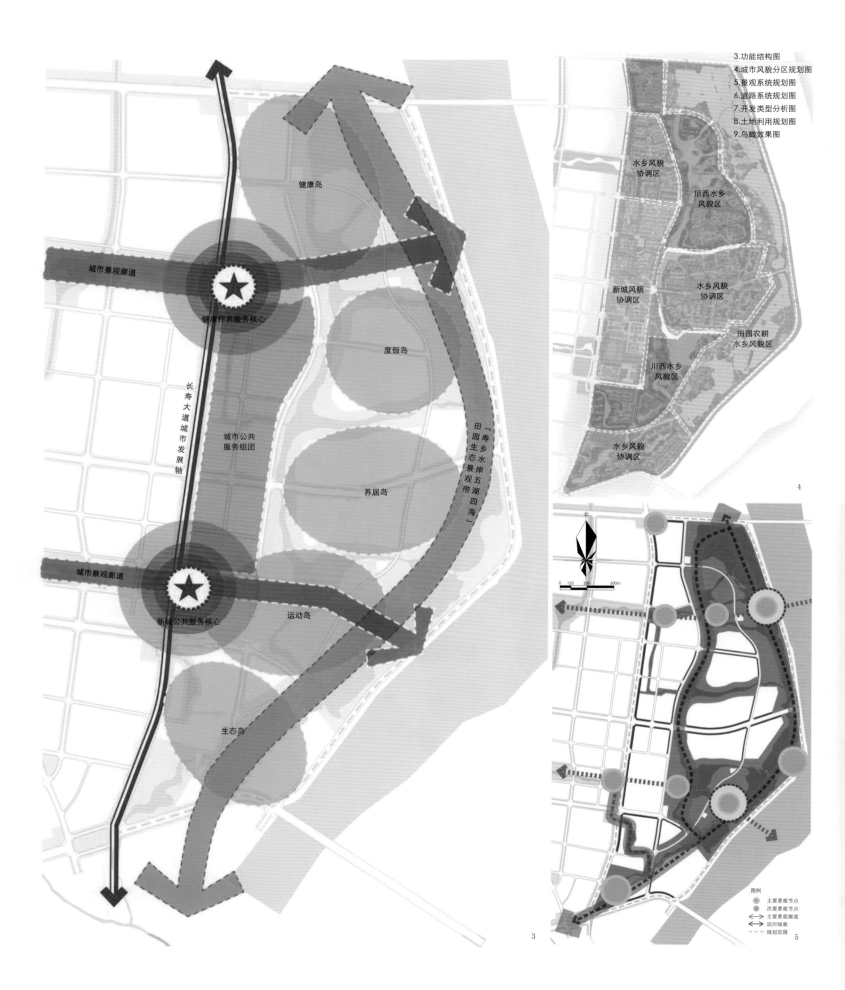

健康岛

城市景观廊道

健康疗养服务核心

长寿大道城市发展轴

城市公共服务组团

度假岛

养居岛

「寿乡水岸五湖四海」田园生态景观带

城市景观廊道

新城公共服务核心

运动岛

生态岛

3.功能结构图
4.城市风貌分区规划图
5.景观系统规划图
6.道路系统规划图
7.开发类型分析图
8.土地利用规划图
9.鸟瞰效果图

水乡风貌协调区

川西水乡风貌区

新城风貌协调区

水乡风貌协调区

田园农耕水乡风貌区

川西水乡风貌区

水乡风貌协调区

4

北

0 125 250   500m

图例

主要景观节点
次要景观节点
主要景观廊道
滨河绿廊
规划范围

3

5

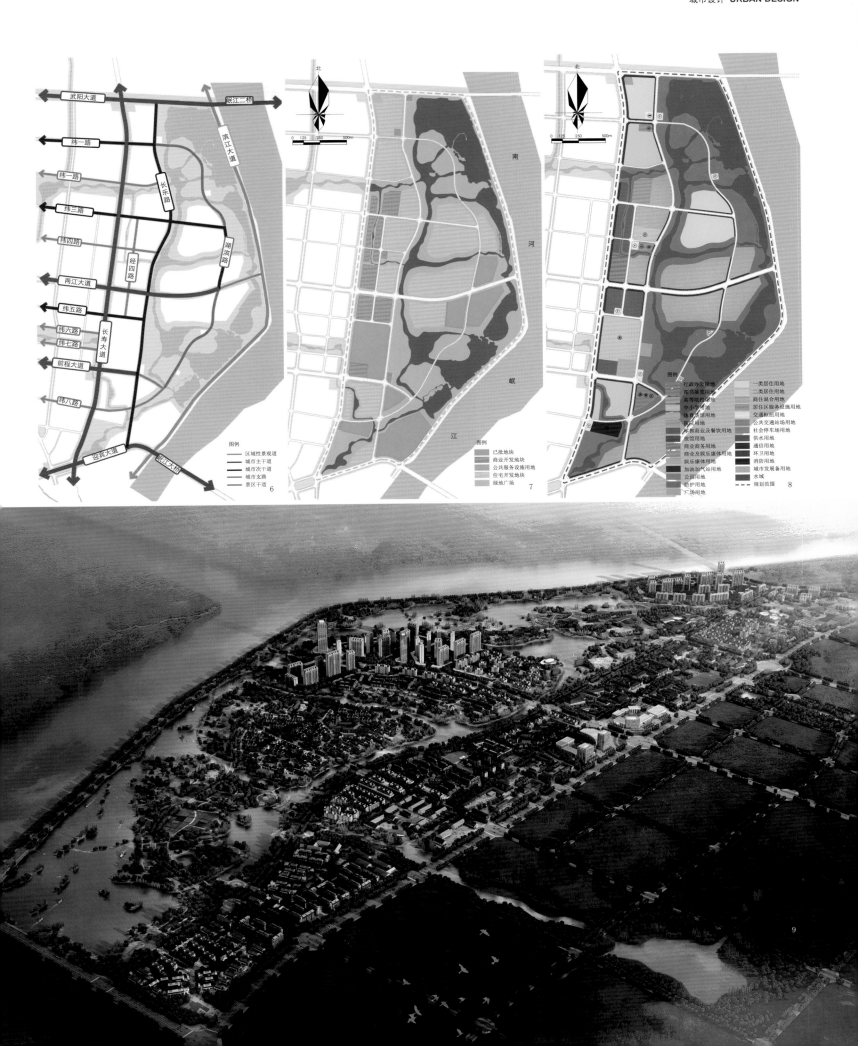

图例
区域性景观道
城市主干道
城市次干道
城市支道
景区干道

6

北
0 125 250 500m

南

河

岷

江

图例
已批地块
商业开发地块
公共服务设施用地
住宅开发地块
绿地广场

7

北
0 125 250 500m

图例
行政办公用地
图书展览用地
高等院校用地
中小学用地
体育场馆用地
医疗用地
零售商业及餐饮用地
旅馆用地
商业商务用地
商业及娱乐康体用地
娱乐康体用地
加油加气站用地
防护用地
广场用地

一类居住用地
二类居住用地
商住混合用地
居住区服务设施用地
交通枢纽用地
公共交通站场用地
社会停车场用地
供水用地
通信用地
环卫用地
消防用地
城市发展备用地
水域
规划范围

8

武阳大道
岷江二桥
滨江大道
纬一路
纬一路
长乐路
纬三路
纬四路
经四路
湖滨路
两江大道
纬五路
纬六路
纬七路
长寿大道
前程大道
纬八路
迎宾大道
岷江大桥

9

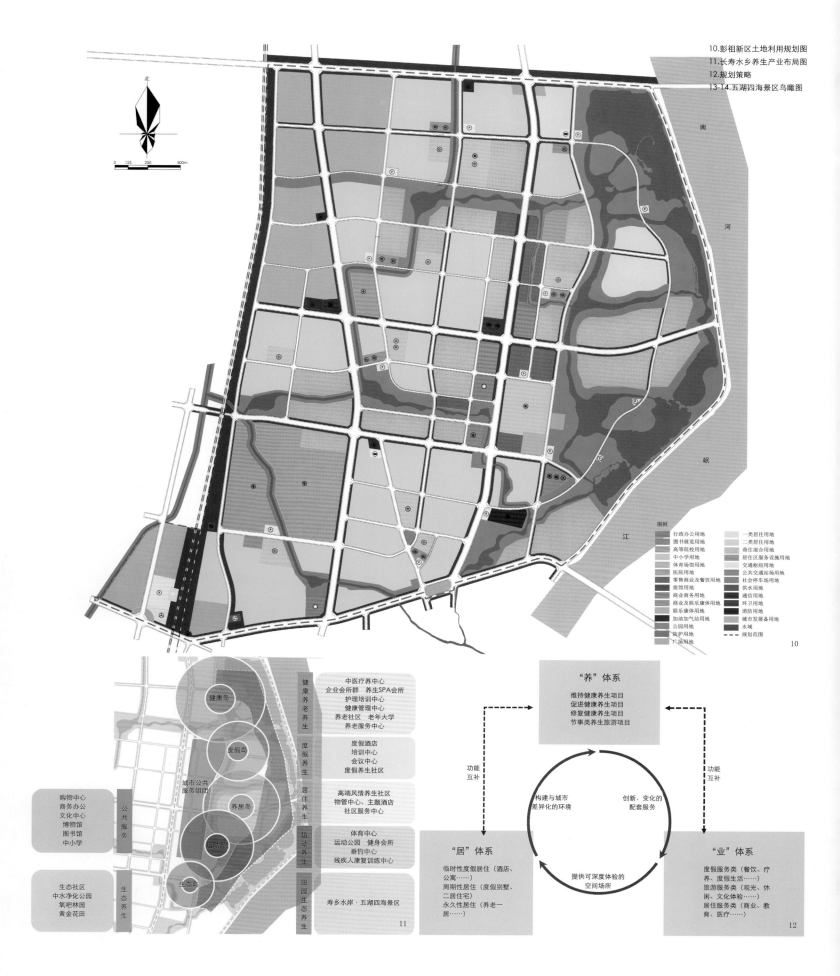

10.彭祖新区土地利用规划图
11.长寿水乡养生产业布局图
12.规划策略
13-14.五湖四海景区鸟瞰图

南

河

岷

江

图例

行政办公用地
图书展览用地
高等院校用地
中小学用地
体育场馆用地
医院用地
零售商业及餐饮用地
旅馆用地
商业商务用地
商业及娱乐康体用地
娱乐康体用地
加油加气站用地
公园用地
防护用地
广场用地

一类居住用地
二类居住用地
商住混合用地
居住区服务设施用地
交通枢纽用地
公共交通站场用地
社会停车场用地
供水用地
通信用地
环卫用地
消防用地
城市发展备用地
水域
规划范围

10

健康养老养生
中医疗养中心
企业会所群　养生SPA会所
护理培训中心
健康管理中心
养老社区　老年大学
养老服务中心

度假养生
度假酒店
培训中心
会议中心
度假养生社区

居住养生
高端风情养生社区
物管中心、主题酒店
社区服务中心

运动养生
体育中心
运动公园　健身会所
垂钓中心
残疾人康复训练中心

田园生态养生
寿乡水岸·五湖四海景区

城市公共服务组团

公共服务
购物中心
商务办公
文化中心
博物馆
图书馆
中小学

生态养生
生态社区
中水净化公园
氧吧林园
黄金花田

11

"养"体系

维持健康养生项目
促进健康养生项目
修复健康养生项目
节事类养生旅游项目

功能互补

功能互补

构建与城市差异化的环境

创新、变化的配套服务

"居"体系

临时性度假居住（酒店、公寓……）
周期性居住（度假别墅、二居住宅）
永久性居住（养老一居……）

提供可深度体验的空间场所

"业"体系

度假服务类（餐饮、疗养、度假生活……）
旅游服务类（观光、休闲、文化体验……）
居住服务类（商业、教育、医疗……）

12

南京润地生态农业园概念规划

[项目地点]	江苏省南京市
[项目规模]	总面积 82.6 hm²
[编制时间]	2013 年

一、项目定位

田园休闲生态庄园，康体养老幸福天堂。

二、发展愿景

近期目标——康体养老生态社区。

远期目标——以农业、山体、湿地为核心的休闲旅游养生文化区。

三、经营模式

社区支持型农业（CSA）——会员制。

借鉴国外CSA经验，建立一套可持续的农业生产和生活模式。

CSA模式的核心理念在于消费者参与，农场有两种会员形式，一种是配送份额，也就是订购农场的有机产品；还有一种是劳动份额，租种农场30m²的一块地，由农场提供种子、有机肥、劳动工具和技术指导，会员亲自体验耕作，收获果实。

四、功能分区

四大功能片区：

（1）林下养殖区：特色果林、林下养殖、梯田茶园。

（2）水产养殖区：鱼类养殖、休闲垂钓、清香荷塘。

（3）健康休闲：竹林游乐、林海听风、健康领地。

（4）养老生活区：主题生态农庄、精品度假酒店、都市休闲庄园、疗养康健社区、幸福农夫公社、生态养老居所、康体医疗中心。

五、规划特色

家畜—沼—果、菜、鱼—鸡—猪模式。

秸秆经氨化、碱化或糖化处理后喂家畜，家畜粪便和饲料残渣制沼气，沼气用于烧饭或为大棚蔬菜生产提供照明与升温，沼渣、沼液用于养鱼，鱼塘泥和部分沼渣肥田。

六、新中式建筑风格

文化提取：传统与现代结合，提取传统建筑符号和元素，打造富有地域特色的现代中式建筑风格。

休闲品质：全园以休闲度假为核心，在建筑空间布局以及建筑配景组合上应体现轻松、悠闲的空间感受。

巧于因借：注意与山体景观、水体景观及农林景观的结合，弱化建筑或景观小品的自我表现。

入口广场
门卫及鱼塘管理处
鱼塘
鱼塘
鱼塘
鱼塘
鱼塘
湿地
7M消防道路
养老别墅
林下养殖（鸡）
白鹭山
农田
瞭望台
鱼塘
农田
果园
林下养殖（鸡）
20羽/667m²
猪圈
养老别墅
菜地
农田
施工器械设备放置处
菜地
鱼塘
果园
沼气池
垂钓区
农田
竹林
鱼塘
养老别墅
保留茶园
果园
景观门
建设用地
小游园
廊架
管理用房
茶园
入口广场
养老别墅
竹林
康体医疗
疗养中心
餐饮
茶园
娱乐
养老公寓
餐饮
社区农庄
度假酒店 娱乐 餐饮
娱乐
社区农庄 养老公寓
果园
运动场地
茶园
茶园

3

巢湖颐养健康文化村概念规划

[项目地点] 安徽省合肥市
[项目规模] 3 600亩
[编制时间] 2014年

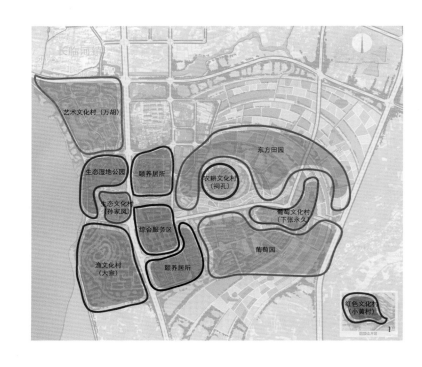

随着长三角副中心城市的国家发展战略的提出，合肥正朝着建设长三角世界级城市群副中心奋进，不断开创打造"大湖名城、创新高地"的新局面，给城市发展带来机遇；实施"1331"发展战略，确立了滨湖新区和环巢湖区域的发展优势。作为"环湖十镇"之一、距离市区最近的长临河镇，在自然资源和历史文化底蕴方面拥有着自己的特色，发展前景广阔。新的发展机遇下，区域发展正朝着"环湖首镇·生态慢城"的发展目标迈进，并凭借区域优势资源和产业发展规划引导，进一步确立其特色和领先的发展地位。

老龄化时代的来临、休闲度假时代的来临、生活方式与观念的转变。在此三大时代背景的基础上，规划通过聚焦合肥、巢湖以及长临河镇三个层面的研究确定长临河具有打造滨湖养老养生示范基地的巨大优势。结合深入研究当地特色地域文化，项目基地定位为巢湖国际颐养健康文化村。规划目标为打造一处秉承绿色生态、可持续发展理念，定位于国内领先、国际一流的集养老、文化、旅游三大产业优势为一体的特色复合型项目，为长临河镇创中华名镇、成为具有世界级影响力的田园卫星城镇添彩！

在规划目标及定位基础上，规划对基地功能、形象以及文化定位进行细化。

（1）功能定位：养老养生、文化旅游、现代农业、健康休闲为四大主导功能。

（2）形象定位：体现地方传统人居环境特色，具有鲜明时代气息的建筑风貌。

（3）文化定位：传统民俗文化、农耕文化与生态休闲、养老养生文化的有机结合。

规划通过三大策略实现项目的远景目标。

（1）生态策略：保护生态环境、实现可持续发展，绿色生态技术运用、生态农业种植。

（2）文化策略：发掘地方文化，传承历史文脉，修旧如旧，保护历史村落格局。

（3）养老策略：全面满足老年人身心需求，医养结合，提供丰富配套服务，打造多元养老类型。

规划借鉴国内外不同的养老养生项目的开发定位及运营模式，提供多层次、全方位的养老物业，打造国内领先的养老养生示范基地。规划空间布局上打造一心、两轴、三片区、六节点的整体规划结构。

一心：养老服务功能核心；

两轴：依托城市道路形成的两条十字形发展轴；

三片区：滨湖生态休闲区、养老居住服务区、农业休闲观光区；

六节点：六大文化村落——艺术文化村（万胡）、生态文化村（孙家凤）、渔文化村（大宣）、农耕文化村（祠孔）、葡萄文化村（下张永久）、红色文化村（小黄村）。

1.功能分区图
2.规划结构图
3.总平面图

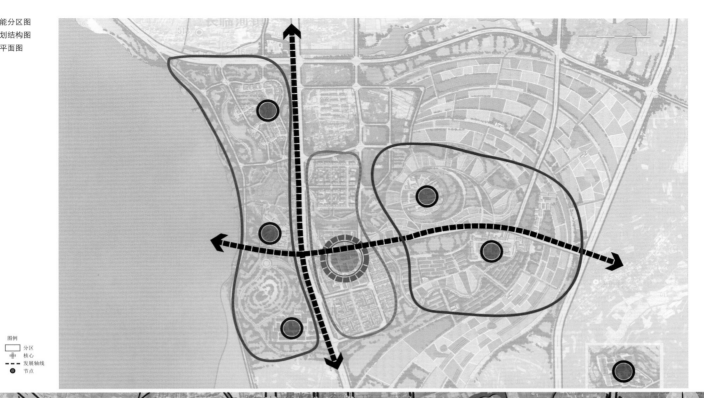

图例
□ 分区
⊞ 核心
-- 发展轴线
● 节点

2

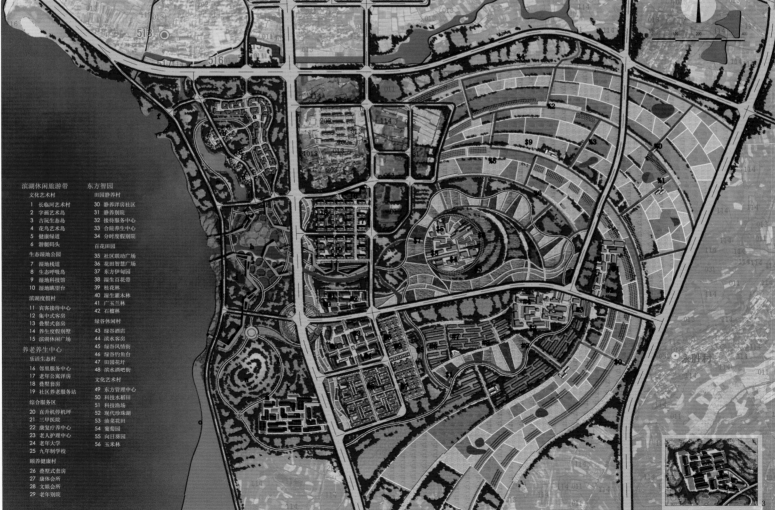

滨湖休闲旅游带
文化艺术村
1 长临河艺术村
2 字画艺术岛
3 古玩生态岛
4 花鸟艺术岛
5 健康绿道
6 游艇码头
生态湿地公园
7 湿地栈道
8 生态呼吸岛
9 湿地科技馆
10 湿地瞭望台
滨湖度假村
11 宾客接待中心
12 集中式客房
13 叠墅式套房
14 养生度假别墅
15 滨湖休闲广场
养老养生中心
乐活生态村
16 邻里服务中心
17 老年公寓洋房
18 叠墅套房
19 社区养老服务站
综合服务区
20 直升机停机坪
21 三甲医院
22 康复疗养中心
23 老人护理中心
24 老年大学
25 九年制学校
颐养健康村
26 叠墅式套房
27 康体会所
28 文娱会所
29 老年别院

东方智园
田园静养村
30 静养洋房社区
31 静养别院
32 接待服务中心
33 合院养生中心
34 分时度假别院
百花田园
35 社区联动广场
36 花田智慧广场
37 东方伊甸园
38 湿生百花带
39 桂花林
40 湿生灌木林
41 广玉兰林
42 石榴林
绿谷休闲村
43 绿谷酒店
44 流水客房
45 绿谷风情街
46 绿谷钓鱼台
47 田园花圩
48 滨水酒吧街
文化艺术村
49 东方管理中心
50 科技水稻田
51 科技鱼塘
52 现代珍珠湖
53 油菜花田
54 葡萄园
55 向日葵园
56 玉米林

3

4-6.改造效果图
7-8.整体鸟瞰图

7

8

康桥霸州温泉度假小镇概念规划

[项目地点]　　河北省霸州市
[项目规模]　　78 hm²
[编制时间]　　2016 年

2010年北京城南计划、第二机场以及京津冀一体化发展给南部区域增加了很多机会。并通过辐射作用已经开始影响廊坊、固安、永清、霸州区域。

霸州位于大京南第三圈层（外逸），聚集北京城市周边城市区县及村庄点，自然环境条件优越，在功能上承接京津及周边大城市的高端休闲度假需求。

"霸州市城乡总体规划（2013—2030年）"中提出，霸州城市性质为：河北省新兴的区域中心城市，京津大都市地区重要节点，华北重要的生态宜居新城、休闲文化名城和温泉养生健康城。

本项目地处霸州经济开发区西北部，紧邻G45大广高速出入口，属于霸州对外的桥头堡位置。

通过对项目基地的深入研究，规划确定未来霸州浩瀚的人文文化以及作为中国温泉之乡的自然资源将催生人文休闲宜居的热土。结合对规划基地所处市场的研究，规划定位为：集文化娱乐、休闲旅游、温泉度假、养生乐居于一体的全龄居游文化新城。

为增加项目可实施性，规划针对项目难点，提出三大对策。

1. 对策一：衔接区域功能，强化休闲度假定位，树立城市新名片

措施一：近期结合区域优势资源，做大做全温泉养生产业链，打造温泉养生名片。

措施二：中期拓展温泉周边产业服务，丰富相关文化娱乐项目，打造霸州文化娱乐新地标。

措施三：远期结合项目特性，丰富度假产品类型，树立霸州温泉养生度假目的地。

2. 对策二：挖掘霸州国韵，提升文化内涵，树立度假新标杆

措施一：深入挖掘霸州文化内涵并植入温泉度假中，打造文化新起点。

措施二：引入文化小镇、儿童游乐、主题秀场等周边文化产品，完善文化产业链。

措施三：将文化体验结合活动组织进行，树立霸州文化旅游新标杆。

3. 对策三：契合都市人群需求，打造全龄服务配套，建设区域新乐土

措施一：满足各年龄阶层需求，建立完善社区配套。

措施二：注重主力消费群体需求，推广特色配套服务。

措施三：紧扣特殊客群——儿童的需求，建设亲子型文化活动设施。

规划通过对周边环境的分析研究以及对业态的深入剖析，整体打造一环·两廊·三节点·四组团的规划结构。

一个活力生活绿环——温泉绿色活力之链，营造宜人居住环境。

一条绿色健康廊道——打造小镇礼仪轴线，资源带动，分期引爆。

一条文化生活廊道——打造具有特色风情的文化地标。

三个风情商业节点——分级配套，健全服务体系。

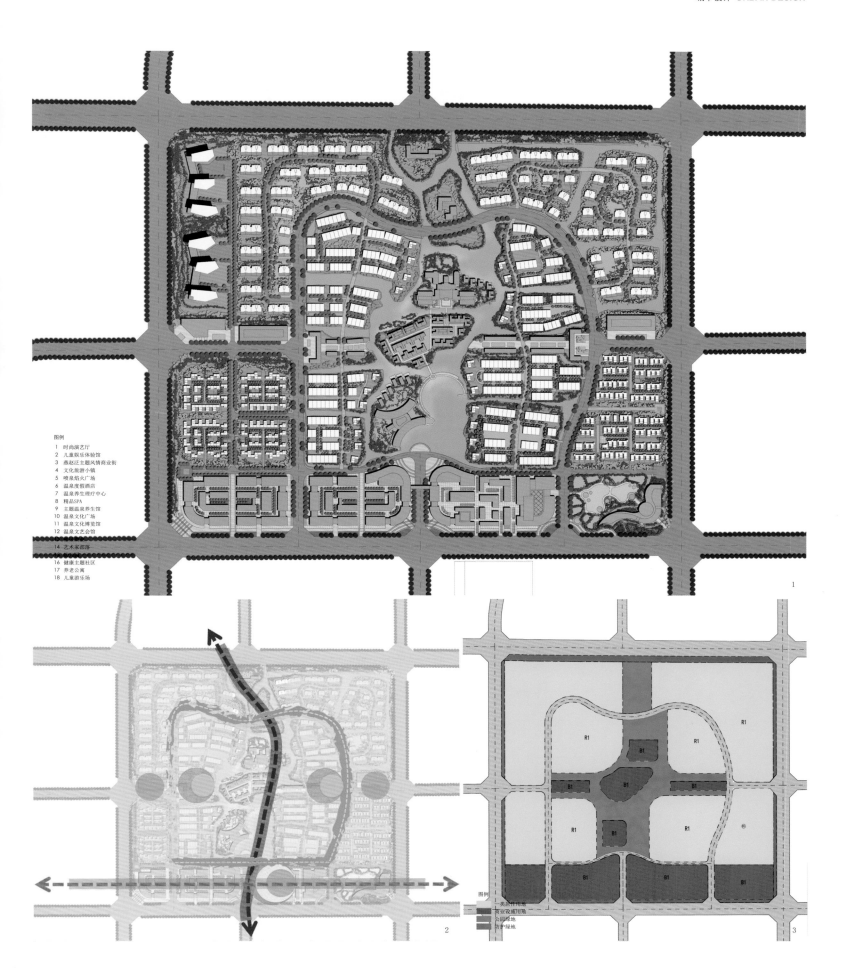

图例
1 时尚演艺厅
2 儿童娱乐体验馆
3 燕赵泛主题风情商业街
4 文化旅游小镇
5 喷泉焰火广场
6 温泉度假酒店
7 温泉养生理疗中心
8 精品SPA
9 主题温泉养生馆
10 温泉文化广场
11 温泉文化博览馆
12 温泉文艺会馆
14 艺术家部落
16 健康主题社区
17 养老公寓
18 儿童游乐场

图例
  类居住用地
  商业设施用地
  公园绿地
  防护绿地

4.整体鸟瞰图
5.临湖理疗中心效果图
6-8.规划效果图

4

5

6

7

8

社旗古航道沿岸概念规划

[项目地点]	河南省社旗县
[项目规模]	长约 3.3 km，面积约为 62 hm²
[编制时间]	2012 年

一、规划愿景

如何让曾经辉煌的古航道再现繁盛之景，如何让游客泛舟河道之际便对社旗绚烂的文化有宛若初见般的惊喜。由此设计将传承古航道遗韵打造与丝绸之路相媲美的万里茶路古航道沿河景观。

二、特色亮点

设计中我们不只是修旧如旧，依照古航道原图而复建，而是植入文化再造新的设计理念、运用场景再现新的设计手法。将社旗文化进行梳理、归类、提升、融汇。

梳理赊店古镇的文化体系。由其水文化、码头文化、庙会文化、商业文化、建筑文化、茶文化、酒文化等文化的丰富多彩，归纳出其内在核心为古码头运河文化，依水而生，因茶牵引，由此繁衍出运河文化的三个方面：饮食文化、构筑文化、精神文化，进而再提升出六大代表性元素，饮食文化—酒、茶；构筑文化—船、塔；精神文化—书、旗。

三个文化分区同时对应三个功能分区：滨水文化休闲区、沙滩娱乐运动区、生态绿岛休憩区。将六大文化元素与古航道原有的景象要素结合，实现六

个文化场景的再现，对元素进行提炼、归纳与再演绎，使古航道景象散发文化的气息，恢复万里茶路古航道沿河景观。

为旅游者展现一幅画面连续、文化多彩、摇曳生姿的航道丽影。

三、多手段实景打造

1. 茶文化——多要素体验手法

以古航道硬质挡墙为载体，与社旗民间茶故事、茶壶实体、万里茶路社旗区位相融合，通过镂雕、雕刻、小品等形式表达。

2. 酒文化——运用比喻手法

以古航道瀑布流水为载体，与赊店老酒、酒杯实体相融合，通过斟酒落玉石与夜景灯光结合的形式表达。

3. 塔文化——运用虚、实相应手法

以古航道沙石滩地为载体，与赊店建筑形象、航道灯塔实体相融合，通过

通透的明清塔的形象与微缩沙雕模型来表达，让人有着很强的参与性。

4. 书文化——影印夸张手法

以古航道退台为载体，与竹简书卷相融合，通过石刻小品、古人读书阅卷的形式表达。

5. 船文化——运用立体式感受手法

以古航道芦苇荡为载体，与史书古船图片、航船实体相融合，通过将各时期，各种类型不同的船的图片雕刻在石壁上，其下设计对应的船作为观景平台的形式与真船航行的形式进行表达，营造一种在驳岸近水处船荡芦苇的亦幻亦真的景象。

6. 旗文化——不同标高的横竖向耦合设计手法

以古航道城墙林地为载体，与旗帜实体融合，通过、旗帜小品、坐凳等形式表达，形成在城墙之上，旌旗飘扬；蜿蜒小径，彩旗迎柳纷飞，临水小路，旗灯倒影摇曳的旗帜景观形象。

1.效果图

金坛新农科技植物园规划方案设计

[项目地点]　　江苏省金坛市
[项目规模]　　25.21 hm²
[编制时间]　　2012 年

一、区位分析

　　本植物园区位于常州市金坛市西部，地处茅山风景区，西部为茅山山脉，周围山峦起伏，自然生态环境良好。

二、周边资源

1. 常州市著名景点

　　基地位于常州市金坛市。占地400亩，为小型旅游项目，自身发展有限，须依托周边著名旅游景点和重点建设项目来吸引游客。主要的游客来源为常州市内游客。

2. 茅山风景区

　　本植物园区西边为国家4A级景区——茅山风景区。茅山风景区距离基地约5km，其优越的山地自然资源和旅游资源，给本案创造了良好的人文自然基底。

3. 东方盐湖城

　　本植物园区紧邻茅山国际山水养生度假区——东方盐湖城。东方盐湖城是江苏省十二五重点规划项目，位于中国茅山风景旅游度假区核心区域，占地面积27.8km²，计划总投资80亿元。

三、发展愿景

　　本规划设计目标为打造一个回归自然的山水农业休闲度假区和苗圃基地。

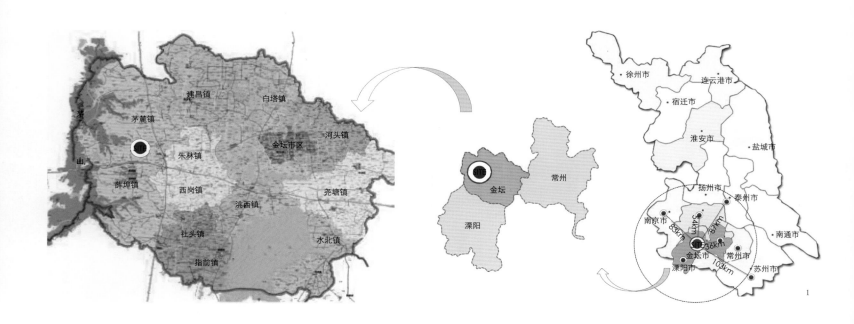

四、发展定位

科研区：接待+研究基地+园林宿舍+会议。

采摘区：采摘+果蔬加工+鱼类养殖。

种植区：精品苗圃+精品花卉+摄影。

休闲区：垂钓+水上娱乐+餐饮+观演。

观光区：观光游览+山地健身。

五、规划构思

项目以"以山养山"为原则，欲采用"中式园林+徽派建筑"的整体风格，以自然生态的水库、林地和采摘园为主体，配以少量建筑，打造一个回归自然的山水农业休闲度假区和苗圃基地。在内容和设计上配合东方盐湖城，以景观设计和休闲功能为主。

六、规划结构

规划结构为"一个中心，四个分区"。

1. 一个中心

一个中心即会务中心，位于地块的西北部。内部功能分为会议和教学两类：一方面用于接待来此开会的相关业务单位；另一方面作为同济大学的新农村建设研究院，承担一定的教学研究功能。

2. 四个分区

采摘区：位于基地东部，桃子、梨、葡萄等果蔬的游客采摘区；

休闲区：结合基地南部的自然水域，以休闲娱乐功能为主；

精品树木栽植区：位于基地西部，穿插在会务中心和休闲娱乐区当中，具有观赏功能。以樱花林、红枫林、黑松林、紫薇林、仓术等精品名贵树木为主的林地栽植区；

观光带区：园区中部主干道后退10m内规划为景观观光带，低洼带水景采用溪水的形态，溪边一律使用木栈道。

七、主要经济技术指标

总用地面积：252 052.2m² （378亩）；

建筑占地面积：18 782m² （28.2亩）；

建筑面积：38 178.8m²；

容积率：0.15。

1.区位分析图
2.功能分析图
3.道路分析图

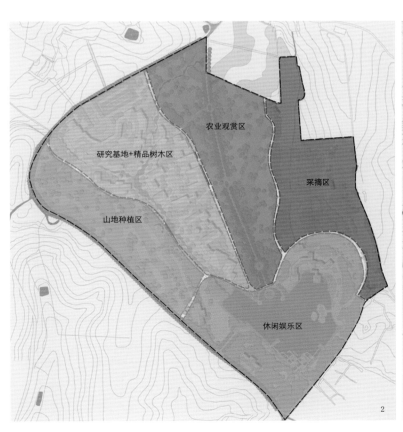

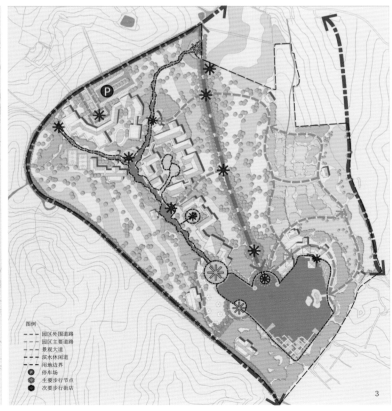

213

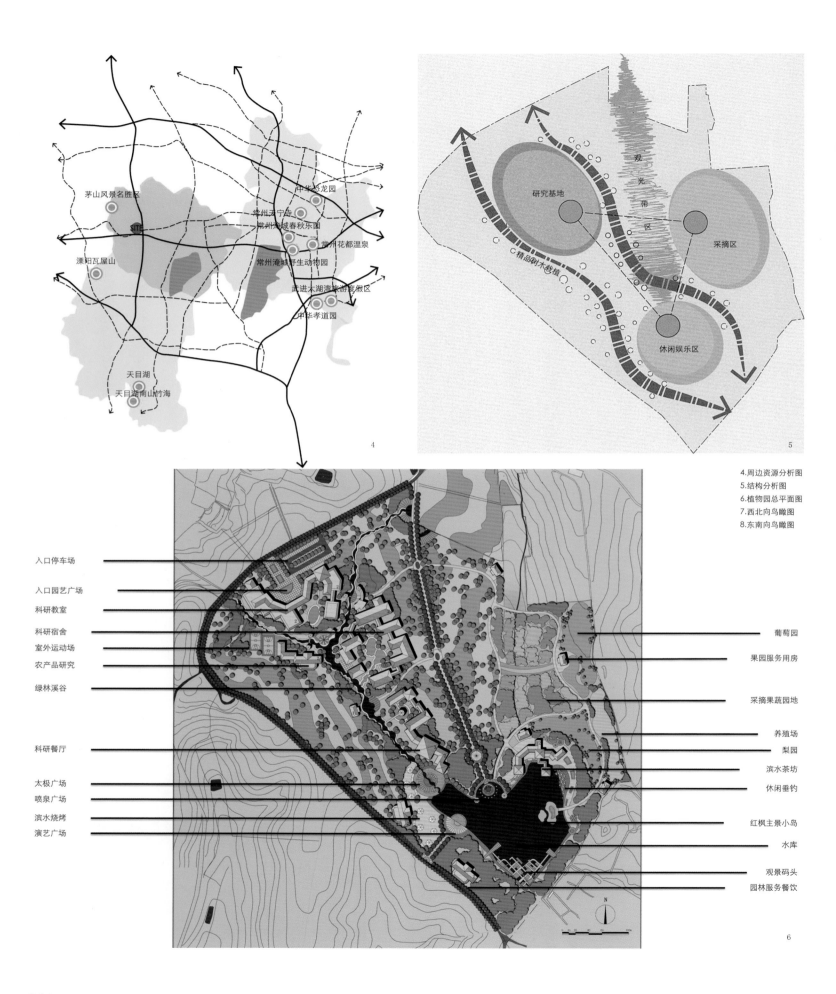

茅山风景名胜区

中华恐龙园

常州天宁寺
常州淹城春秋乐园

常州花都温泉

常州淹城野生动物园

武进太湖湾旅游度假区

中华孝道园

溧阳瓦屋山

天目湖
天目湖南山竹海

研究基地

观
光
带
区

采摘区

精品树木移植

休闲娱乐区

4. 周边资源分析图
5. 结构分析图
6. 植物园总平面图
7. 西北向鸟瞰图
8. 东南向鸟瞰图

入口停车场

入口园艺广场

科研教室

科研宿舍

室外运动场

农产品研究

绿林溪谷

科研餐厅

太极广场

喷泉广场

滨水烧烤

演艺广场

葡萄园

果园服务用房

采摘果蔬园地

养殖场

梨园

滨水茶坊

休闲垂钓

红枫主景小岛

水库

观景码头

园林服务餐饮

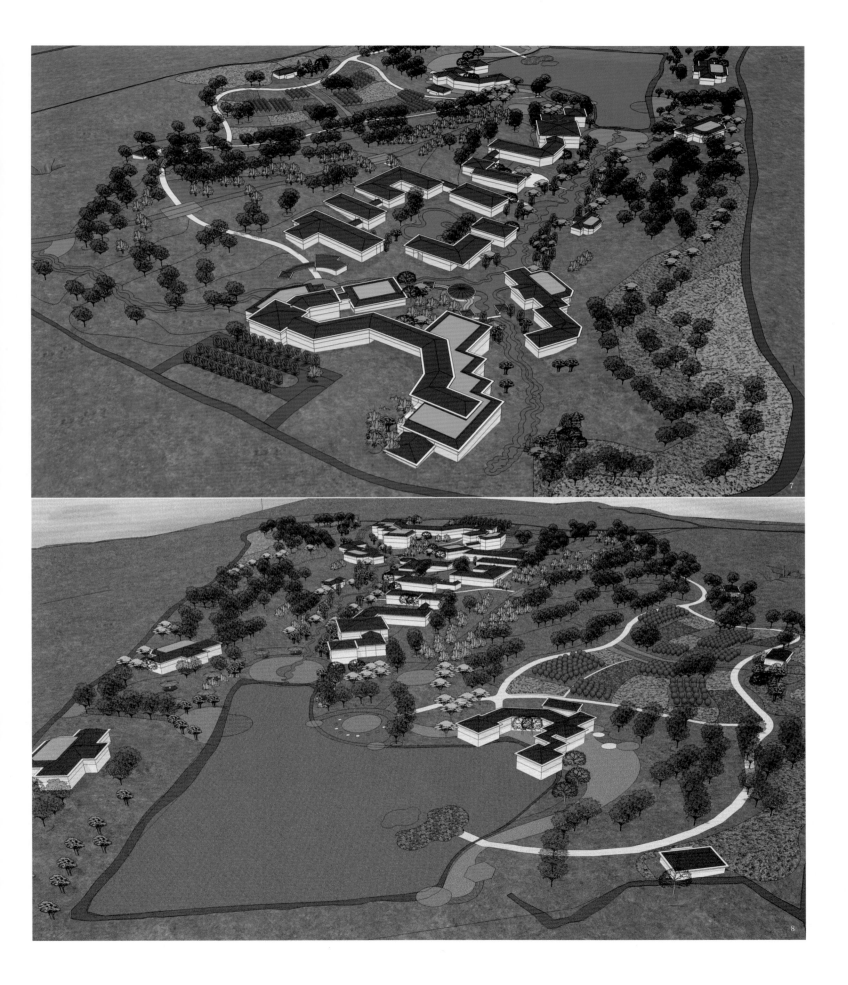

华夏淀边水乡风情组团概念规划

[项目地点]	河北省任丘县
[项目规模]	281 hm²
[编制时间]	2015 年

1.聚焦白洋淀
2.聚焦淀边新城
3.聚焦项目基地
4.总体规划平面图

规划视线通过聚焦四大层面研究项目基地的背景情况。

1. 聚焦白洋淀——河北文化坐标，京津冀都市圈生态绿心

（1）国家休养地

2013年的《京津冀地区城乡空间发展规划研究三期报告》，首都政治、文化功能多中心布局中，将白洋淀定位为"国家休养地"。

（2）独特的自然风光&深厚的文化底蕴

芦苇荡、青纱帐、苇绿荷红、嘎子文化……是白洋淀最生动的解释。

白洋淀还孕育了独特的区域文化，不但自古诗书之学兴盛，近代文学史上的白洋淀派影响也很大。

2. 聚焦任丘——京津石腹地，大广高科技走廊南大门，中国新硅谷

（1）京津冀协同发展上升为国家战略。

（2）任丘产业对接北京科研资源，打造京津冀科技制造中心。

（3）大广新城镇带的崛起，将成为河北对接京津的新战场。

3. 聚焦淀边新城——组团发展、多核驱动

（1）三大核心

通航核心——运动体验休闲核心典范，华北地区规模最大、服务体系最完善的通航机场。

门户核心——服务中心，形象展示门户。

高铁商务核心——以重大交通枢纽设施为驱动力的商务核心区。

（2）三大区域

生态水乡区——淀边生态水乡风情的旅居度假组团，打造富有丰厚文化底蕴的宜居颐养小镇。

中医文化区——以扁鹊祠为核心景点打造中医健康疗养为主题的旅游度假区。

高端产业区——京津冀地区重要的高新技术产业和战略新兴产业转移承接地，河北地区新材料、通用航空、新能源汽车制造和高端装备制造基地。

4. 聚焦项目基地——生态为底，交通环伺

（1）生态资源

本案紧邻"白洋淀"旅游生态核心，之间仅隔一条300m左右的绿化带，拥有最富足的生态景观资源。

（2）交通条件

东侧距离国道106直线距离为3.5km，距大广高速直线距离约5km。向南对接任丘市区，向北经雄县，直达北京，交通极为便利。

通过四大聚焦对背景的研究，本项目定位为：通过休闲旅游项目打造，带动区域城乡一体化发展的北中国水乡宜居小镇。

规划在定位基础下，给予项目基地未来发展三大目标：

①超级宜居小镇——平原水乡居游城市标杆。

②健康颐养新标杆——国家级养老养生典范社区。

③文化传承示范区——河北文化展示基地。

在成体开发思路的引导下，本项目规划提出三大规划策略：

策略一：区域联动，特色发展，配套运营，魅力空间。

策略二：生态驱动，水绿交融，以景塑区，轴向发展。

策略三：节点突破，轴线带动，紧凑开发，精明增长。

规划通过借鉴国内外相关案例，结合华夏幸福整体运营体系经验。本项目规划重点建设居游配套体系，增加项目的可实施性。

项目首开区建设以野奢酒店为核心，结合淀边文化的景观化改造进行深入设计。

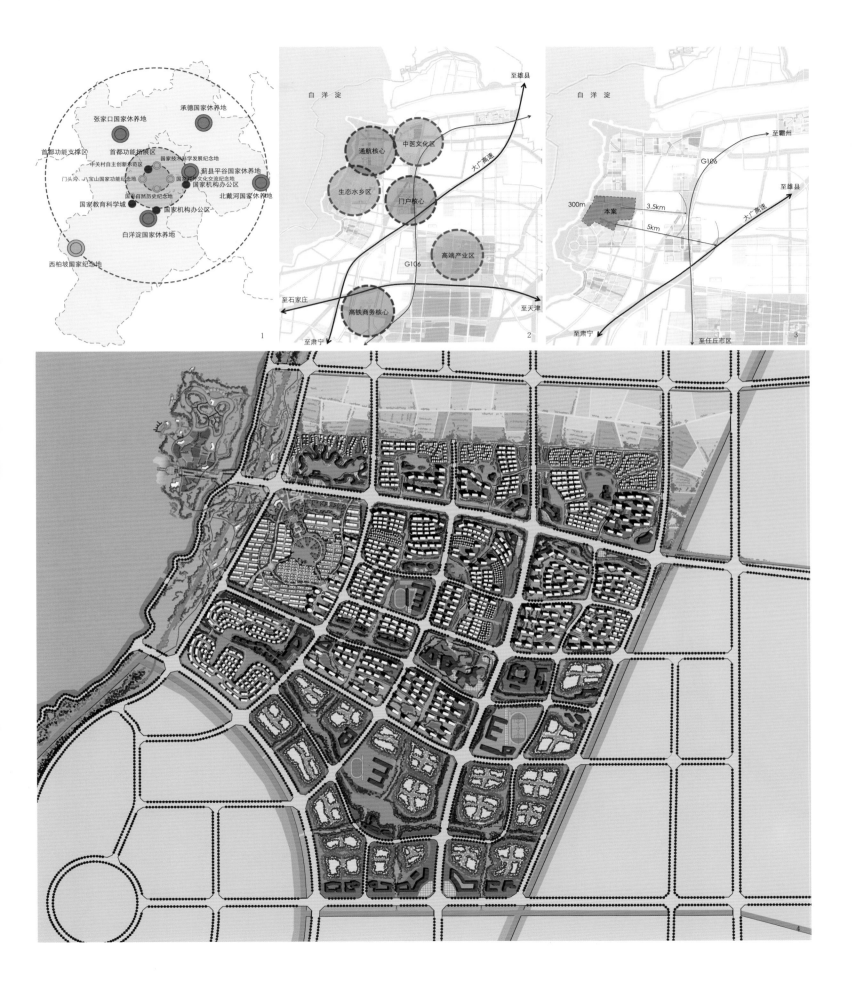

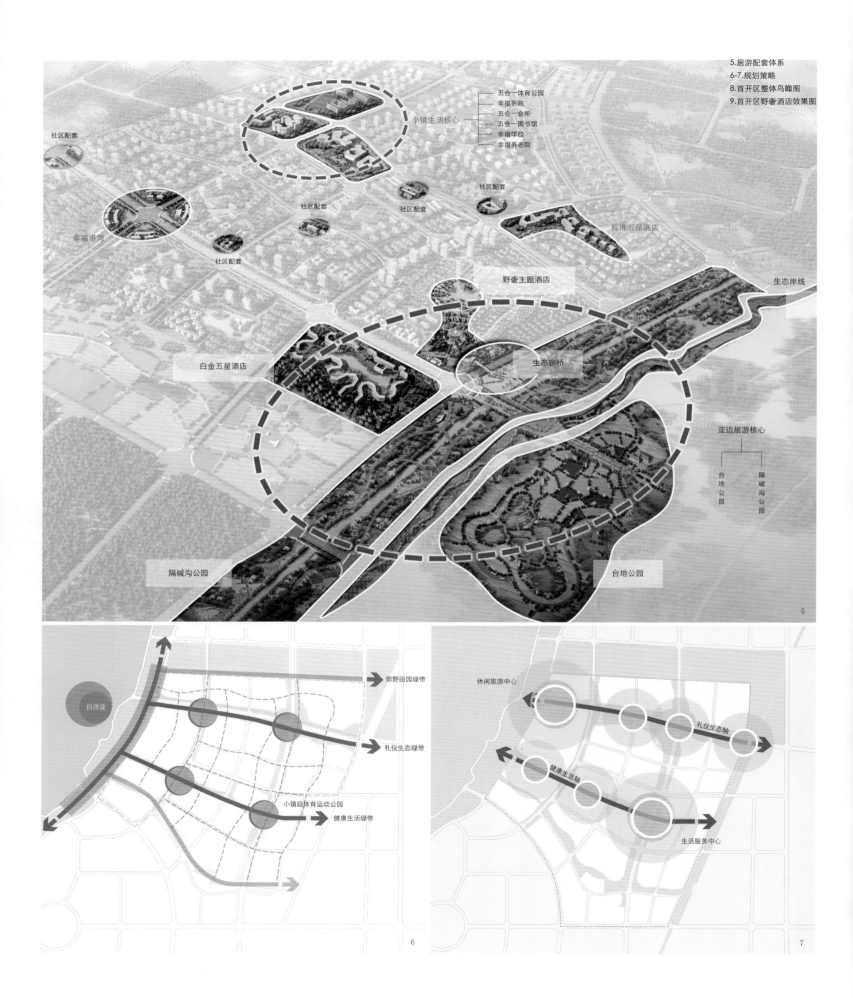

5.居游配套体系
6-7.规划策略
8.首开区整体鸟瞰图
9.首开区野奢酒店效果图

小镇生活核心
五合一体育公园
幸福医院
五合一会所
五合一图书馆
幸福学校
幸福养老院

社区配套

社区配套

社区配套

社区配套

社区配套

幸福港湾

标准五星酒店

野奢主题酒店

生态岸线

白金五星酒店

生态廊桥

淀边居游核心
台地公园
隔碱沟公园

隔碱沟公园

台地公园

5

白洋淀

郊野田园绿带

礼仪生态绿带

小镇级体育运动公园

健康生活绿带

6

休闲旅游中心

礼仪生态轴

健康生活轴

生活服务中心

7

218

8

9

专项规划
Special Plan

长白山保护开发区池南区漫江镇总体策划、空间提升及风貌规划
吉安吉州窑考古遗址文化公园规划
海口永兴低碳生态系统规划
余姚市泗门镇绿地系统规划
贵阳市观山湖区环百花湖美丽乡村带总体策划与规划
洛阳市户外广告设置总体规划
诸暨市应店街镇紫阆片区旅游规划与策划
西峡县市政专项规划
澧县中心城区道路专项规划
泰兴市城市规划区村民集中居住点布局规划
澧县大坪乡文化旅游小镇街景和道路风貌引导

长白山保护开发区池南区漫江镇总体策划、空间提升及风貌规划

[项目地点]	吉林省长白山保护开发区池南区漫江镇
[项目规模]	8.64 km²
[编制时间]	2015 年

1.夜景鸟瞰图
2-3.日景鸟瞰图

池南区漫江镇地处长白山保护开发区西南部，距离长白山机场18km，是长白山西坡景区、南坡景区的重要旅游服务节点。

规划定位为"长白山西、南山门旅游服务基地；以矿泉、温泉产业为支撑的产游一体城区；以河谷为特色的'国际慢城'示范区"，多策并举，打造池南区"红柳温泉小镇、关东冰雪水乡"的形象。

规划以生态保护为根本前提，以旅游产业为龙头引领，文化和特色生态资源产业为两翼支撑，矿泉水产业为引擎推动，通过区域协同，与池西、池北形成差异化定位和错位竞争。在大力发展现代服务业的背景下，强化不同产业功能的复合集聚，规划构建讷殷文化园、秋沙生态园、野参民俗园、山地城堡主题乐园、冰雪运动乐园、锦江风情园六大生态乐园，及温泉养生区、水岸乐活区、冰泉产业区、生态宜居区、红柳漫江板块五大功能区，形成产业集群优势。

以生态为本，秉承"有机聚合"的发展理念，在维护原有生态体系的基础上，构筑城市景观格局。打造旅居一体的慢城复合交通模式。沿漫江景观序列规划小火车旅游交通、水上旅游交通等特色交通方式，塑造具有地方特色的旅游交通模式。继承和发扬民族民俗文化，提取讷殷文化、民俗文化、边境文化，发掘冰雪文化、温泉文化、矿泉文化等地域特色文化，植入港口文化、古堡文化等创新文化，实现文化交融，丰富城镇内涵。

2

3

4.野生民俗园
5.温泉养生
6.风情美食街
7.温泉养生
8.水岸乐活区
9.红柳湾鸟瞰图

吉安吉州窑考古遗址文化公园规划

[项目地点]	江西省吉安县永和镇
[项目规模]	300 hm²
[编制时间]	2011 年

吉州窑是历史上的"中国十大名窑"之一，兴于晚唐，盛于两宋，衰于元末，距今已有1200多年历史。吉州窑遗址位于江西吉安县永和镇，是国家级文保单位。2011年，为了更好地保护、宣传传统文化，促进当地旅游发展，江西吉安县推动了吉州窑考古遗址文化公园规划的修编工作。

规划公园是以保护、展示陶瓷文化、古镇文化，满足考古科研要求，满足游客及市民观光、游憩、休闲要求的主题历史文化公园。

规划以遗址保护优先，尊重场地与现状、寻求景观环境的提升改变。通过历史人文景点的塑造、建筑拆改的利用、水绿空间的融合，充分展示以陶瓷文化为代表的吉州窑历史，并寻求复兴和再现吉州窑的特色地域文化。

1.保护棚效果图
2.规划总平面图
3-5.实施照片
6.公园入口鸟瞰图

7

宋街南立面 S21——S30号立面改造图

宋街南立面 S1——S10号立面改造图

8

9

10

7-8.立面改造
9.陶冶坊表现图
10.讲经台表现图
11.宋元古街鸟瞰图
12-13.公园鸟瞰图

11

海口永兴低碳生态系统规划

[项目地点]　　海南省海口市

[项目规模]　　12.20 km²

[编制时间]　　2011 年

在中国经济飞速发展的大背景下，碳排放量却直线上升，节能减排、提倡低碳的策略已经上升到国家战略层面。为响应国家政策，海口永兴镇提出了修编永兴低碳生态系统规划。

规划以低碳生态为原则，以历史保护和文化延续为前提，通过构建区域低碳链、推动新型城镇化、延续历史与文脉、保护自然和生态、提升现代新农业，以建立生态宜居、城乡和谐、历史文脉延续、可持续的低碳特色旅游小镇。

规划以有机分散发展为设计理念，以生态谷为核心，组团式布局低碳产业区、低碳会展及总部经济区、中心镇建设示范区、综合旅游度假区、低碳生活示范区，以形成主题鲜明、低碳高效的低碳生态城市建设先导区。

1.规划结构图
2.道路交通规划图
3.土地利用规划图
4.绿地景观系统规划图
5.慢行交通规划图

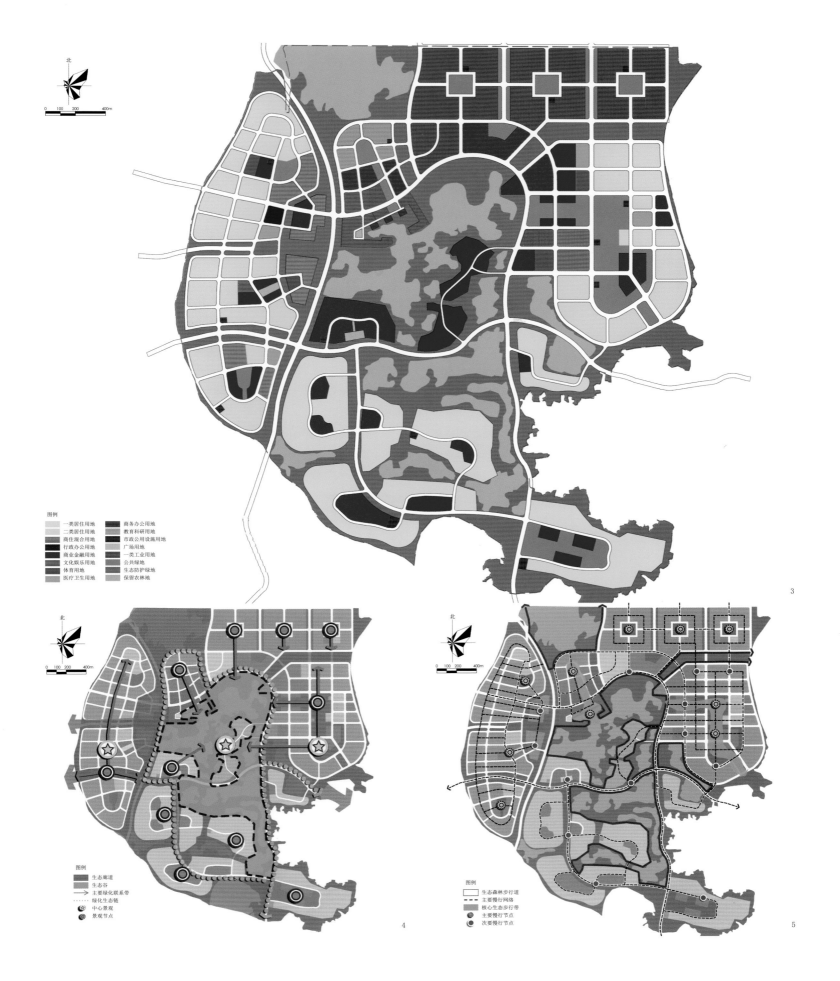

图例
一类居住用地
二类居住用地
商住混合用地
行政办公用地
商业金融用地
文化娱乐用地
体育用地
医疗卫生用地
商务办公用地
教育科研用地
市政公用设施用地
广场用地
一类工业用地
公共绿地
生态防护绿地
保留农林地

3

图例
生态廊道
生态谷
主要绿化联系带
绿化生态链
中心景观
景观节点

4

图例
生态森林步行道
主要慢行网络
核心生态步行带
主要慢行节点
次要慢行节点

5

余姚市泗门镇绿地系统规划

[项目地点]　　浙江省余姚市

[项目规模]　　17.42 km²

[编制时间]　　2016 年

一、项目背景

2010年底，泗门镇被列为浙江省小城市培育试点镇以来，小城市培育试点呈现出了"强势推进、良好开局"的发展态势。泗门正从中心镇向卫星城镇跨越，在经济社会发展水平快速提升的同时，人居环境也面临进一步的改善问题，整体城镇空间亟待调整激活。泗门基础条件良好，为充分发挥城镇绿地系统的生态环境效益、社会经济效益和景观文化功能，以达到保护和改善城镇生态环境、优化城镇人居环境、促进城镇可持续发展的目的，指导泗门镇建立绿色宜居环境，编制泗门镇绿地系统规划势在必行。

二、规划重点

（1）结合新一轮城市发展的需要，找出现阶段绿地建设发展的瓶颈和问题。

（2）确定科学合理的城市绿地发展目标，创建国家生态园林城市。

（3）进一步以区域生态环境为背景整合各类优势资源，促进泗门镇域绿地资源的系统化发展及镇村一体化绿地网络的联系。

（4）根据城镇新的发展条件，构建契合城镇发展目标的绿地系统布局结构，重点规划和完善镇区的绿地布局和类型。

（5）强化、深化对绿地系统防灾避险规划、绿地系统特色景观规划、植物多样性规划、基于绿地系统发展城市绿道网络规划、建设节约型生态园林等内容。

（6）增进绿地系统规划对城镇未来绿地建设实施的指引性和可操作性。

三、镇域绿地系统结构与布局

应用景观生态学"基质—廊道—斑块"和凯文林奇的"城市意象"理论，在镇域绿地系统布局基础上，规划形成"四区筑底、四楔渗透、双脉连通、多点提升、生态环带"的多层次空间格局。

四区筑底：镇区居住生产片区、北部生态休闲片区、镇北创意农业片区、东南都市农业片区。

四楔渗透：由农村建设用地、农田、草地、果园、池塘、河流水域等村庄自然景观构成，其中又多以农田或林地为主，深入城镇组团之间形成呈"楔形"的城镇绿地。

双脉连通：依托兰曹大道和沿海高速公路，承担生态保育和展示格局的功能。

多点提升：通过镇区多种类型的绿地，全面提升镇区居住环境水平，创造可观可游的宜人空间。

生态环带：四塘横江—洪家路江—新桥直江—临周江—镇域西边界构成的生态外环，凭借此生态防护绿色屏障，界定主城区的扩展范围，阻隔无序蔓延。

四、镇区绿地系统规划布局

镇区绿地系统结构为"一核一环，两轴三片"，意在呈现"盈彩水岸，珠串泗门，绿轴渗透，林道迎宾"的整体格局。

一核是指四海公园，是泗门镇的"城镇客厅"，展现泗门的特色风貌。

一环是指由谢家路江—二塘江—方家路江—皇封桥江—杨家道地江串联构成的碧水绿环，通过阁老公园和竹青公园形成节点强化，有机联系镇区内的多个绿地节点，形成"珠串泗门"的意象。

两轴包括指陶家路江生态绿轴和临周江生态绿轴。陶家路江延续宁波绿道网规划，南端连大河门江绿带，北端直抵杭州湾畔湿地。临周江位于镇区南部，是泗门的湿地型"客厅"。不仅反映城镇景观面貌，也为居民提供了游憩的空间。

三片是古镇片区、新城片区和工业片区，各片区对绿地环境的设计要求应体现片区特色。

按照浙江园林城市创建目标要求，重点抓好城镇绿道网络建设和城镇公园建设。绿道网建设将按照"成网""串绿""慢行"要求，对中心城区绿脉进行梳理、贯通，形成一个显山露水、纵横交错、生态安全、物种丰富的绿道网系统；将中心城区的主要绿色公共开敞空间、人文资源进行串联，营造突出城镇特色、展示城镇魅力的绿道网系统；以慢行系统为依托，打造环境宜人、活动丰富，可供人与非机动车通行的绿道网系统。

贵阳市观山湖区环百花湖美丽乡村带总体策划与规划

[项目地点]　贵州省贵阳市观山湖区
[项目规模]　100 km²
[编制时间]　2016 年

1.总体规划布局图
2.规划效果图

一、规划背景

2015年，为把美丽乡村建设提高到一个新水平，贵阳市观山湖区政府确定要以连片美丽乡村建设为重点，打造环百花湖美丽乡村带，全面组织规划编制工作。

本次规划旨在通过环百花湖美丽乡村带的建设，促进观山湖区走向人水和谐的生态崛起之路。百花湖具有独特自然景观和丰富生境的湿地生态系统，同时又是城市重要水源之一。因此，百花湖片区的规划不是一般意义的美丽乡村规划，必须转变规划视角和方法，充分尊重生态保护、充分尊重村民意愿、充分尊重历史文化。

二、构思及内容特色

规划为观山湖区制定了"半城山水满城花"的城市发展思路，未来百花湖与城区将形成一静一动、一快一慢的关系。在此战略背景下，将环百花湖美丽乡村带的主题形象定位为：诗意百花湖，心灵的世外桃源。规划以"生态保护和生态发展"为引领，以连片村落的风貌提升和产业发展为重点，将环百花湖美丽乡村带打造成为"资源设施共建共享、主题风貌特色突出、产业生态融合创新、文化旅游传承发展"的世外桃源，成为全国最美乡村度假养生体验示范带。

根据基地的山水、田林、村寨以及产业特征，整体的空间结构规划为"双心双环、四区十三寨"。其中，双心为朱昌镇及百花湖乡两个旅游服务中心；双环一为水环，指环百花湖生态乡村慢游环，另一环为山环，指百花湖片区西部的山林农旅休闲体验环。十三寨指本区内十三个各具特色的村寨，体现错位协同的发展思路，四区是对十三寨进行功能协作性的组合之后，形成四组不同的功能片区。

三、规划实施

近期（2016—2018年）：沿湖启动，整治村落风貌，全面提升环湖形象。实施范围主要包括环百花湖沿线6个村落，具体包括茶饭村、竹林村、百花湖村高笋塘、毛栗村、高寨村以及萝卜沿湖区域等6个村子。完善沿湖景观道的建设，打通环湖旅游线路；推动环湖居民点的建筑立面改造，统一风貌，改善居住环境，协调风貌；完善村内部公共服务设施和场所；启动环湖旅游休闲观光旅游项目。

中期（2019—2020年）：环山推进，延伸环山游线，带动村落风貌提升。依托九龙山和云归山，拓展山体旅游休闲项目，丰富旅游产品；打通盘龙洞—九龙山通道，以及温水—谷腊通道；提升村庄风貌，涉及村落主要有温水村、上麦村、谷腊村、盘龙洞村、云归村、萝卜6个自然村落，完善村内公共服务设施和场所。

远期（2021—2030年）：以百花湖乡所在地和朱昌镇所在地为基础，集中打造两个风情小镇作为旅游接待服务中心。产业多元融合，环境精致优美。

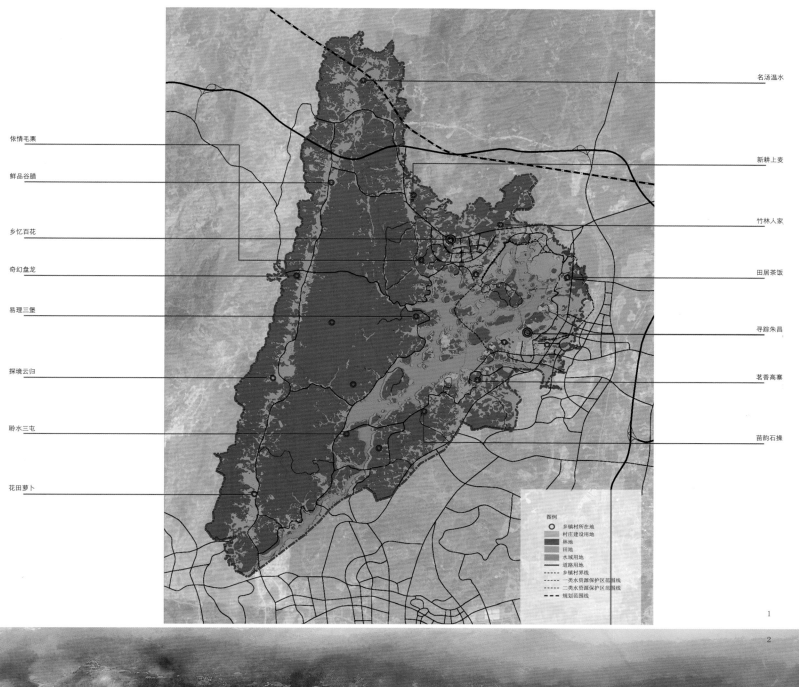

名汤温水

依情毛栗

鲜品谷腊

乡忆百花

奇幻盘龙

易理三堡

探境云归

聆水三屯

花田萝卜

新耕上麦

竹林人家

田居茶饭

寻踪朱昌

茗香高寨

苗韵石操

图例

乡镇村所在地
村庄建设用地
林地
田地
水域用地
道路用地
乡镇村界线
一类水资源保护区范围线
二类水资源保护区范围线
规划范围线

1

2

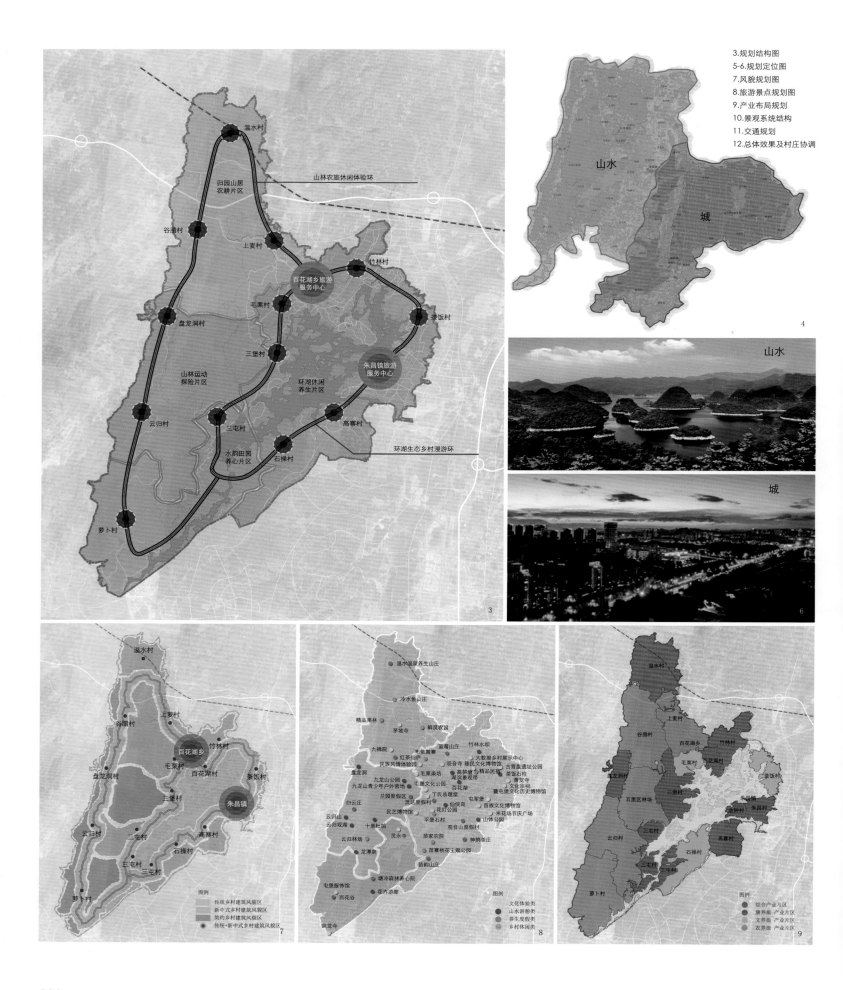

温水村

归园山居
农耕片区

山林农旅休闲体验环

谷腊村

上麦村

竹林村

百花湖乡旅游
服务中心

毛栗村

茶饭村

盘龙洞村

三堡村

朱昌镇旅游
服务中心

山林运动
探险片区

环湖休闲
养生片区

云归村

三屯村

高寨村

水韵田园
养心片区

石操村

环湖生态乡村漫游环

萝卜村

3

山水

城

4

山水

城

6

温水村

谷腊村

上麦村

百花湖乡

竹林村

毛栗村

百花湖乡

茶饭村

盘龙洞村

三堡村

朱昌镇

云归村

三屯村

高寨村

石操村

三屯村

萝卜村

图例
传统乡村建筑风貌区
新中式乡村建筑风貌区
简约乡村建筑风貌区
传统+新中式乡村建筑风貌区

7

温水温泉养生山庄

冷水鱼山庄

精品果林

茅坡寺

鲜灵农园

蓝莓山庄

竹林水坝

九禅院

布依舞寨

观音寺

大数据乡村展示中心

红茶仙庐

移民文化博物馆

古营盘遗址公园

民族风情体验园

毛栗染坊

高笋塘

精品民居

盘龙洞

九龙山公园

屯堡文化公园

湖滨景观带

茶饭场石柱

九龙山青少年户外营地

丁氏易理堂

屯军寨

青龙寺

兰园度假区

灵达度假村

仙侠岛

文化宗祠

归云庄

民艺博物馆

花灯公园

苗族文化博物馆

云归山

平堡石柱

观音山度假村

米花场节庆广场

云归林场

灵水寺

贾家农院

山体公园

十里杜鹃

苗寨桃花主题公园

龙潭泉

神韵茶庄

屯堡服饰馆

峡冷森林养生院

苗韵山庄

百花谷

葛市游廊

图例
文化体验类
● 山水游憩类
● 养生度假类
● 乡村休闲类

8

温水村

谷腊村

上麦村

百花湖乡

竹林村

毛栗村

百花湖乡

茶饭村

盘龙洞村

五里区林场

三堡村

朱昌镇

朱昌镇

金钟村

云归村

三屯村

高寨村

三屯村

三屯村

石操村

萝卜村

图例
综合产业片区
● 康养旅 产业片区
● 文养旅 产业片区
● 农养旅 产业片区

9

238

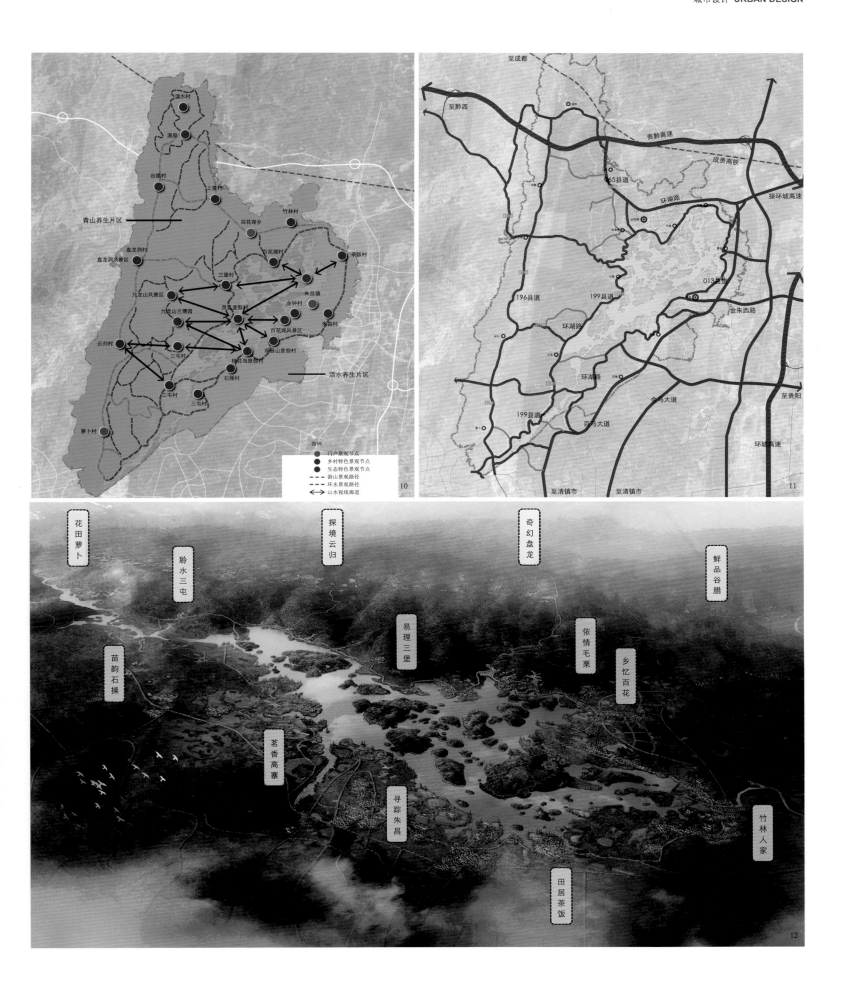

洛阳市户外广告设置总体规划

[项目地点]　　河南省洛阳市

[项目规模]　　223 km²

[编制时间]　　2014 年

一、规划背景

　　根据"洛阳市城市总体规划（2011—2020 年）"，洛阳市是国家历史文化名城、河南副中心城市、著名旅游城市。户外广告的设置需结合洛阳城市特点，对洛阳市经济发展阶段、户外广告适宜设置区、户外广告价值区位进行分析，对城市发展各要素的统筹考虑，针对中心城区"五区一团"的城市分区结构和各区片特点，进行分区、分路、分类控制。按照展示区、宜设区、限设区、禁设区来划示控制分区，针对各分区提出不同的控制要求，规划管理要求以及适用区域。

二、规划结构

　　本次广告规划形成"两轴、三心、多节点"的结构。

　　两轴：分别是沿王城大道城市南北向户外广告展示轴；依托中州路东西向发展轴。

　　三心：分别是河西商业中心、西工商业中心和洛南商务文化中心。

　　节点：分别是区级商业服务中心、专业市场、机场、高铁站、火车站城市公共活动集中区域作为户外广告的重点设置发展节点。

　　门户节点：各个城市主要道路出入口作为户外广告的门户节点，主要为城市自身宣传服务。

图例
- ◎ 展示中心
- --- 展示主轴
- ● 展示节点
- ◎ 门户口设置节点

诸暨市应店街镇紫阆片区旅游规划与策划

[项目地点]　　浙江省诸暨市应店街镇
[项目规模]　　28.89 km²
[编制时间]　　2016 年

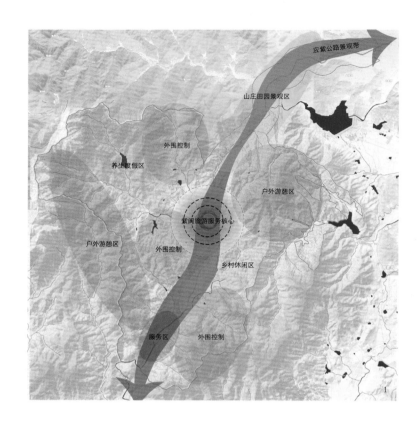

一、项目背景

应店街镇位于诸暨旅游发展格局"一心三线五区"的西线"山水风光"带上。紫阆片区地处应店街镇西南，山清水秀，环境优美，发展休闲旅游经济具有广阔的空间和巨大潜力。规划力求以紫阆片区的资源优势出发，以统筹全局的战略高度，以提升紫阆片区休闲旅游功能和宜居环境品质为重点，通过规划的综合引领，将紫阆片区打造成为诸暨市重要的旅游特色区域。

二、构思及内容特色

规划根据紫阆片区的资源特质制定了以水生态环境效益为首的"生态优先策略"，以"借力五泄、提升五泄"为目标的借力打力策略，以"一村一景、一村一品"为特征的多产品组合策略以及美丽乡村建设策略。根据规划策略确定紫阆片区旅游形象定位为"五泄上源，阆苑仙坞"。规划以原生态水系为资源核心，以野趣的浙中地区自然山水为特色，以具有地域特征的乡村四季景观为基础，以生态优先、低碳环境为基本原则，打造以户外探险、乡村休闲、生态度假等功能于一体的特色生态旅游区。

规划紫阆地区以寻水、探水、观水、戏水、乐水、品水为主题，形成一心一带多片区的旅游发展结构。一心即紫阆旅游服务核心，是整个紫阆生态旅游区的旅游服务中心。一带即应紫公路景观带是紫阆旅游区的主要景观轴线和交通轴线，也是旅游区展示形象的门户。在规划结构基础上根据地形将紫阆片区

划分为七大功能分区，分别为：山庄田园景观区、狮岭密林游憩区、紫阆古村核心区、五泄源乡村休闲区、丰周入口服务区、岭上户外游憩区和岭上养生度假区。

三、规划实施

近期发展规划（2015—2020年）开发乡村休闲旅游产品。发展应紫公路沿线乡村休闲、田园观光为主的乡村旅游；打造大岭尖、天塘岗户外运动基地，使游客在紫阆的停留时间延长至1.5天或以上。

中期发展规划（2020—2025年）完善乡村休闲旅游产品，开发户外体育旅游产品。进一步完善各村庄配套服务设施建设和"一村一品"特色建设，将紫阆村打造为乡村旅游服务基地，完善并扩大乡村旅游市场；打造天塘岗至五泄的东线登山路径，将爱好户外登山的游客逐渐吸引至规划区内部，开发户外体育旅游的新市场。通过乡村休闲、户外体育旅游产品的开发使游客在紫阆的停留时间延长至2天或以上。

远期发展规划（2025—2030年）开发生态度假旅游产品。利用先期乡村休闲、户外体育旅游市场的开发招商引资，建设高端水生态养生度假产品，进一步开发紫阆度假旅游市场。完善各景区配套服务设施建设，形成完善的水生态旅游目的地。通过生态度假旅游产品的开发使游客在紫阆的停留时间延长至3天或以上。

1.规划结构图
2.规划总体布局图

北

0   500   1000   2000m

幸福源

玉京洞
灵山坞口庄
双水洞
四季花海
幸福源农庄

通平溪

龙门溪
三层龙门
大岭尖
龙渊谷
大岭山庄
外围控制区

里旺溪
里旺田庄
山庄田园景观区

青公湖

岭上观湖探险步道
狮子塘
鹰岩山洞
赤足天堂

缘溪谷隐居度假
狮岭竹海
长春溪
阆苑
杜鹃岭
溯溪越野基地
原山水榭
长春古道
美人照
高泄
长春岭城楼
森林探源狩猎场
桃园溪

天塘岗
岭上养生度假区
归云溪
云中天堂
溪谷回源山野步道
归云溪谷
狮岭密林游憩区
寿山市集
长春坞
紫山水榭
水渡溪谷
美人源
紫山湖
清水阆家
天吉竹岭
阆苑寻古

杜鹃溯溪亲子步道
阆苑花溪
紫竹坞清溪步道
真人CS战场
紫阆古村核心区
养生别苑
长春溪
外围控制区
阆苑溪
五泄源野生刺葡萄公园

岭上户外游憩区
阆山公园
五泄源酒庄
乐水园
五泄源乡村休闲区
阆山
梓枫坞湖

梓枫坞人家
梓枫溪
外围控制区

杜鹃溪

一线瀑
豌豆坞
自驾车营地
樱桃岛

丰周入口服务区
丰周农庄

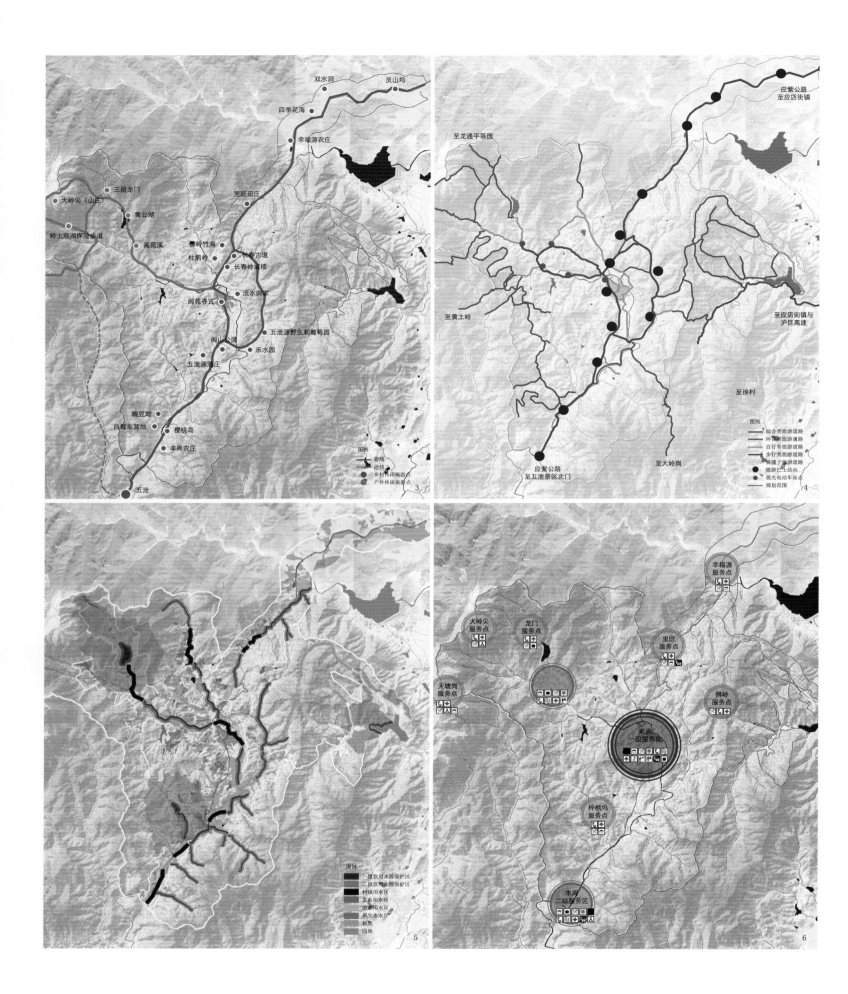

双水洞
灵山坞
四季花海
幸福源农庄
三层龙门
里旺田庄
大岭尖（山庄）
黄公湖
岭上观湖探险步道
阆苑溪
扇岭竹海
长春古道
杜鹃岭
长春岭遗楼
阆苑寻古
流水阆家
五泄源野生刺葡萄园
阆山公园
乐水园
五泄源酒庄
豌豆坳
自驾车营地
樱桃岛
丰周农庄
五泄

图例
游线
游线
乡村休闲旅游点
户外休闲旅游点
规划范围

3

至龙通平茶园
应紫公路
至应店街镇
至黄土岭
至应店街镇与
沪昆高速
至徐村
应紫公路
至五泄景区北门
至大岭岗

图例
综合类旅游道路
环保类旅游道路
自行车旅游道路
步行类旅游道路
缆车索子旅游道路
旅游巴士站点
观光电动车站点
规划范围

4

图例
一级饮用水源保护区
二级饮用水源保护区
村镇用水区
农业用水区
游憩用水区
原生态水区
耕地
园地

5

幸福源
服务点
大岭尖
服务点
龙门
服务点
里庄
服务点
天塘岗
服务点
狮岭
服务点
紫阆
二级服务区
梓楸坞
服务点
丰周
二级服务区

6

244

3.游线规划图
4.综合交通规划图
5.水体保育规划
6.旅游服务设施规划
7.居民社会调控规划
8.山体保育规划
9.分期建设规划
10.植被保育规划

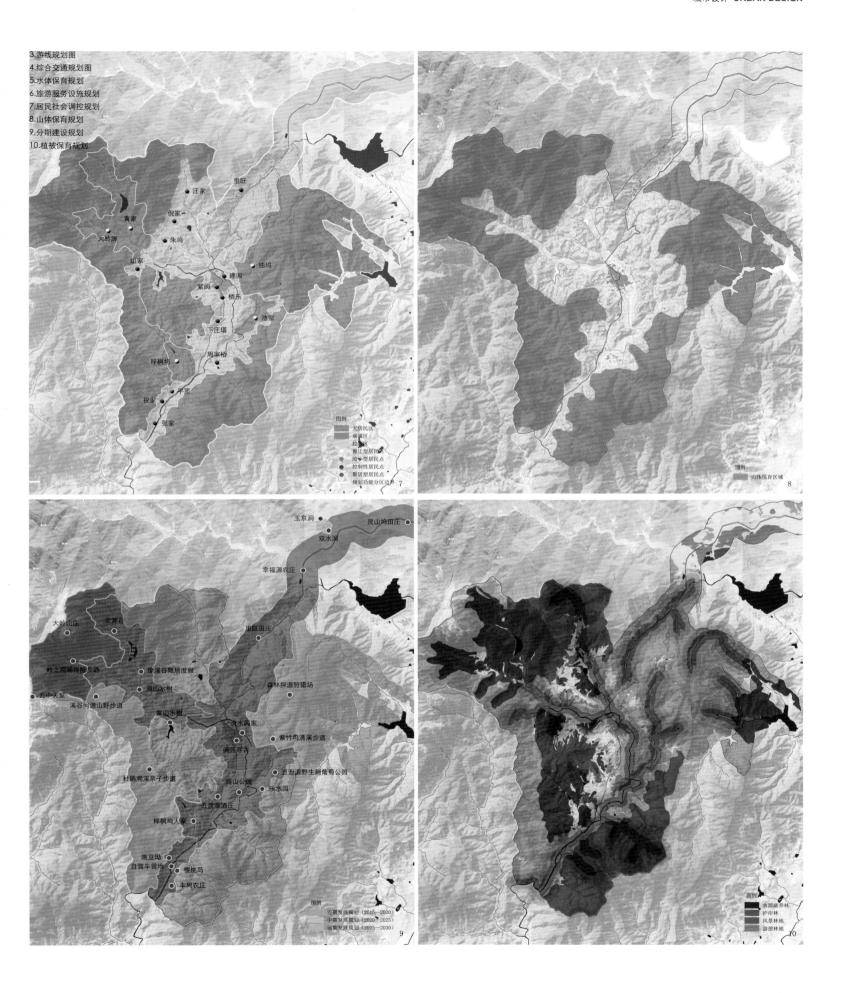

西峡县市政专项规划

[项目地点]　河南省南阳市西峡县
[项目规模]　50 km²
[编制时间]　2016 年

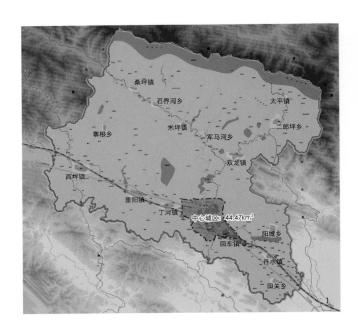

一、项目背景

西峡位于八百里伏牛山腹地，豫西南边陲，豫鄂陕三省结合部，历史上既为交通要塞、水运码头，又有"通陕甘之孔道，扼秦楚之咽喉""陆通秦晋，水达吴楚"之称，是东引西进的"桥头堡"。

给水、排水、燃气工程建设是城市基础设施的重要组成部分，具有较强的规划统一性、布局整体性以及与周围环境相协调的适应性等特点，尤其是正在发展阶段的西峡县，急需一个统一考虑的市政工程专项规划来协调各市政专项工程建设之间的关系，合理安排，避免矛盾，减少投资。为了顺应西峡县社会经济发展的新格局、新形势的要求，改善城市供水环境，从而促进城市建设快速健康发展，在"西峡县城乡总体规划（2014—2030）"指导下，特编制"西峡县市政工程专项规划"。

二、规划重点

1. 给水工程

根据城市总体发展规划，对城市水资源进行平衡分析，科学预测城市用水量，据此确定城市供水规模、水源、水质、水压，做出取水、输水、水厂工程规划、配水管网工程规划、再生水规划、节水规划等；提出供水水质安全保障、供水服务规划；提出工程的投资估算、效益分析，以及近期实施计划，为西峡县城市发展建设提出合理、可行的供水规划方案。

2. 排水工程

西峡县城市排水专项规划应符合城市总体规划目标，顺应社会经济发展的新格局、新形式的要求，进一步实现和改善城市排水功能、改善水环境，促进城市建设的快速健康发展。通过调查分析排水现状，按照规划年限，结合城市总体规划中城市发展情况，划定城市排水范围、预测城市排水量、确定排水体制、规划设计污水收集与处理系统的工程内容，提出分期建设计划，对城市排水的建设起到指导作用。

（1）污水系统：以提高城市污水综合治理能力，实现污水资源化为目标，规划污水处理率达100%。

（2）雨水系统：以规划区域内建成完整、顺畅的雨水排放系统为目标，使城区内雨水的排放达到快速有效。

3. 燃气工程

根据燃气专项规划编制的相关规定，综合考虑政府部门、燃气开发企业以及用气单位的要求以及西峡县城区的具体情况，本规划包括以下内容：

（1）结合城市总体规划确定本规划供气范围，并分析确定本规划的燃气供气对象。

（2）根据城市现状用气情况，预测天然气供气市场容量，确定分期供气规模。

（3）确定供气方案，完成输配管网规划。明确燃气过渡期县城用气方案。

（4）规划天然气门站、应急储配站、高中压调压站、汽车加气站等场站规模和站址的选择。

（5）燃气工程建设项目关于消防、环保、安全、卫生、节能等方面的措施。

（6）提出燃气综合管理系统方案和安全供气保障方案。

（7）规划燃气输配系统的后方设施。

（8）确定天然气输配系统的主要工程量、实施步骤及投资匡算。

（9）相关的规划图纸。

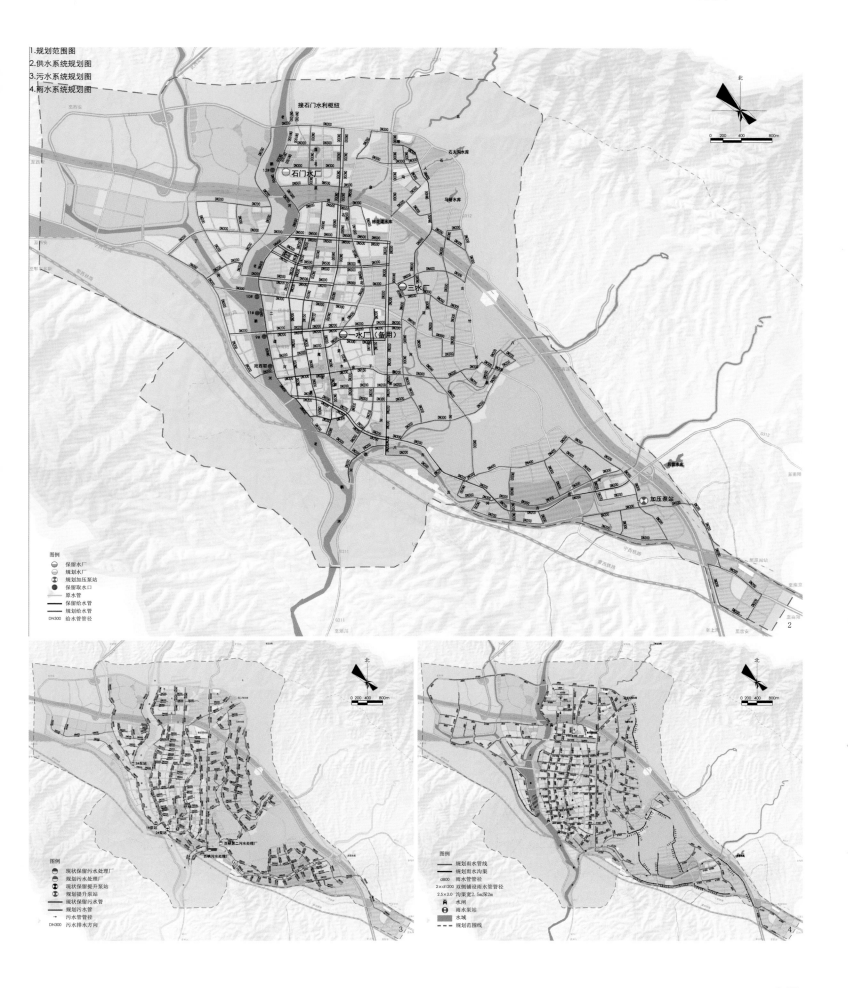

1.规划范围图
2.供水系统规划图
3.污水系统规划图
4.雨水系统规划图

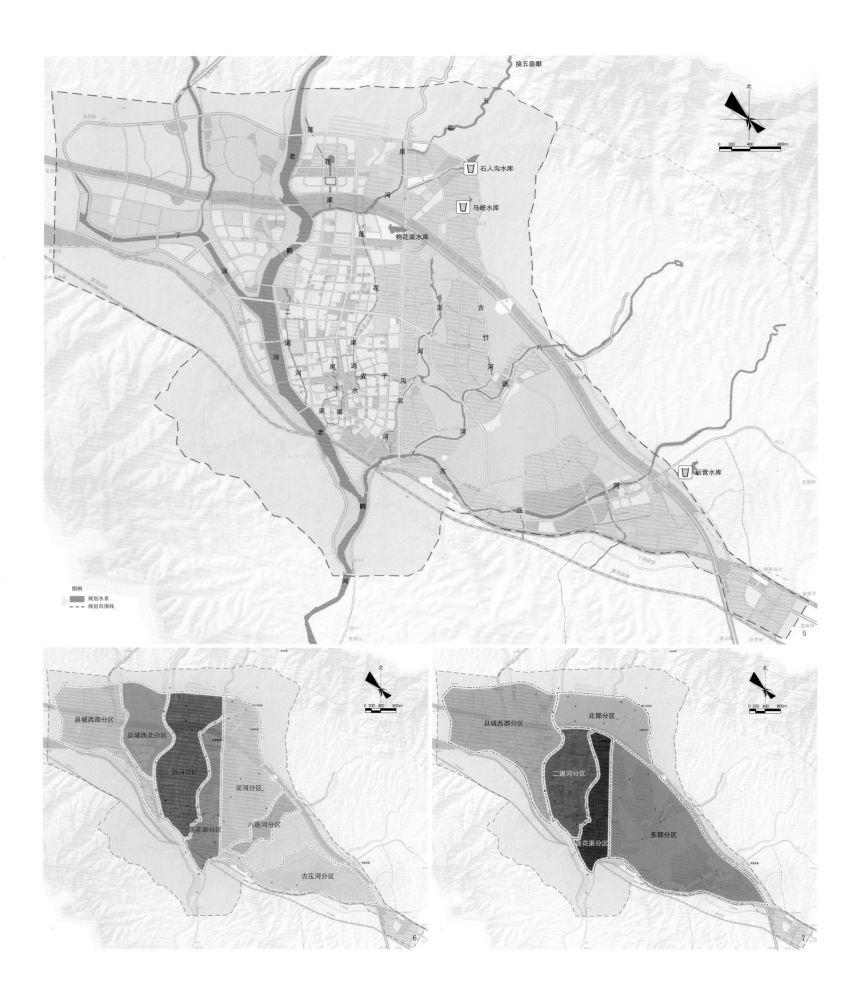

接五泉眼

石人沟水库

马崂水库

棉花渠水库

后营水库

图例
规划水系
规划范围线

县城西部分区
县城西北分区
二道河分区
莲花渠分区
泥河分区
八迭河分区
古庄河分区

县城西部分区
北部分区
二道河分区
莲花渠分区
东部分区

5.城市水系规划图
6.污水工程分区图
7.雨水工程分区图
8.城区燃气系统规划图
9.加气站工艺流程图
10.水厂工艺流程规划示意图

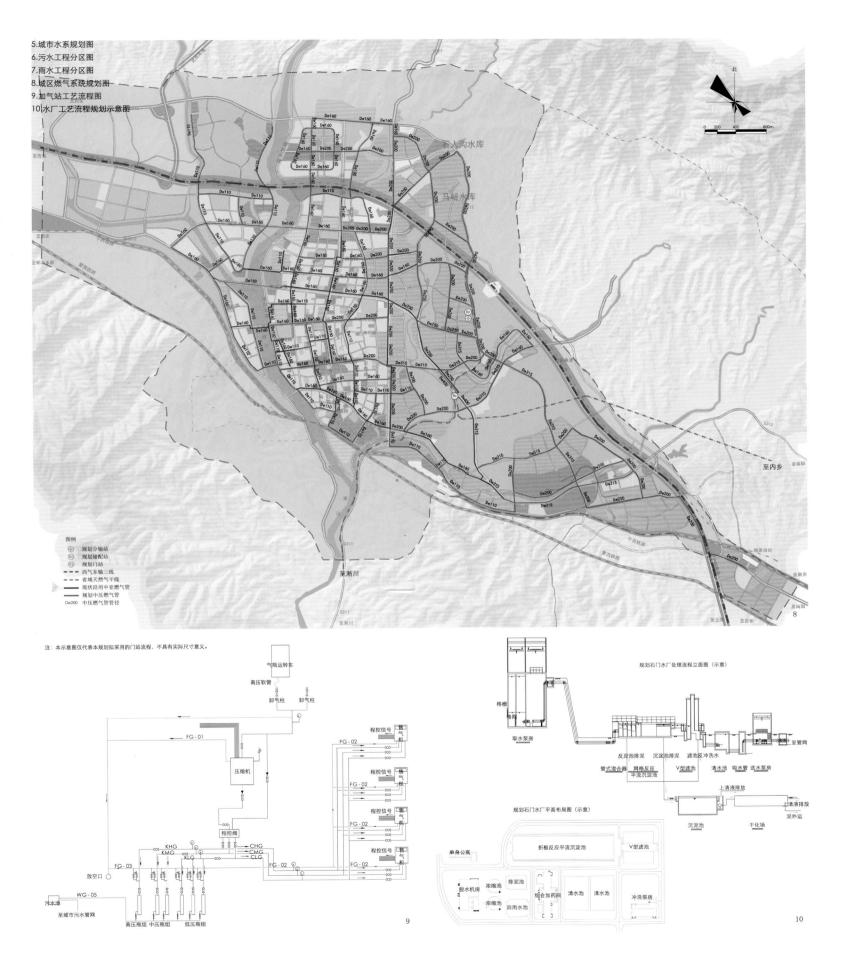

注：本示意图仅代表本规划拟采用的门站流程，不具有实际尺寸意义。

澧县中心城区道路专项规划

[项目地点]　　湖南省澧县
[项目规模]　　61 km²
[编制时间]　　2015 年

1.中心城区道路功能规划图
2.中心城区停车系统规划图

一、优化道路空间资源战略

1. 支持公交先行战略

在城市交通发展战略中提出公交优先的战略,并且在路网规划中要予以落实,主要从三个角度进行:包括相关道路线形要满足所服务的交通工具行驶要求;断面设计中需要预留公交专用道和站台布置空间;规划道路交叉口要有一定的优先措施空间预留。

2. 分离不同交通需求

客货车辆相互干扰会带来城市交通效率低下,同时大型货车直接穿越城区也影响交通安全和城市形象,为满足产业发展带来的货运需求,需要规划相应的货车通道,并与城市客运交通通道分离。

对外交通中的过境交通要尽量减少与主城区的交通冲突,出入境交通要与城市内部交通有机衔接,降低相互之间影响。对不同速度的交通流需要从空间上给予适当分离,以提高各自运输效率和安全性。

3. 旅游交通与城市交通有机结合

澧县文化历史悠久,有较多的历史文物古迹和景点,具有发展旅游业的基础。从发展休闲旅游的角度而言,在路网规划上需要处理好旅游与城市交通之间的关系,在路网规划中体现为道路速度的控制、旅游区道路断面的设计和交通管理等。

二、雨水规划原则

(1)合理划分排水区域,确定雨水设计标准,并充分利用现有雨水设施,最大可能节省工程投资。城市雨水排水体系与城市防洪、排涝体系系统一协调考虑。

(2)雨水利用采用分散收集、就地回用的原则,合理利用雨水资源,实现

雨水水资源的可持续性。

(3)雨水工程规划与城市其他专项规划相协调,确保规划的前瞻性、科学性和可操作性。

三、雨水管网系统布局

根据地形、道路坡度、河道、排洪沟的位置来布置雨水管渠,雨水管渠的布置应根据分散和直接排放的原则,保证雨水管渠以最短距离、最小管径就近排入周边河道。合理控制管道坡度和埋深,满足支管的衔接及与其他管线的交叉需要。雨水管道应平行道路布置,宜布置在人行道或者绿带下,规划雨水管渠管径为DN400~DN2000。此外,雨水规划应与城市防洪排涝规划紧密结合,确保城区重现期内不出现内涝。

四、污水的系统布局

为了使污水系统既能充分发挥其功能,满足实用要求,又能处理好污水系统与城市其他基础设施部分的相互关系,污水系统布置中所遵循的原则是:

(1)符合城市总体规划要求,并和其他单项工程规划相互协调。

(2)管道系统布置应根据现有和规划的地下设施、施工条件等因素综合考虑确定,尽可能使污水管道坡降与地面一致,以减少管道埋深。污水管道尽可能沿道路的慢车道或绿化带进行布置,并尽量避免或减少穿越河道及其他障碍物。

(3)既要考虑到符合地形趋势,取短捷线路,顺势排水,又要使每段管道均能承担适宜的服务面积。

(4)利用与结合现状,充分发挥现有污水管网及污水处理设施的作用。

(5)尽量不设或少设污水泵站,以降低工程造价和运行管理费用。

(6)考虑近远期结合,合理安排分期工程建设。

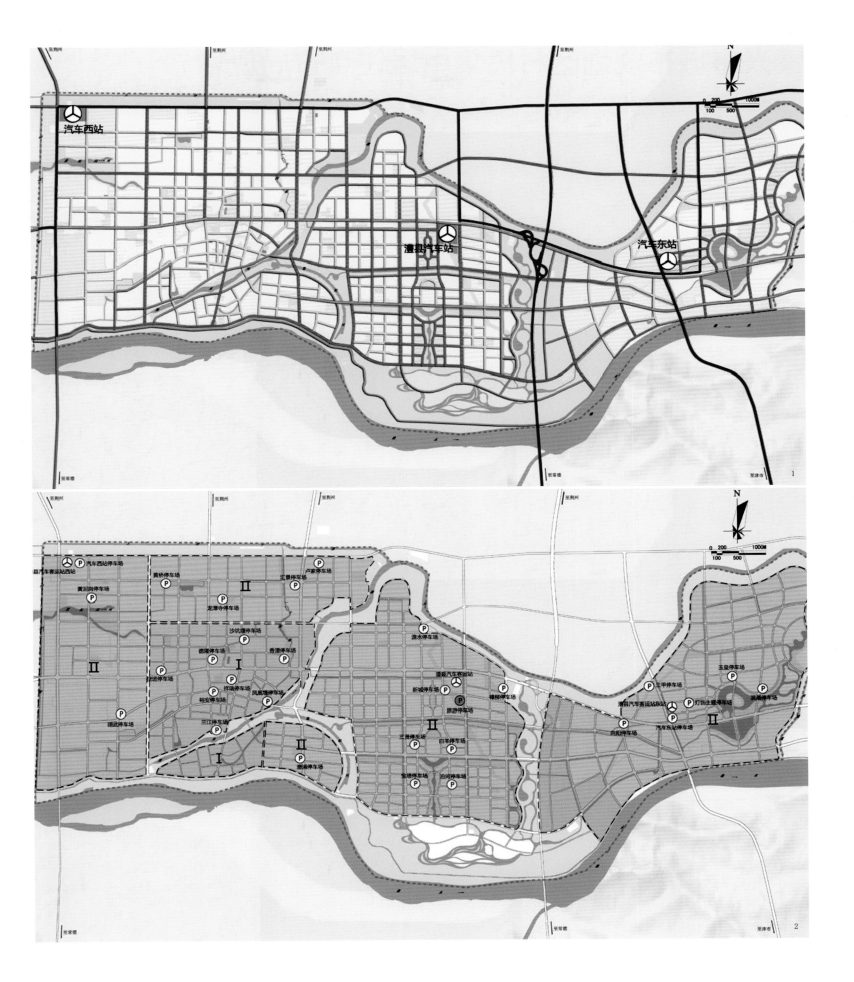

泰兴市城市规划区村民集中居住点布局规划

[项目地点]　江苏省泰兴市
[项目规模]　226.16 km²
[编制时间]　2016 年

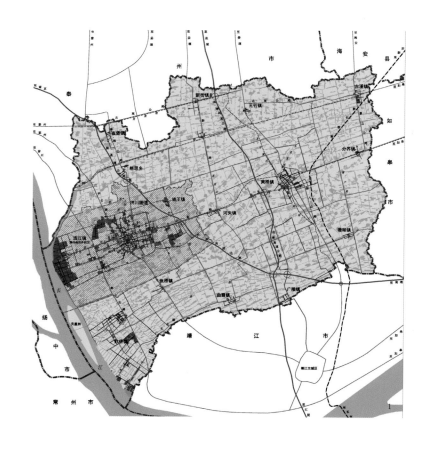

1.区位分析图
2.道路交通规划图
3.村庄产业发展引导图
4.公共服务设施规划图

一、规划背景

　　2014 年3 月《国家新型城镇化规划（2014—2020 年）》的出台，城乡分割、城市主导的传统城镇化路径进一步向以城乡统筹、节约集约、公平共享等为主要特征的新型城镇化道路转变，新型城镇化已经上升为国家战略层面。

　　村庄布点规划是为引导农民集中居住、工业向镇（乡）以上工业片区集中，促进村庄适度集聚和土地等资源节约利用，促进农村基础设施和公共设施集约配置，促进整合农业生产。

二、规划目标

　　村庄布点规划要以"促进新型城市化、城乡一体化发展"为目标，在泰兴市城市总体规划等上层次规划指导下，与国民经济发展、土地利用、生态环境保护、农业、扶贫、交通和水利等规划相衔接，对村庄的性质定位、人口和用地规模、产业布局与发展、公共管理与公共服务设施、道路交通设施、公用工程设施等进行科学规划，以指导村庄规划的编制，促进城乡统筹协调发展。

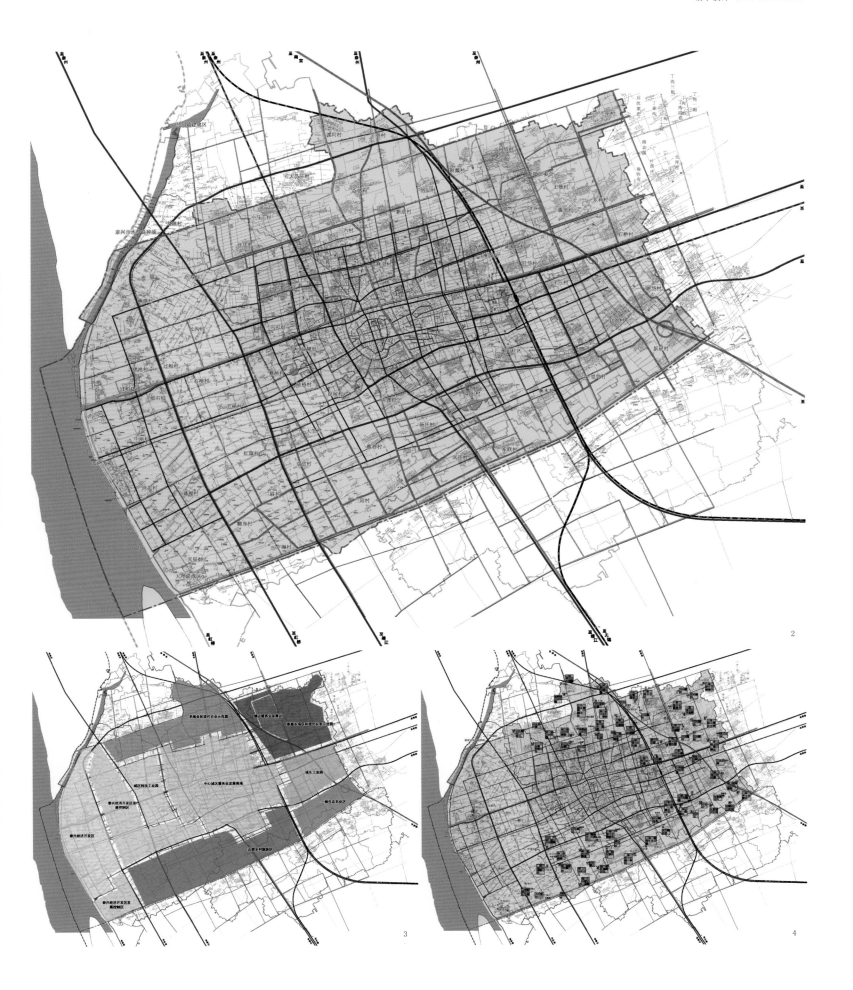

2

3

4

澧县大坪乡文化旅游小镇街景和道路风貌引导

[项目地点] 湖南省澧县

[项目规模] 规划范围包括大坪乡镇区沿 S302 约 1 100m 长度、沿张大公路 500m 长度的道路两侧（50m 范围）街景和道路风貌引导

[编制时间] 2014 年

一、项目背景

大坪乡集镇与城头山遗址公园相辅相成、互为依托、不可分割，两者包括功能布局、土地使用、旅游市场和旅游设施、市政基础设施的配套等，都需要共享共荣、统一部署。大坪乡集镇发展定位为文化旅游小镇，目前S302和张大公路的街景现状与文化旅游小镇的定位不相符合，需通过规划设计进行统一引导。基于提升镇区功能、改善集镇面貌、发展旅游产业的目的，受澧县大坪乡人民政府委托，特编制大坪乡文化旅游小镇街景风貌引导和道路风貌引导。

二、主要设计内容

1. 整体风貌

充分结合城头山遗址保护项目建设的要求，确定大坪乡街道的整体风貌，并与城头山遗址保护项目整体风貌协调一致。

2. 功能定位

根据大坪乡的现状，确定大坪乡的功能定位及发展方向。

3. 功能分区

依据大坪乡的功能定位，以及城头山遗址保护项目开发的背景要求，确定大坪乡集镇的功能区划。

4. 地方特色

深入挖掘、提炼城头山文化的内涵，选取地方特色的设计元素融入整个集镇街道城市设计中。

三、规划结构

双源动力、多核引领、轴线延展、九区联动。

1.整体模型效果图
2.规划总平面图
3.改造效果图

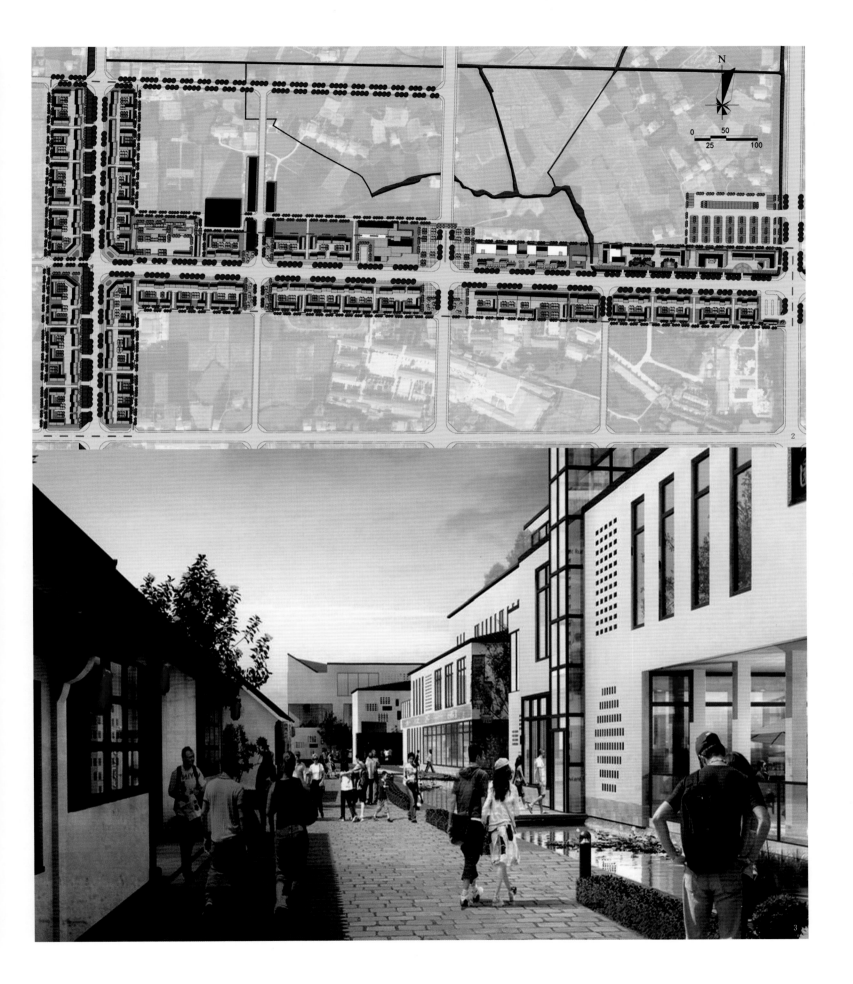

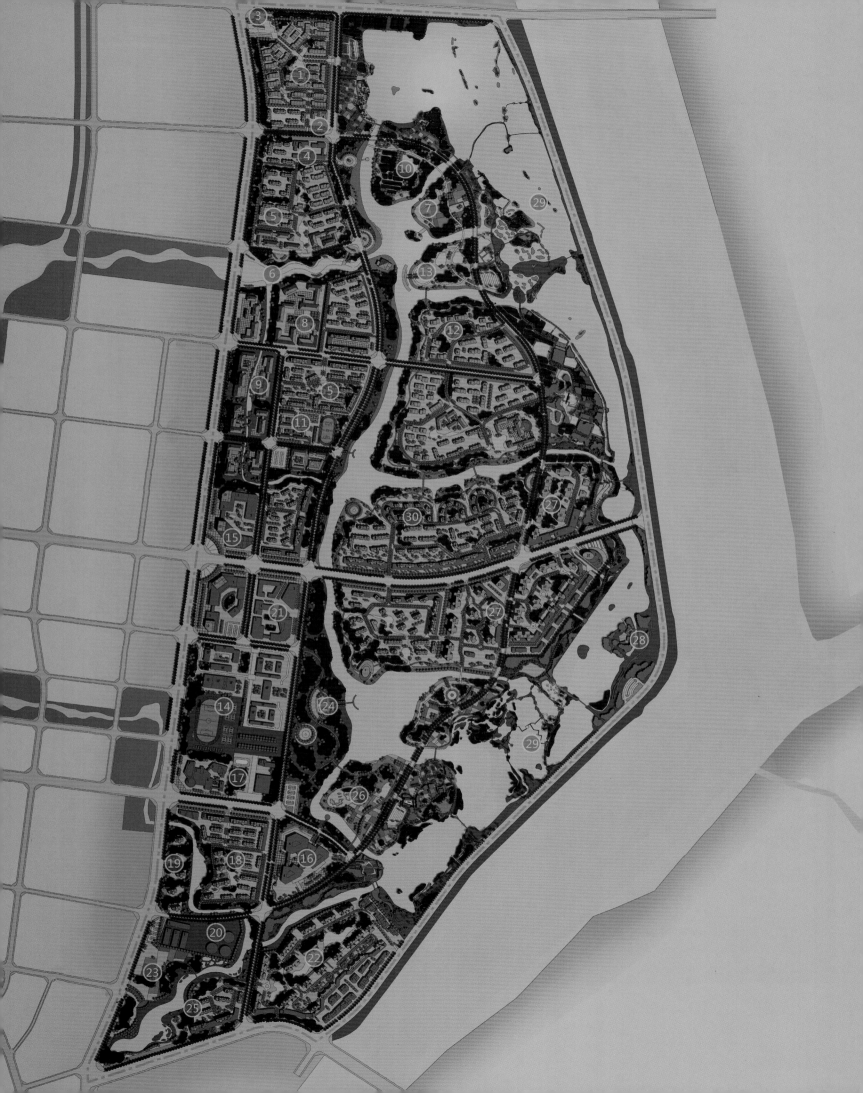

景观规划
Landscape Plan

繁峙县砂河镇北山森林公园方案设计

[项目地点]   山西省忻州市繁峙县砂河镇
[项目规模]   约 1 km²
[编制时间]   2014 年

1.北山公园总平面图
2.设计效果图

一、项目背景

项目位于山西省砂河镇镇区北面，原砂河镇北山范围内，总规模约1km²。

作为山西首批的21个"百镇建设"项目之一，砂河镇在经济转型、跨越发展新型旅游城镇的同时，为北山公园的规划提供了重要契机。同时，公园是衡量城镇生活质量的重要方面，北山公园坐落于镇北，是砂河镇重要的城市公园和文化休闲基地。本次设计对于该镇加强城镇建设质量、改善居民生活具有十分重要的意义。

二、项目构思

项目从多方面切入考虑，探讨北山公园设计的内容和塑造手法。

首先，由于特殊的地理位置，砂河镇作为构筑五台山景区北服务基地的城镇定位，城市公园应当体现该地特色文化内涵的同时，考虑融入佛教文化要素，来对公园的文化定位进行提升。

其次，结合区域的山体构造和地质基础，考虑景观的可塑性，结合大地艺术的独特构思，力求体现当地的地域景观特征。

第三，将公园设计与居民生活密切关联，引入切实可行的项目内容，为本地人生活加入缤纷多彩的要素。

三、设计内容与特色

本次设计从城市角度考虑，研究公园与城市景观的联系，主要考虑与镇区历史形成的城市中轴线进行呼应，作为轴线终点，塑造景观设计的标志性与鲜明性。

设计由隐喻和中轴开放两个角度切入思考，将中国古代园林"藏景"和"数"理观念统筹考虑，重点刻画轴线景观。

其次，在文化的塑造上，将佛教文化与地域民俗文化进行融合，在中心景区布置不同功能和内涵的人文建筑与设施，从视觉、听觉、感觉多方面考虑园区艺术的刻画与塑造。

第三，对大地艺术和自然地质的充分尊重是贯穿设计的重要理念，从地势形态出发，刻画天然的"坐佛"形象核心景区，充分打造城市空中景观，也是为下一步镇区机场建设提供了一张精彩的城市名片。

第四，考虑该地的峡谷景观构造和土地特质，提出保护和改造同时开展的设计思想，一方面结合地形塑造峡谷景观、空中锁桥、台地风景等自然景观，另一方面也将休闲健身场地、棋院茶馆、百姓戏台等多种功能引入，贯穿整个公园设计体系当中，也是对本次设计的人性化与实用性的深入考虑。

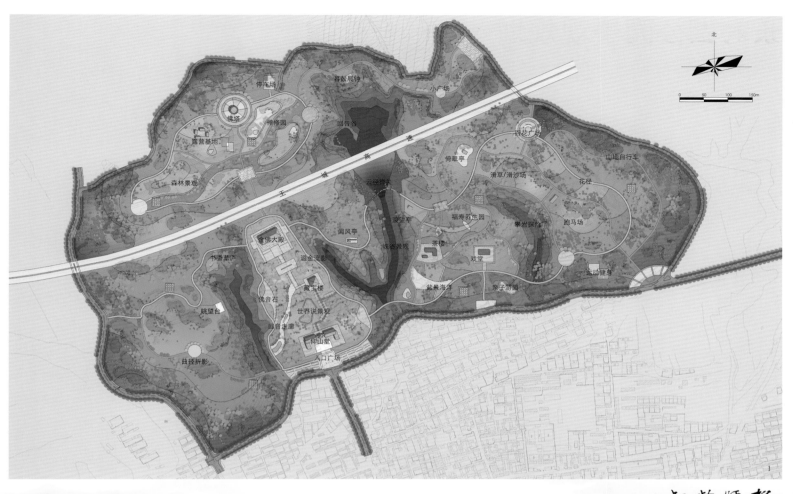

长寿湖公园景观规划

[项目地点]　四川省眉山市彭山区
[项目规模]　116.6 亩
[编制时间]　2016 年

长寿湖公园是彭山区彭祖新城东部重要的开放绿地空间，是彭山"建设品质发展之城"，彰显彭祖新城"江、河、湖、滨"的江城特色的重要空间载体，也是推动彭祖新城发展的启动项目。其原貌为坑凼、鱼池，在此基础上连通水系，形成水岸线4.2km、水域面积约1 300亩的长寿湖公园，但景观风貌、服务接待能力还有待整体提升。

长寿湖公园景观规划紧紧围绕区域的原生乡野风貌，展现"真实"的川西水乡，田园农耕，少触动其"原真性"。并突显市民的情感与行为的互动。为此景观规划采用以下设计策略。

1. 策略一

保留基地原真性，最大限度保留并利用好现状农田＋林盘＋鱼塘＋堤岸，形成具有农耕风貌的面状空间基底。

2. 策略二

梳理、整合、优化局部景观区域，提升乡村景观风貌。

形成以"乡愁农耕文化"为主题，水网环绕、洲岛相连，以"水乡风貌"为特色的开放性公园。其规划结构为：

（1）一道：农耕乡愁体验绿道

在公园东侧利用现状滨江大道，梳理和优化绿化和休憩观景空间，打造一条以观水为主，景色优美的水乡风光游览绿带。

（2）一带：水乡风光游览绿带

在公园西侧利用现状田埂小道，建造一条南北贯通的乡间自行车慢行廊道，串联六大景区和主要景点，将其打造出一条特色的农耕乡愁体验绿道。

（3）三区：寿海芦荡景区、长海田园景区、花海荷塘景区

①寿海芦荡景区：以水坞湖光、芦荡湿地为景观特色。扩大北侧的大水面，形成震撼的千顷湖光。在该区南部，则利用现状的芦苇湿地浅滩空间，形成大水小水对比，层次丰富的水陆空间，吸引野生鸟类栖息，同时丰富岸线高度变化。种植上以芦苇为主，片植芦苇，形成百亩芦苇荡。

②长海田园景区：以百亩菜花田、乡野竹林为景观特色。利用现状狭长形水田交织的田塘空间，沿原田埂、长堤、灌溉渠、乡间小路，串联出独具乡情野趣的田园风貌节点空间，形成油菜花田开阔，水系蜿蜒的景观格局。

③花海荷塘景区：以荷塘圩堤、樱花林田为景观特色。利用现状田埂圩堤，种植成片荷花、睡莲等水生植物，形成众多大小荷塘，并用栈桥串联洲岛，在此可以触水、玩水、摸鱼、捉虾，与自然水系亲密接触。

建成后的长寿湖公园将具有良好的公共开放性和参与互动性，将寄托彭山区市民的乡愁情感，成为彭山区及眉山市市民、天府新区以及成都都市圈游客群的重要休闲旅游目的地，并带动周边彭祖新城的全面发展。

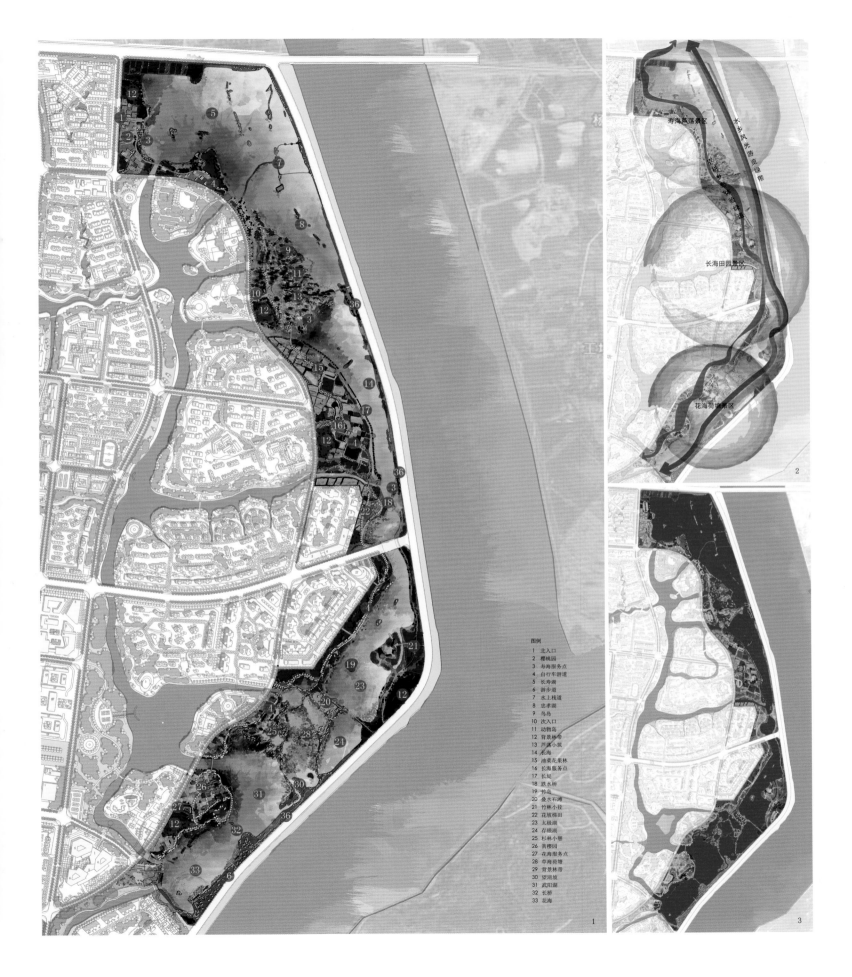

图例
1 北入口
2 樱桃园
3 寿海服务点
4 自行车游道
5 长寿湖
6 游步道
7 水上栈道
8 忠孝湖
9 鸟岛
10 次入口
11 动物岛
12 背景林带
13 芦苇小筑
14 长海
15 油桑花果林
16 长海服务点
17 长堤
18 跌水桥
19 竹岛
20 叠水石滩
21 竹林小径
22 花坡梯田
23 太极湖
24 存银湖
25 杉林小憩
26 黄樱园
27 花海服务点
28 草海荷塘
29 背景林带
30 望湖坡
31 武阳湖
32 长桥
33 花海

4-8.规划效果图

眉山市大东坡湿地策划与规划

[项目地点]　　四川省眉山市
[项目规模]　　964 km²
[编制时间]　　2016 年

1.大东坡湿地总体布局图
2.文化主题分区规划图
3.风貌分区规划图

一、规划背景

2013年，眉山启动"绿海明珠、千湖之城、百园之市"三大工程。2015年，中共中央陆续颁布《中共中央国务院关于加快推进生态文明建设的意见》，确定了生态文明建设方向。同年，《四川省林业推进生态文明建设规划纲要（2014—2020年）》发布，明确了四川省生态文明建设的总体目标。

本次规划旨在通过生态手段营造城市宜居环境，并达到眉山市旅游经济转型目的，同时以岷江山水格局和生态环境建设眉山生态文明之城。

二、构思及特色

规划提出了以大东坡湿地构筑千湖之城核心建设区，形成"一湖两山"格局的设想，划定大东坡湿地范围，打造成都近郊特色湿地区域，同时以岷江为轴，规划眉山岷江旅游系统，形成眉山岷江旅游目的地。

规划界定了大东坡湿地的功能为生态保育、市民休闲以及旅游经济与区域旅游纽带，并确定了建设范围包括岷江及其主要支流河流廊道分为纵向系统和横向系统，纵向上包括眉山范围内岷江干流及其各级主要支流，横向上包括干支流河道、河漫滩和一定范围的高地过渡带。

三、主要内容

规划提出了"东坡大湿地，天府蓝宝石"的总体定位，同时确定了以眉山东坡文化和岷江水文化为核心主题，彭山寿文化、青神竹编艺术文化、农耕文化为次主题，共同构成眉山"大东坡"文化的岷江河流湿地体验区的文化主题定位，以及以自然、野趣为总体景观风格，体现地域环境和建构筑物风貌特色，将人工痕迹隐匿于自然之中的风格定位。

规划结构分为两个层次。

1. 市域"一心—三轴—三片"

"一心"指由东坡城市湿地公园和东湖公园、南湖公园、西湖湿地公园、北湖旅游区构成的核心；"三轴"分别为岷江湿地轴、青衣江湿地轴和沱江湿地轴；"三片"指大东坡湿地片区、青衣江流域湿地片区和沱江流域湿地片区。

2. 控制范围"两核——一廊—多节点"

"两核"包括北湖旅游区和东坡城市湿地公园；"一廊"指南北向沿岷江，北接黄龙溪、南至乐山大佛的沿岷江河流湿地廊道；"多节点"指分布在大东坡湿地范围内的多个节点。

总体布局从两方面着手规划，分别是重点湿地及绿廊。重点湿地总体布局对重点湿地进行了定位引导，并对重点湿地的性质（郊野湿地公园、城市湿地公园及湿地型风景旅游区）、文态（东坡文化空间、岷江水文化空间、寿文化空间、竹文化空间、农耕文化空间及其他文化空间）、业态（科普教育、文化体验、农业旅游、休闲游憩及运动康体）进行规划，同时对重点湿地的标志性景观进行了策划。在绿廊布局中，规划对绿廊的宽度进行了分段控制。

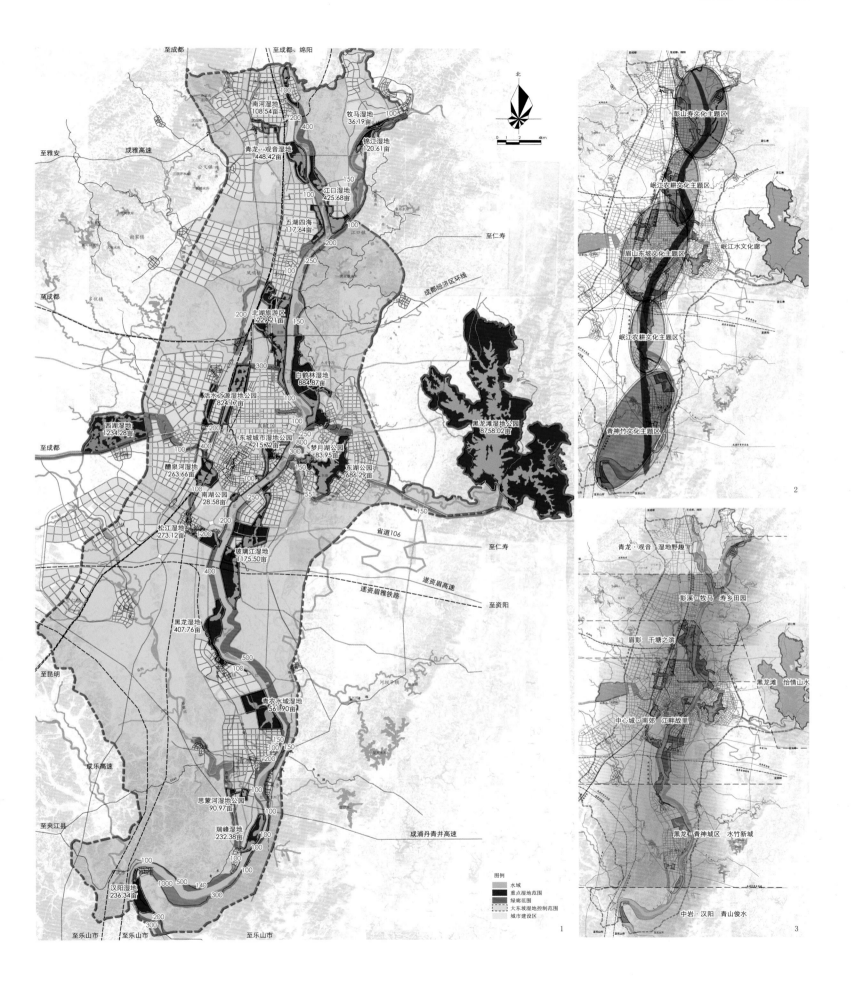

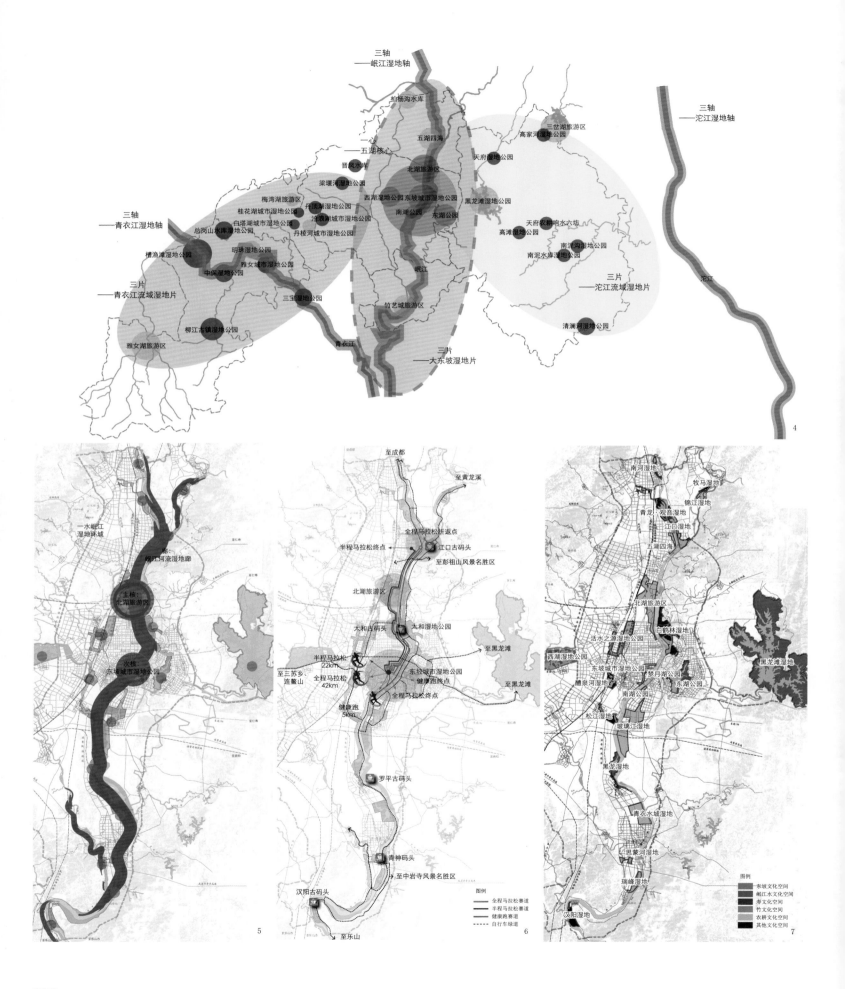

三轴
——岷江湿地轴

三轴
——沱江湿地轴

柏杨沟水库

三盆湖旅游区

五湖四海

高家河湿地公园

天府湿地公园

一心
——五湖核心

晋凤水库

北湖旅游区

黑龙滩湿地公园

梁堰河湿地公园

梅湾湖旅游区

西湖湿地公园 东坡城市湿地公园

天府农耕响水六坊

三轴
——青衣江湿地轴

桂花湖城市湿地公园

丹顶湖湿地公园

南湖公园

东湖公园

高滩湿地公园

白塔湖城市湿地公园

沧浪城市湿地公园

南泥沟湿地公园

总冈山水库湿地公园

丹棱河城市湿地公园

南泥水库湿地公园

三片
——沱江流域湿地片

沱江

槽渔滩湿地公园

明珠湿地公园

岷江

三片
——青衣江流域湿地片

中保湿地公园

雅女市湿地公园

竹艺城旅游区

清渊河湿地公园

三宝湿地公园

柳江古镇湿地公园

雅女湖旅游区

青衣江

三片
——大东坡湿地片

4

一水岷江湿地环城

岷江河流湿地廊

主核：
北湖旅游区

次核：
东坡城市湿地公园

5

至成都

至黄龙溪

全程马拉松折返点

半程马拉松终点

江口古码头

至彭祖山风景名胜区

北湖旅游区

太和古码头

太和湿地公园

半程马拉松
22km

东坡城市湿地公园

至三苏乡、连鳌山

全程马拉松
42km

至黑龙滩

健康跑终点

全程马拉松终点

至黑龙滩

健康跑
5km

罗平古码头

青神码头

至中岩寺风景名胜区

汉阳古码头

图例
——— 全程马拉松赛道
——— 半程马拉松赛道
——— 健康跑赛道
- - - 自行车绿道

至乐山

6

南河湿地

牧马湿地

锦江湿地

青龙·观音湿地

江口湿地

五湖四海

北湖旅游区

活水之源湿地公园

白鹤林湿地

西湖湿地公园

梦月湖公园

黑龙滩湿地

东坡城市湿地公园

东湖公园

醴泉河湿地公园

南湖公园

松江湿地

玻璃江湿地

黑龙湿地

青衣水城湿地

思蒙河湿地

瑞峰湿地

汉阳湿地

图例
■ 东坡文化空间
■ 岷江水文化空间
■ 寿文化空间
■ 竹文化空间
■ 农耕文化空间
■ 其他文化空间

7

成都经济区环线

8

9

10

镇海新城绿轴体育公园景观设计

[项目地点]   浙江省宁波市镇海新城南区
[项目规模]   19.75 hm²
[编制时间]   2015 年

1.鸟瞰图
2.竖向分析
3.慢行交通分析
4.总平面图
5.实景照片

结合已有规划，兼顾南区绿核休闲大本营的发展思路及地方民众对体育设施的强烈需求，公园整体定位为绿轴体育公园，设计力图将其打造为服务于片区居民，以运动休闲为主导的特色性、趣味性游憩场所。

一、设计概念：丰富多彩的"活力岛"

方案的设计灵感来源于一个个活力气泡，目标是要实现一个充满现代气息的"活力"体育公园。它从草案的提炼、叠加再到公园方案的生成，都体现出了丰富多彩的"活力岛"的概念。

二、设计定位

针对基地地势平坦的现状，本方案通过地形的重塑、空间的布置，力图打造出一个具有丰富地形特征的全民性、全季性的体育公园。

（1）地形丰富的体育公园

从空间上来看，竖向设计可以使狭长的场地空间变得丰富起来，同时可以增加各个空间的独立性。由此形成的起伏草坡也可以成为体育运动的观赏区或趣味性的运动空间。

（2）全民性的体育公园

从服务对象上来看，公园充分满足了儿童、青少年、中老年等人群对体育设施及场地的不同需求，提供多样化的活动选择，形成多主题性的活动区域。

（3）全季性的体育公园

从活动项目来看，公园尽可能满足了四季体育活动的需要，提供了室内外球类运动场、常年适宜的机械类运动设施、健康绿色的环形步道、亲近水体的沙滩戏水区、适宜冬季的冰雪运动等多元化的项目选择。

三、慢行空间设计

镇海绿轴体育公园最大的亮点就是慢行空间与环境、活动内容相融合，它兼顾运动、文化、建筑、观景、休闲等多功能，慢行空间极具趣味性及参与性让游人眼前一亮，整个慢行空间设计无不充满"活力"的氛围。

针对现有地形缺乏变化的特征，先对地形进行了改造、梳理、整合，使其变得丰富灵动而合理有序；再与慢行交通进行有机相融，使其取得整体联通而空间独立的特征。由此本项目无论在景观视线的组织上还是在活动空间的塑造上都有着多样的变化。也令穿梭其间的游人获得了多重的体验，既有充满活力的运动体验，又有步移景异的游赏体验，这一切皆源于与自然环境"相融"的人性化设计。

6

7

湖口县洋港新区核心区景观设计

[项目地点]　江西省湖口县

[项目规模]　32 hm²

[编制时间]　2013 年

一、项目背景

1. 区位解读

湖口县地处江西省北部,湖北、安徽、江西三省交界处,由长江与鄱阳湖唯一交汇口而得名,是"江西水上北大门",素有"江湖锁钥,三省通衢"之称。境内东临彭泽,南接都昌,西与星子、庐山区界湖毗邻,北与安徽宿松襟江为界。全县面积669km²,人口29.1万,辖五镇七乡两场。

湖口老城占据长江与鄱阳湖交汇口,水运交通方便,且与三里台山中心组团联系紧密。

目前,老城区、洋港新区与工业组团交通联系不便,不利于居民通勤交通。老城区和洋港新区之间被象山阻隔。

2. 圈层布局

(1)圈层一为洋港新区的公共活动中心,公园周边将形成以商业、教育文化,滨水娱乐休闲、酒店商务,办公等为主的公共服务圈层。

(2)圈层二是以居住和社区级活动为主的居住区。

(3)圈层三是以台山、象山、滨江广场构成的外围山水格局。

洋港公园作为圈层一的核心,是集滨水休闲、文化衍生、商业购物,生态体验等复合功能市民公园。

公园的建设作为洋港新区开发的源头,可以起到带动片区开发,提升洋港新区土地价值的效用。公园的打造形成与周边片区在功能、景观上相互融合、相互渗透, 将生态、文化等有机的景观要素穿插在城市肌理中,创造出湖口地区独一无二的亲切宜人的滨水城市空间。

二、形象定位

洋港滨水公园——洋港"ECO-ACT",生态之源、活力之源。

三、设计构思

1. 滨水游憩带—公园骨架的构建

洋港公园是开放的城市空间,依据现状水系的形状,首先构建公园的骨架——滨湖游憩带,将公园融入周边环境中,构筑公园与环境之间的视线通廊,其次依据公园周边用地与公园的交通联系,布局公园主要出入口位置和联系通道。

2. 区——公园特色分区

(1)阳光水岸:该片区规划以"阳光水岸"为主题,强调慢节奏的城市生活,为市民、游客和工作者提供游憩场所和服务,倡导阳光水生活的生活理念,消除日常生活、工作中的负能量。

(2)都市活力:片区区位优势明显,大量的人流也将提升该片区的商业价值。因此片区以"都市活力"为主题。

(3)源来自然:洋港得天独厚的自然禀赋为该片区的城市发展、生态环境塑造奠定了良好的基石。作为基地既临水又靠山的片区,其概念源于水绿交融,以"源来自然"为主题,强调自然的野性之美和山水联动,为该地区提供较为原生态的地域景观。

(4)钟山风情:该片区概念受此启发,以"钟山风情"为主题,用新中式的风格,以园林式的建筑形式和空间布局为设计手法,打造别具匠心的湖口天地。

3. 公园整体景观结构

"一脉、四区、十二景"。

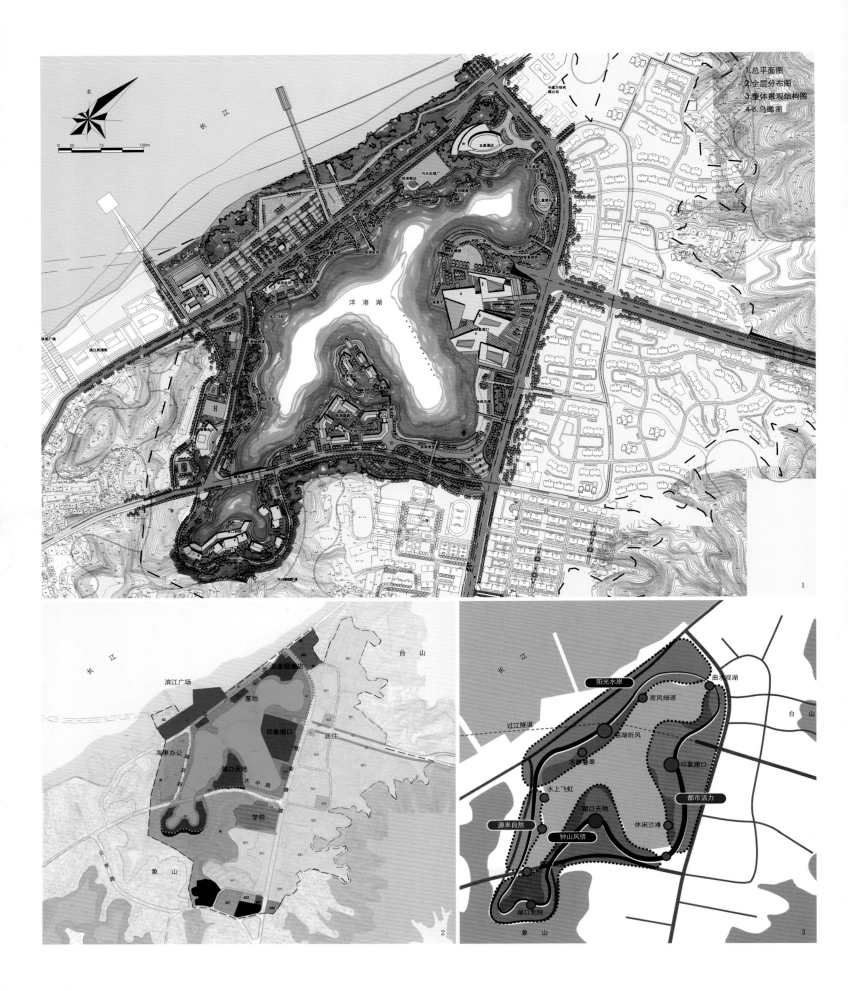

阜南县界南河绿带景观方案设计

[项目地点]　　　安徽省阜南县

[项目规模]　　　占地面积 1.17 hm²

[编制时间]　　　2012 年

　　界南河位于安徽阜南县，是流经阜南县城的主要河流，滨河景观带是提升城市总体环境和城市品质的稀缺型景观资源。

　　方案提出"城南活力水岸、界南绿色风景"的主题定位；是尊重场地特征、挖掘地域文脉、融入时尚元素、满足周边居民和城市市民户外游憩、运动休闲、文化感受、时尚体验的滨河型城市绿色空间。

2

图例
1　城市广场　　10　水岸茶座
2　亲水广场　　11　健身广场
3　滨水步道　　12　地形游乐场
4　亲水平台　　13　儿童活动场
5　地景雕塑　　14　极限运动场
6　游船码头　　15　百鸟乐园
7　音乐广场　　16　阳光草坪
8　老年健身广场　17　野趣林
9　室外篮球场

3

4

5

平山县县城迎宾路景观大道设计

[项目地点]	河北省平山县
[项目规模]	11 km
[编制时间]	2014 年

1.建设大街总平面图
2.建设大街改造效果图

一、项目背景

随着国家经济发展方式的转变，新型城镇化战略的提出，旧城更新及环境美化将成为未来城市建设的重点和热点。

抓住历史机遇，通过景观整治和环境美化，提升城市面貌，改善城市生态环境。通过政府公共投资，提升城市品质的同时，激发市场主体积极性；市场主体的参与，可减轻政府城建投资的负担，并实现城建投资多元化、市场化格局。并且，通过迎宾大道城市景观的建设，可以带动迎宾大道周边区域土地价值的提升，亦可促进促进房地产业和旅游业的发展。

二、规划重点

1. 沿街建筑立面改造重点

区分街道中各个层次的建筑，在对沿街立面整体改造的同时，对重点建筑进行较大幅度的整体性改造，取得以点带面的效果。进行夜景设计，实施城市亮化工程，在取得良好城市日景的同时，对城市的夜景进行统筹考虑。

对沿街建筑立面的改造主要包括：建筑风格与色彩、确定建筑的主导风格和建筑主色调；根据不同的建筑功能，选择符合城市风貌主题的建筑材料；增加建筑构架、外立面重装修、改变窗格结构；空调机位统一整治；根据商业店面的性质，确定店面广告牌尺寸、风格及材料；确定灯光照明的类型。

2. 步行道设计重点

地坪改造：铺装、路垣、台阶踏步突出反映各个街道风貌；街道家具：桌椅、垃圾箱突出人性化设计；照明灯具：路灯、草坪灯、艺术造型灯丰富城市夜景；植栽附属设施：树盆、树池统一设计，突出城市品位；信息指示设施：通过对指示路标、广告牌突出街道各自形象。

3. 重要节点设计重点

主要节点包括：高速连接线县界节点、冶河湿地公园节点、柏坡西路铁路桥公园节点、金三角游园节点、柏坡西路与钢城路交叉口节点等。

包括设计构思、建筑风格及景观特色。通过对项目的基础调研以及上位规划的理解及结合对各个节点的功能、现状建设情况，制订相应的设计原则、指导思想及设计目标和设计定位，形成富有特色的城市标志性景观节点系统。

4. 道路绿化景观设计重点

包括高速公路连接线、建设大街和柏坡西路的道路绿化景观设计。根据不同路段的功能定位和道路特色，也根据区域自然和人文景观资源特色和整体格局进行塑造，形成富有特色的城市门户景观空间；对于设计范围内的植物设计、城市家具、铺装等做详尽考虑，并在方案阶段能够明确这些景观组成要素的形态。

三、分段定位

1. 高速连接线功能定位

运动：生态景观迎宾道。

高速公路连接线是石家庄进入平山的重要通道，该道路沿线分布有小山、村庄、农田、厂房，沿线景观以自然形态为主，考虑车辆行驶速度及封闭度较高等因素，规划将其定位为生态型景观迎宾路景观大道。

2. 湿地公园定位

生态：城市绿洲。

利用冶河沿线良好的生态湿地环境和景观资源，打造具有标志性的城市绿洲。湿地公园总面积约1.6km^2，是兼有环境保护、湿地研究、生态教育、旅游观光以及休闲娱乐等多种功能功能的公益性城市生态公园。

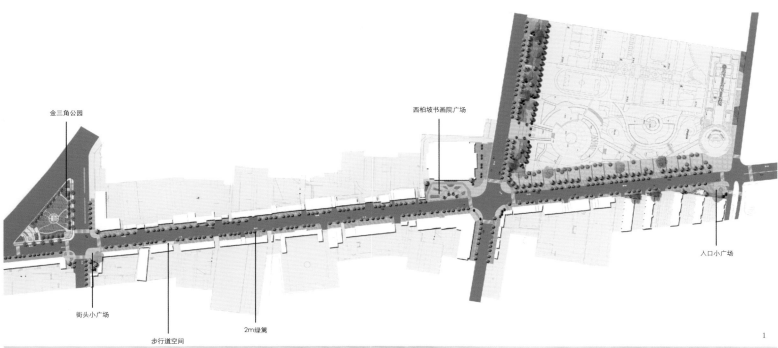

金三角公园

西柏坡书画院广场

入口小广场

街头小广场

步行道空间

2m绿篱

1

2

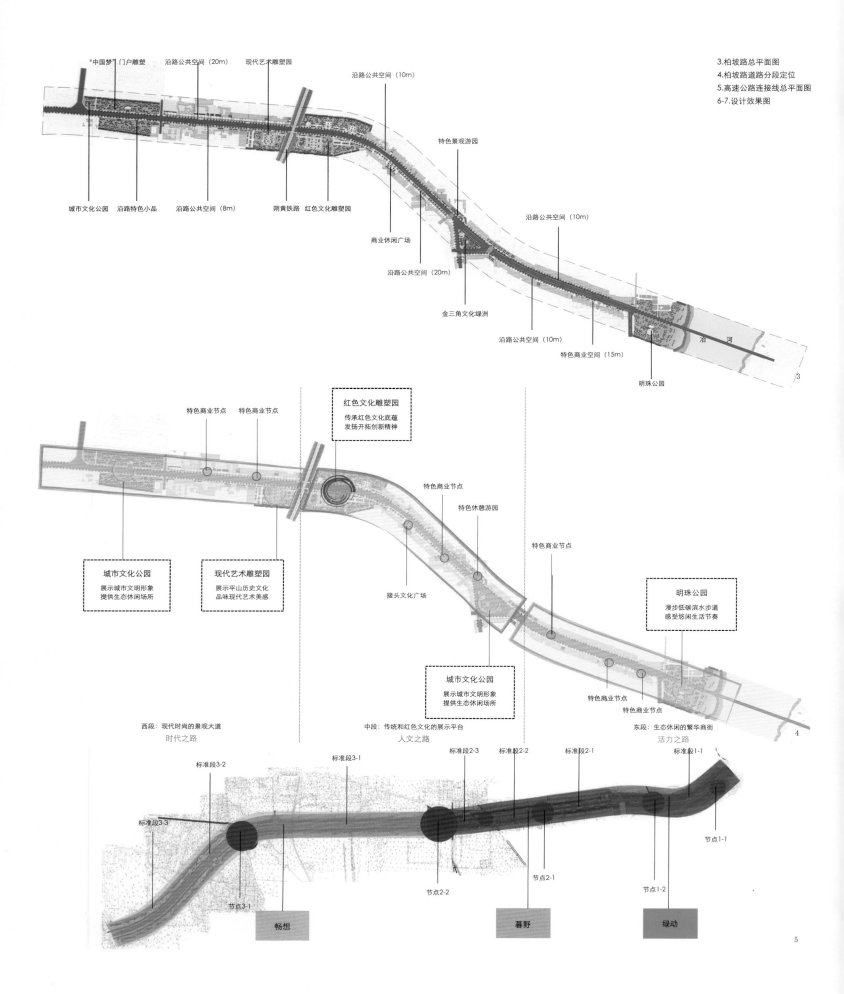

"中国梦"门户雕塑　　沿路公共空间（20m）　　现代艺术雕塑园

沿路公共空间（10m）

特色景观游园

沿路公共空间（10m）

城市文化公园　　沿路特色小品　　沿路公共空间（8m）　　朔黄铁路　红色文化雕塑园

商业休闲广场

沿路公共空间（20m）

金三角文化绿洲

沿路公共空间（10m）

特色商业空间（15m）

明珠公园

沿河

/3

特色商业节点　　特色商业节点

红色文化雕塑园
传承红色文化底蕴
发扬开拓创新精神

特色商业节点

特色休憩游园

特色商业节点

城市文化公园
展示城市文明形象
提供生态休闲场所

现代艺术雕塑园
展示平山历史文化
品味现代艺术美感

接头文化广场

明珠公园
漫步低碳滨水步道
感受悠闲生活节奏

城市文化公园
展示城市文明形象
提供生态休闲场所

特色商业节点

特色商业节点

西段：现代时尚的景观大道
时代之路

中段：传统和红色文化的展示平台
人文之路

东段：生态休闲的繁华商街
活力之路

4

标准段3-2

标准段3-1

标准段2-3　标准段2-2

标准段2-1

标准段1-1

标准段3-3

节点1-1

节点3-1

节点2-2

节点2-1

节点1-2

畅想

暮野

绿动

5

6

7

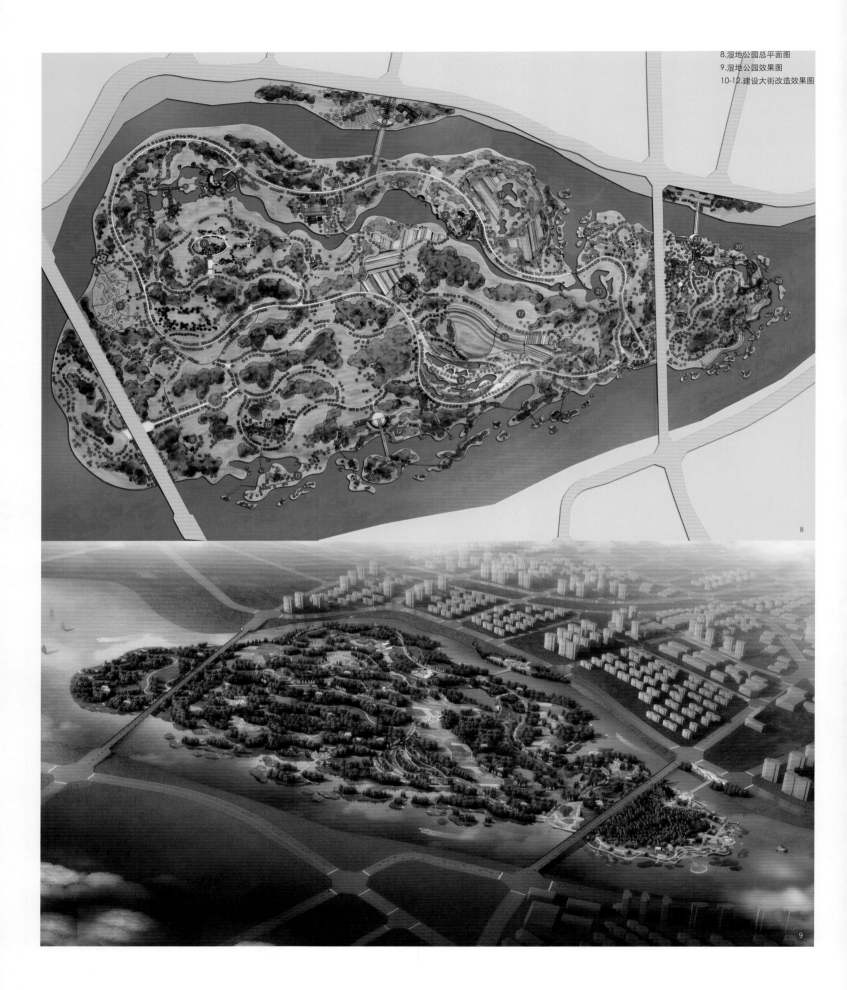

8.湿地公园总平面图
9.湿地公园效果图
10-12.建设大街改造效果图

8

9

澧县复兴厂镇 G207 道路景观要素设计引导规划

1.标准段平面图
2-3.节点透视图

[项目地点]　　湖南省澧县

[项目规模]　　新 G207 道路沿线，以二广高速出入口为起点向南延伸长约 2 400m 的道路两侧建筑以内的范围

[编制时间]　　2015 年

一、项目背景

　　复兴厂镇位于湘鄂交界地区，是澧县北部以农业为主的边贸小镇。目前，在复兴厂镇境内已建成新G207、二广高速及出入口，交通设施的改善为小镇发展带来了积极推动因素。但目前来看，复兴厂镇整体建设情况不佳，尤其是新G207的建设水平也相对较差，与当下的发展要求不相适应。

　　随着复兴厂镇作为湘鄂边贸口子镇的地位日益凸显，新 G207 将被赋予新的时代要求，既要满足道路本身的功能性使用要求，又要体现独具魅力地方特色，成为展现澧县与复兴厂镇的重要名片和标识。

二、景观结构

1. 打造"两段、三节点"的景观结构
　　两段——复兴序、橘柚香。

　　三节点——高速出入口节点、双复路口节点、万家超市节点。

2. 复兴序
　　该段道路是高速公路连接线，是进入复兴厂镇的第一印象区，以复兴厂镇。序幕区域重点打造，在景观配置上体现门户区域的特色。

3. 橘柚香
　　该段道路主要结合当地远近闻名的橘柚特色，打造独特的橘柚香节点，推广本地品牌。

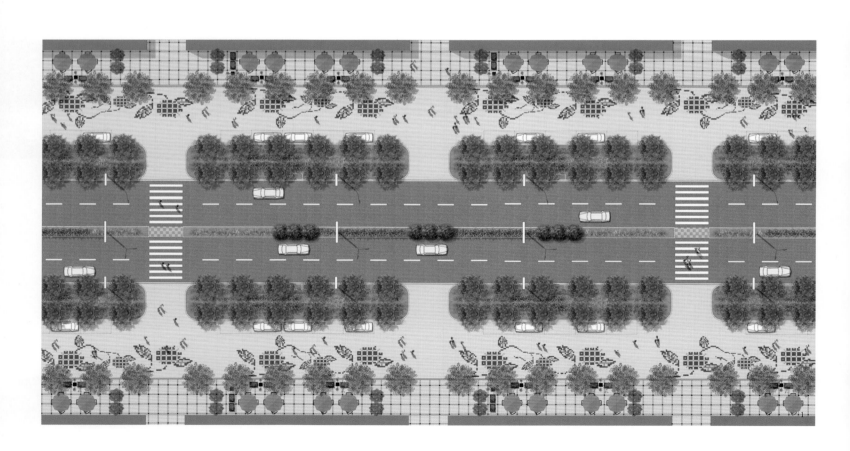

建筑设计
Architecture Design

繁昌窑遗迹展示馆建筑方案
天沐温泉酒店二期建筑方案设计
池南游客中心和池南长途客运站建筑方案设计
繁昌县范马院士工作站概念规划及景观建筑方案设计
吉安吉州窑博物馆建筑设计
阜南县商贸城建筑方案设计
阜南县妇幼保健医院建筑方案设计
繁昌县茅王家庭农场概念规划及景观建筑方案设计

繁昌窑遗迹展示馆建筑方案

[项目地点]　　安徽省繁昌县
[编制时间]　　2014 年

1.方案一总平面图
2.方案二总平面图

一、项目背景

经考古调查，柯家冲窑址在东西长约0.9km，南北宽约1.2km，总面积约1km²的遗址区内散布大量的残窑砖、残破匣钵和瓷片，数十条龙窑遗迹分布在冲内的岗坡上，由于遗址区内植被较好，草木茂盛，多数龙窑遗迹得以保存。

现已发掘龙窑窑炉两座、作坊基址一处，遗址龙窑基址发掘区山坡南、东侧的山脚平地上，面积约为千余平方米，本次设计的遗迹展示馆即位于此处。建筑一方面为遗址提供保护，另一方面又具备展示功能。

二、设计原则

1. 最小干预原则

繁昌窑遗址公园内发现的窑址，历经千年的历史发展沉淀，是文化遗产与历史自然环境交合演替的过程，在繁昌窑国家考古遗址公园的建设中应尊重历史自然生态环境的演替过程，尊重人类在这片土地上千年的农耕与陶瓷文化的历史沉淀。在不改变遗址原状，实施原址保护的前提下，按照保护要求选择保护技术，还原、恢复历史生态风貌环境，坚持最小干预原则。

2. 文化性原则

繁昌窑遗址是一处由中国古代窑业遗址为主要构成的遗产地，它代表了繁昌窑制瓷的年代范围和器物的总体特征，并于2001年被国务院公布为全国重点文物保护单位。已发掘清理出的一座完整的龙窑是北宋时期龙窑的典型代表。如何打造一座充满历史感和文化性的展示保护建筑，是设计中需要重点考虑的内容。

3. 可持续发展原则

一切为了遗址保护，所以需充分考虑展示馆拆扩建的可能性，建筑的布局及所采用的结构形式等要利于可持续发展原则。

4. 以人为本原则

繁昌窑遗迹展示馆作为开放性的保护建筑，要坚持以人为本的原则，方便人们在此进行参观研究等活动。

三、方案设计

1. 方案一

(1) 建筑面积：1 864 m²
(2) 建筑高度：6.30 m
(3) 单体平面

根据两个龙窑遗址设计的建筑主体，沿山势逐层跌落，形成两条静卧的巨龙，与龙窑的名字不谋而合；六十余米长的建筑又似两条并行的时光隧道，把人们带到以前曾经辉煌的历史岁月。

门前广场上覆钢化玻璃的下沉的磁片坑、使人们可以近距离观赏留存下来的精美碎瓷片；预留出来的作坊复原展示模型区域，可以让参观的人们对以前瓷器的制作流程一目了然。连接两个龙窑之间的辅助用房为遗迹展示馆提供必要的支持和帮助。

(4) 立体造型

龙窑部分建筑外立面采用土红色陶土板，与山体颜色融合统一；分段跌落的体块之间是用来提供自然采光与通风 的透明玻璃窗。辅助用房上金属瓦覆盖的坡屋顶继承并发展了传统建筑典型的语言符号；用钢丝网兜住的由下而上逐步变大的从当地就地取材的石块墙体既满足了遮风避雨的功能，又充满力量与美感，并与山野地形相得益彰。

2. 方案二

(1) 建筑面积：2 438 m²
(2) 建筑高度：6.30 m²
(3) 单体平面

龙窑部分根据窑址所在地，其位置及造型不变。

作坊区将其纳入建筑之内，以给遗迹及前来参观的人们提供更好的保护。美中不足之处在于地下的情况目前尚未百分百明朗，建造的区域可能会影响到地下文物。

(4) 立面造型

龙窑部分建筑外立面采用铁锈板外挂，在赋予其独特个性的同时体现时间所带来的沧桑感；作坊区外墙面仍采用钢丝网外包石块做法；石块下密上疏，使其在视觉上感觉更加稳重。

Z

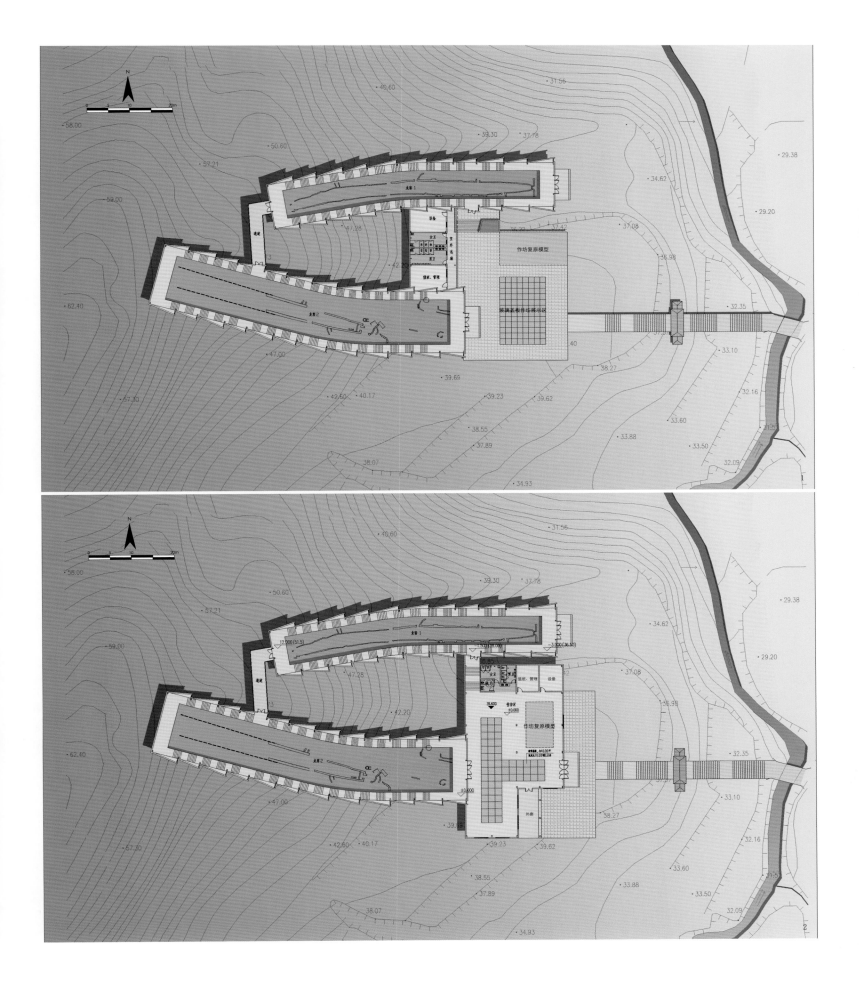

3.5.方案一鸟瞰图
4.6.方案二鸟瞰图

天沐温泉酒店二期建筑方案设计

[**项目地点**]　吉林省长白山保护开发区池南区漫江镇

[**项目规模**]　总建筑面积 19 879 m²

[**编制时间**]　2015 年

1.总平面图
2-3.鸟瞰效果图

基地位于长白山池南区的中段偏南，北临S302省道。总用地面积为14 299m²，建筑面积19 879m²。

项目定位为中高端精品花园温泉酒店，建筑风格为寒带山地特色瑞士城堡风格，具有浓郁的地域风情和度假感，和天沐酒店一期的现代地域风格能很好地结合，相互呼应。利用地形高差与下穿连廊相结合，既提高了地下空间的使用感受，同时解决了一、二期建筑的有机联系。

4.沿街透视图
5.酒店内院透视图
6.沿街透视图
7.内院透视图
8.别墅套房透视图

池南游客中心和池南长途客运站建筑方案设计

[项目地点]　吉林省长白山保护开发区池南区漫江镇

[项目规模]　总建筑面积 4 893 m²

[编制时间]　2015 年

1.鸟瞰效果图
2.总平面图

规划基地位于池南区漫江镇中心位置，基地北侧紧邻302省道。总用地面积2.61hm²，总建筑面积4 893m²。

池南区长途汽车站
CHINAN COACH STATION

3-8.局部透视图

繁昌县范马院士工作站概念规划及景观建筑方案设计

[项目地点]　安徽省芜湖市繁昌县
[项目规模]　概念规划 40.26 hm², 繁阳会馆建筑面积 4 379 m²
[编制时间]　2014 年

一、概念规划

1. 项目背景

基地隶属于安徽省芜湖市繁昌县范马村, 属繁阳镇管辖。位于安徽省东南部, 芜湖市西南部, 长江南岸。南倚皖南山系, 北望江淮平原。浩浩长江, 自县域西南向东北川流不息, 峨溪河由南向北穿繁昌而过, 汇入长江。

范马村地处皖南丘陵向沿江平原过渡地带, 基地内地形起伏丰富, 地形标高落差达20m, 地貌层次多样, 现有植被水体亟待整合发展。基地紧贴铁门水库西北侧, 内部水体随地形起伏变化, 西北部略高, 向东南方铁门水库递减。

2. 项目构思：空间整合

(1) 尊重自然环境;
(2) 创造特色商业;
(3) 融入地方文化;
(4) 注重多样休闲。

3. 创新要素：量身打造

(1) 功能复合——摆脱单一的度假区模式, 强调多元功能的复合利用, 提升本项目的竞争力, 增加地区活力, 增强对周边的吸引力。

(2) 休闲服务——对于度假区内会所、别墅园区的配套商业休闲服务设计, 一方面拥有传统的度假休闲服务, 如: 健身房、SPA馆、影视厅、客房、餐饮等。另一方面结合良好的地域环境, 融入了跑马场、高尔夫球场、花田垂钓区域等。

(3) 生态体验——提倡生态理念, 尊重生态环境。注重生态保护, 倡导在自然环境中身心舒畅的状态, 创造多样性的生态体验活动。为度假者创造多元共融的生态体验过程。

(4) 文化传承——深入挖掘当地文化, 在设计规划中融入文化理念, 推崇当地的传统文化, 使度假旅游者在休闲游憩的同时能够受到当地文化的陶冶。

4. 规划目标：山水度假胜地

以优美的山水环境为依托, 以生态为先导, 以深厚文化为支撑, 形成集度假酒店、商务接待、游山泛水、休闲游憩、康体健身、别墅住宿等多功能于一体, 营造多元复合、生态共融、国内一流的休闲度假山庄。

5. 功能分区：文化融合

《太平山水图》刊于清顺治五年, 运用古人的笔法, 画的是太平州所辖当涂、芜湖、繁昌三县山水风景, 充分流露了画家热爱乡土的感情。方案从《太平山水图》中描绘的古代文人生活片段中汲取元素, 并针对不同的功能分区, 运用到园区的规划中来:

(1) 自然山水游憩区
踏青: 环山步道、生态湿地、吊桥;
泛舟: 游船码头。
(2) 综合商务休闲区
幽居: 岳麓度假酒店;
养生: 生态SPA、养生会馆;
渔耕: 垂钓平台、菜圃、花田栈道;
品茗: 沁心茗茶;
结社: 云从书院;
雅集: 繁阳会馆。
(3) 户外运动体验区
健体: 健身会所、网球场;
策马: 马厩、舞步练习场、野骑练习、马术俱乐部;
捶丸: 高尔夫练习场、高尔夫会所。
(4) 高端度假住宅区
别业: 山地别墅、梅筑苑。

6. 景观结构

规划设计将院士工作站区分为一主轴、三次轴、两带。

(1) "一主轴"即突出从入口通往"繁阳会馆区""云从书院区""团会所区"的一条生态景观轴。

(2) "三次轴"分别与主轴交汇, 景观结构主次分明。

(3) "两带"是两条景观带, 串联小的景观节点, 形成生态景观保护带。

二、范阳会馆景观方案

1. 设计理念

(1) 以各种形式水景组织整个景观结构, 同时屏蔽外部道路干扰, 结合工作站建筑的庭院式布局, 突出空间流动性形成入口展示区、迎宾水景区、停车区、开敞景观区、会所建筑、滨水休憩区、屋顶花园区、会所内庭区几个区域, 并形成迎宾—开敞—私密三重景观。

(2) 以休闲中式为主题构思, 突出水系在景观中的作用, 侧重景观的连续性和场地的紧凑感, 运用水体、山石、林木等景观元素创造出自然生态又高端大气的空间。引领一种舒适惬意的高品质生活方式。

(3) 不是单纯的复古和照搬中式, 而是扬弃式的继承, 将传统和现代融

合，运用多层立体空间组合，吸取中式园林的精髓，由大到小，由浅到深，在转折间，虚实处，回味中国文化所带来的古老神韵，营造出独特的中国情结的休闲环境精品。

（4）入口迎宾大道景观设计手法简洁，现代，呼应建筑形式中的直线条。水景设计动静结合，兼顾平面和立面效果。跌水创造出独特精美的过渡空间，建立迎宾水景强烈的序列性、识别性；注重道路两边的视觉对景面。

（5）林下休憩区除具有私密性之外，同时打破全封闭式度假环境，层层递进的景色，显露于窗口之间，整个区域的景色变得绵延不尽，形成悠扬深远的空间格局。通过视觉的延展，把建筑外的水库景致纳入视野中。同时局部加置亲水平台提供观水观山好去处。唤醒内心深入所渴望的健康交流的愿望，引导新慢生活，新社交空间。营造一个绿树环抱的自然生态森林度假区。

（6）休闲庭院，温馨雅致，别有一壶天地。增加交流互动的平台，提供休憩停留的功能，多层空间，大环境到小空间，从外到内，从浅到深，流畅而又层次的个性空间感受，利用建筑形成的角落，增加景观的丰富感。简洁又精致的种植方式，利用围合出的半开放空间，营造宜人的交流空间。

2. 功能分区

根据建筑场地的地形高差将整个景观分为七个区域：林下休憩区、会所内庭区、开敞景观去、屋顶花园区、入口展示区、停车区、特色水景区。

三、繁阳会馆建筑方案

1. 设计分类

本项目依着地势、稍加休整而建，为1~2层休闲类企业养生会所建筑。

建筑耐火等级：二级。

建筑设计使用年限为50年。

屋面防水等级：Ⅱ级。

2. 总体布局

根据对建筑所处的地理条件、周边环境、景观视线等各种因素的分析，进行科学合理布局，力求既能满足建筑功能的需求，又能与整体景观环境协调统一。经过对各因素的权衡和现状分析，形成了目前的整体布局。

建筑总体采用U字形布局，主体建筑三面环水，能最大限度地获取最佳自然景观；主入口放在建筑的北边，方便使用。建筑2层为主，局部3层（连地下1层）。由于建筑坐落在水库北边的小岛上，且地面离水面高差较大，为了弱化建筑体量，使其在岛上不显得突兀，同时也为了获取更好的亲水性，在设计处理上把一层做到地下。因为小岛三面临水的原因，沿建筑东、南、西三面一层也均能获得自然采光通风。建筑内院泳池及叠水的设计，使人工造景与自然环境融为一体，浑然天成。

3. 交通组织

由于基地东、南、西三面临水，北边沿水库有一条道路连接进来，且道路与基地有近5m高差，故建筑主入口设置在北边，并通过景观步道台阶自车行路拾级进入。另外为了方便人们能够开车直接到达建筑内部，同时解决厨房后勤等流线，在北边偏东位置专门设置了一条通道，使其能够直接到达地下一层，方便使用。机动车停放在北边靠道路的现有一块有着合适标高场地改建而成的专用停车场上。（室内+0.000地坪标高相当于绝对标高40.60m）

4. 建筑消防设计

（1）防火分区：每个自然层为一个防火分区。其中二层面积最大，为1 048.8m²。满足《建筑设计规范》5·1·7每个防火分区最大面积2 500m²的规定。每个防火分区拥有两个独立的安全出口。

（2）安全疏散：本项目为一层博物馆建筑，每个防火分区内各设有至少两个以上安全出口。

（3）内装修材料：内装修的装饰材料耐火等级满足《建筑内部装修设计防火规范》（GB50222-1995，1999年修订、2001年修订）。

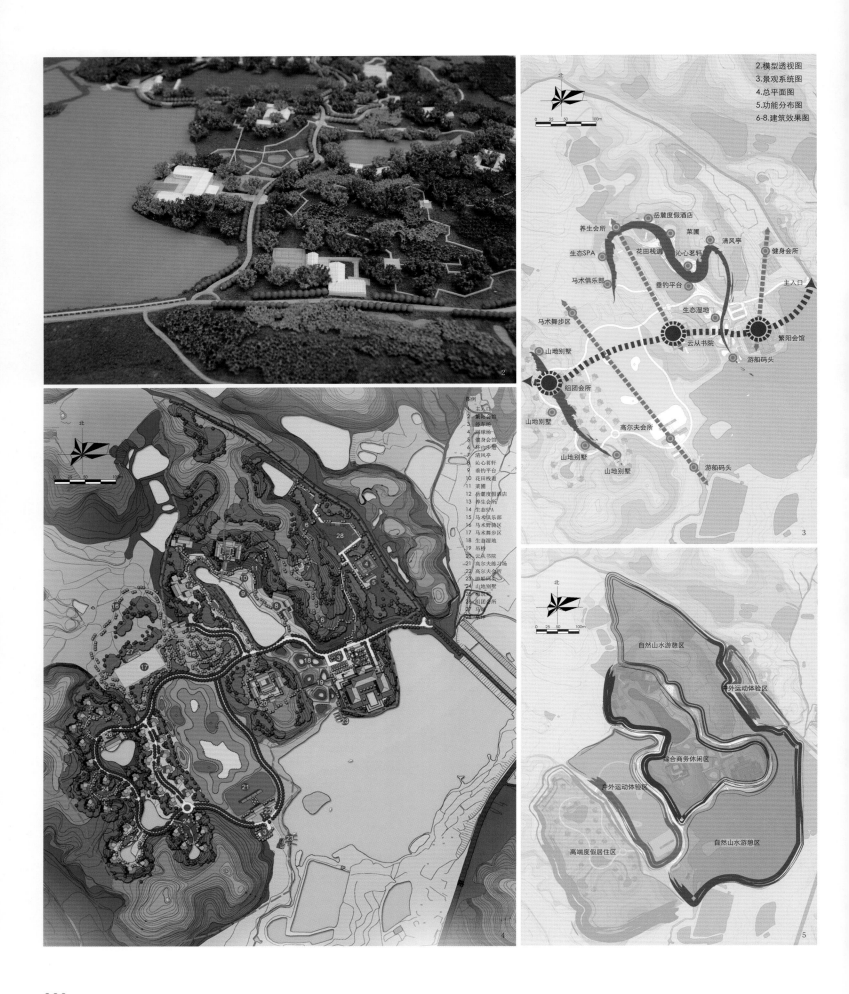

2.模型透视图
3.景观系统图
4.总平面图
5.功能分布图
6-8.建筑效果图

北

0 25 50 100m

养生会所
岳麓度假酒店
生态SPA
花田栈道
菜圃
沁心茗轩
清风亭
健身会所
马术俱乐部
垂钓平台
主入口
生态湿地
马术舞步区
云从书院
繁阳会馆
山地别墅
游船码头
山地别墅
高尔夫会所
山地别墅
山地别墅
游船码头

3

北

0 25 50 100m

自然山水游憩区
户外运动体验区
综合商务休闲区
户外运动体验区
高端度假居住区
自然山水游憩区

5

图例
1.主入口
2.繁阳会馆
3.停车场
4.网球场
5.健身会馆
6.林山踏雪
7.清风亭
8.沁心茗轩
9.垂钓平台
10.花田栈道
11.菜圃
12.岳麓度假酒店
13.养生会所
14.生态SPA
15.马术俱乐部
16.马术野骑区
17.马术舞步区
18.生态湿地
19.吊桥
20.云从书院
21.高尔夫练习场
22.高尔夫会所
23.游船码头
24.山地别墅
25.组团会所
26.组团会所
27.

北

0 25 50 100m

2

4

6

7

8

江西吉安吉州窑博物馆建筑设计

[项目地点]   江西省吉安县
[项目规模]   总建筑面积 6 250 m²
[编制时间]   2010 年

吉州窑博物馆是以展示吉州窑陶瓷文化的专题性博物馆。设计引入"院·巷""千年窑火""吉"的概念，打破常规做法，将建筑分解为小尺度的单元，以取得与古镇建筑的尺度协调，并形成有趣的院落空间和巷道感觉。

建筑立面上突出陶瓷文化特点，延绵的屋顶暗示了历史上龙窑密布的意向，而墙体上渗透的孔洞则寓意着千年不息熊熊燃烧的炉火。

1.博物馆一层平面图
2.博物馆二层平面图
3.总平面图
4.吉州窑博物馆透视图（日景）
5.吉州窑博物馆鸟瞰图
6.吉州窑博物馆透视图（夜景）

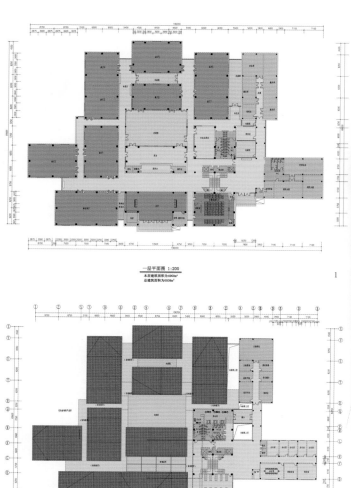

一层平面图 1:200

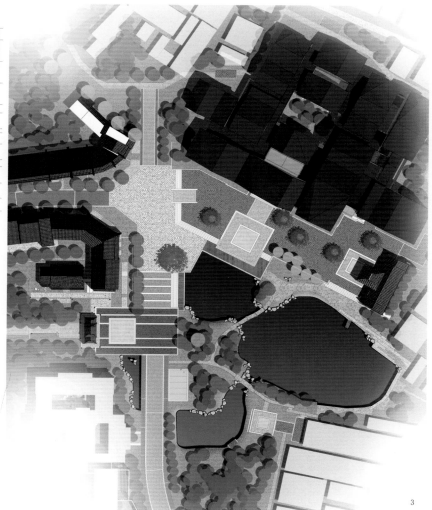

阜南县商贸城建筑方案设计

[项目地点]	安徽省阜南县
[项目规模]	占地面积 1.4 hm²
[编制时间]	2011 年

项目以建设繁华多样的商业环境为目标，以创造一个布局合理、功能齐备、交通便捷、具有人文内涵的大型商业综合体。

项目地块为倒 "L" 形，西南侧为规划商业广场，西侧为富陂大道，是商业广场的主要出入口，另一个出入口则位于南侧淮河东路。东侧与北侧为前期开发商品房，底部为2层小商业；东北侧留置空地作为商业广场，兼具人流集散功能。

项目总建筑面积约44 182m²，其中地上建筑面积27 935m²。方案为了提高商业价值，四面开敞，不做围合。北侧狭长地块设计为一栋3层高的沿街商铺，商铺的左侧设有通往地下超市的主出入口。地块剩余部分设计为一栋3层的主力店结合另一栋3层商铺，以组成内部商业街；主力店与南侧商铺之间通过室外连廊衔接，与北侧商铺则通过上层顶的坡道组合在一起，人员交通并无联系。

1.总平面图
2.道路交通分析图
3.外部空间分析图
4-6.商业综合体透视图

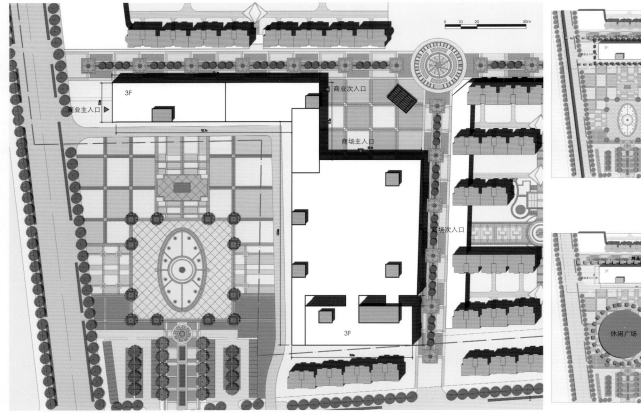

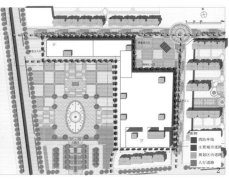

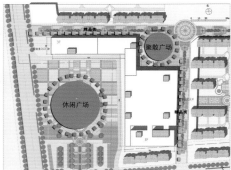

阜南县妇幼保健医院建筑方案设计

[项目地点] 安徽省阜南县
[项目规模] 占地面积 1.17 hm²
[编制时间] 2012 年

项目位于安徽省阜南县，占地面积1.17hm²。方案重点考虑医院功能要求和交通流线需要，分为入口广场区、综合大楼、后勤及辅助区，形成内外功能独立、动静分区、医患分流的生态化、园林化医院。

妇幼保健院综合大楼分为主楼和裙房两部分。主楼19层，其中地下一层用于停车、设备用房，总建筑面积34 381m²，其中地上建筑面积31 729m²。裙房与主楼垂直布置，以最大程度利用地块，形成采光优良、景观极佳的建筑空间组合。

1.保健院东北向透视图
2.保健院东南向透视图
3.总平面图
4.护士站透视图
5.入口大厅透视图

繁昌县茅王家庭农场概念规划及景观建筑方案设计

[项目地点]　安徽省芜湖市繁昌县平铺镇
[项目规模]　13.5 hm²
[编制时间]　2013 年

一、概念规划

1. 项目背景

平铺镇位于繁昌县东南部，距县城繁阳镇约21km。基地位于平铺镇的西北侧，距平铺镇约6.5km。基地被群山环绕，东临五华山，北靠寨山、箬帽岭。

基地自然环境优良，植被丰富。主要植物以毛竹为主，山野之间满目苍翠，犹如竹海，风吹竹涌，风止竹静。以山体作为屏障，享有原生态山水自然景观，山水交相呼应，同时拥有丰富的水域景观和多层次的绿化景观设计原则。

基地处于一个山坳处，周围群山环抱，中心用地较为平整，建设条件较好。

2. 创新要素

"原"生态——自然生活状态，追溯生命原态；
"慢"生活——精英生活定义，三位一体健康；
"田"体验——回归田园生活，关注生命环境；
"心"感受——体验心灵呼吸，自我本原追寻。

3. 规划原则：自然农法

依循大自然的法则，以维护土壤生机的土壤培育为基础，绝不使用任何化学肥料、农药、生长调节剂以及任何损害土壤 的添加物的农业生产方式。

4. 主题定位——打造生活中不可或缺的"第三地"

感受原生生态环境、体验另类度假休闲、提倡原地设计手段、创新传统田园生活。

5. 功能分区

设计以农业休闲为主脉，串联起各个功能组团，充分利用场地的自然地貌和佳山秀水，统筹安排六大功能区，使布局相对集中，建筑景观化，并将农庄建造与环境保护紧密结合起来。

6. 规划设计将农场区分为两带九景三片区

（1）"两带"：一条即突出从入口通往休闲会所、养生住宿、渔家体验三大主要景观节点的主要景观带。另外一条是亲水近水的次要景观带。两者相辅相成，呈现出起承转的状态，形成生态景观保护带。

（2）"九景"：景点散布于主要的功能区内，景观结构主次分明。两条景观带串联起小的景观点。

（3）"三片区"：养生住宅区、度假疗养区、临水休闲区。

二、农庄景观设计

1. 设计理念

以繁昌当地深厚文化底蕴为依托，以独特的山水风光为背景载体，将隐逸文化融入设计之中，在茅王家庭农场打造以修身养性度假为核心，集休闲娱乐，民俗体验，文化挖掘和田园风光体验功能为一体的旅游度假场所。

2. 设计意境

在清空浑浊物的净土中，人们摒绝尘缘，忘却心机，拥有安闲充实的诗意生活与超然物外的心灵感受。

3. 设计构思

茅王家庭农场周边景观总体布局为"以水环院，紫气东来"，院外以水环绕，高低错落，形成建筑周边动静相宜的水景观。院门设于东侧，寓意紫气东来。

农场地势低于行车道，因此，在景观地形的处理上也依托于建筑，随自然缓坡入院，水流依地形不断跌落，潺潺水声有引宾客入园之意。

院内景观沿水依次展开，整体空间环境以水为主脉络贯穿五大功能区，将缘起—导引—高潮—探寻—收尾作为序列空间的主线，让游客在行进中感受悠远、诗意、生命、忘俗，超乎想象、流连忘返。

4. 文化意境：结庐人境，水墨绿深

整个区域引水为溪，又与园外的村野，远山相处，有着深远辽阔宁静的诗意境界。设计对景区的空间处理，以隔为辅，联为主；使景观空间虚中有实，实中有虚，以诗情画意为景观营造主旨。

5. 功能分区

茅王家庭农场内依据景观元素、视角、景观空间尺度的不同分为内外两片区。农场外围有入口展示区、镜水树影、竹下休憩区、水韵庭院。

建筑内分为以观赏静水荷花的荷风四面、以观赏古树感受村野质朴的古木交柯、以小狮子吐水的音乐喷泉、全园遍布白色芳香花卉的香雪园和静谧的禅

之园。

院外的停车场分为两部分，北侧车行道为主要的停车区域，建筑入口两侧有少量停车位供游人停车。

三、建筑设计

1. 项目概况

项目位于安徽芜湖市繁昌县城南东经118°16'、北纬31°03'的茅王平铺茶冲，基地四周青山环绕、竹林茂密、树木葱郁，从山上汇聚而下的两条溪流分别自北向南、由东而西从基地流过，自然环境十分清新优美。

2. 设计分类

本项目依着地势、稍加休整而建，为1~2层文化类建筑。建筑耐火等级：二级。建筑设计使用年限为50年。屋面防水等级：Ⅱ级。

3. 总体布局

根据对建筑所处的地理条件、周边环境、山间道路、景观视线等各种因素的分析，进行科学合理的布局，力求既能满足建筑功能的需求，又能与整体景观环境协调统一。经过对各因素的权衡和现状分析，形成了目前的整体布局。

由于建筑功能较多，且位于群山腹地，故建筑采用传统民居造型，以和自然取得高度统一；建筑为1~2层，采用院落式布局，既能节约造价，又能创造亲切宜人、曲径通幽之感。由多组单体围合而成的四个院落创造不同主题的景观环境，给人以多重美的享受。

4. 交通组织

基地北边沿山脚有一条溪边小路连接内外，经拓宽改造后变成由外部进入基地的车行道路，建筑的主入口设置在农庄东侧，既方便了人车交通，又迎合紫气东来之意。建筑北边沿山脚布置适当车位，解决了停车问题；农庄西边、南边均有通向基地的开口，方便内外联系；北边还设有专供厨房出入的货运出入口。（内+0.000地坪标高相当于绝对标高75.20m）

5. 建筑消防设计

（1）防火分区：每个自然层为一个防火分区。其中二层面积最大，为1 048.8m²。满足《建筑设计规范》5·1·7每个防火分区最大面积2 500m²的规定。每个防火分区拥有两个独立的安全出口。

（2）安全疏散：本项目为一层博物馆建筑，每个防火分区内各设有至少两个以上安全出口。

内装修材料：内装修的装饰材料耐火等级满足《建筑内部装修设计防火规范》（GB50222-1995，1999年修订、2001年修订）。

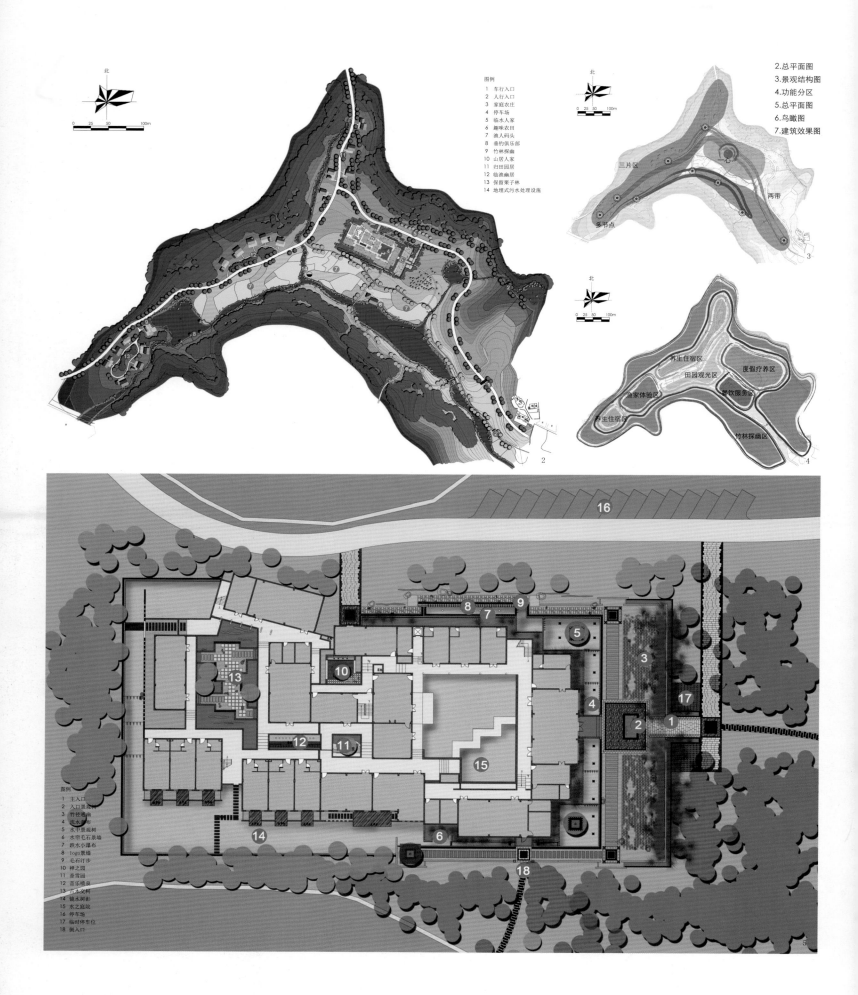

图例
1 车行入口
2 人行入口
3 家庭农庄
4 停车场
5 临水人家
6 趣味农田
7 渔人码头
8 垂钓俱乐部
9 竹林探幽
10 山居人家
11 归田园居
12 临渔幽居
13 保留栗子林
14 地埋式污水处理设施

2.总平面图
3.景观结构图
4.功能分区
5.总平面图
6.鸟瞰图
7.建筑效果图

三片区
两带
多节点

养生住宿区
田园观光区
度假疗养区
渔家体验区
餐饮服务区
养生住宿区
竹林探幽区

图例
1 主入口
2 入口景观树
3 竹径通幽
4 迭水瀑布
5 水中景观树
6 水帘毛石景墙
7 跌水小瀑布
8 logo景墙
9 毛石汀步
10 神之园
11 香雪园
12 音乐喷泉
13 古木交柯
14 镜水树影
15 水之庭院
16 停车场
17 临时停车位
18 侧入口

8.景观鸟瞰效果图
9-10.景观节点